21世纪高职高专机电类规划教材

冲压工艺与模具设计

主编　张兴友　陈善国　魏光清
参编　杨义刚　魏向京

中国人民大学出版社
·北京·

前　言

本书是根据高职教育模具设计与制造专业的人才培养方案和“冲压工艺与模具设计”课程标准编写的，可作为高职模具设计与制造专业的教学用书和模具设计职业技能鉴定的培训教材。

冲压加工在国民经济制造行业中占有十分重要的地位，在机械、电子、汽车、航空、轻工业（如自行车、照相机、五金、日用器皿等生产）等领域有广泛的应用。由于冲压加工具有生产率高、生产成本低、操作简单、适合大批量生产等优点，在我国现代化建设中有着广阔的发展前景，因而需要大量的工程技术人员。国外发达国家对冲压加工技术的应用、研究和开发都比较重视，我国也非常重视冲压技术人才的培养，全国除了有几十所大学设有材料成形专业外，还有为数众多的高职学院、职业培训机构专门培养冲压工艺与模具设计的各级各类技术人才。

国内已出版了若干种“冲压工艺与模具设计”方面的教材和书籍，由于它们各自的定位不同，适用范围不同，读者群不同，可以说还没有哪一本或哪几本冲压方面的图书可以覆盖全国市场。本书是依据国家相关职业标准规定的知识要求和技能要求，以岗位培训需要为原则，参考了多种已出版的教材，特别是高职教材，再结合自己多年从事“冲压工艺与模具设计”课程教学的经验而编写的。

本书充分吸取了高等职业技术院校在探索培养高等技术应用型人才方面取得的成功经验和教学成果，采用理论与实践教学一体化的编写方式，为任务引领型教材。全书共 6 个模块：冲压入门、冲裁工艺与模具设计、弯曲工艺与模具设计、拉深工艺与模具设计、其他成形工艺与模具设计、冲压工艺规程设计，系统地介绍了冲裁、弯曲、拉深、其他成形工艺与模具设计知识，选编了各种典型的模具结构和必要的技术数据表格，并以具体的工作任务为学习载体，以技能训练为主线、相关知识为支撑，较好地处理了理论教学与技能训练的关系，同时根据科技的发展，增加了 CAD/CAM 内容。本书注重理论联系实际，着重于应用。

本书可作为高级模具设计与制造人员的培训教材，也可作为学校相关学科师生进行教学、科研的专业技术参考书。

本书的编写人员都来自教学一线，有大量的教学经验和企业实际工作经验。模块一由重庆工商大学陈善国老师编写；模块二、三、四、六由重庆三峡职业学院张兴友老师编写；模块五由重庆三峡职业学院魏光清老师编写；重庆三峡职业学院杨义刚老师参加各模块的编写与校稿；重庆三峡职业学院魏向京老师负责编辑图片和校对。

由于时间紧迫，内容繁多，且与工程实际相关，难免有疏漏和不当之处，恳请广大读者批评指正。

编　者

2011.10

目　录

CONTENTS

模块一

冲压入门

内容简介：

本模块讲述冲压入门的基础知识，涉及冲压和冲模概念、冲压工序和冲模分类、常见冲压设备及选用原则、常见冲压材料等。

学习目的与要求：

1. 掌握冲压和冲模概念、冲压工序和冲模分类；
2. 认识常见冲压设备，掌握选用原则；
3. 了解冲压成形性能与机械性能关系，认识常见冲压材料；

重点：

冲压成形基本概念、冲压设备及选用、冲压成形基本规律及应用、冲压成形性能与机械性能关系。

难点：

冲压成形基本规律、冲压成形性能与机械性能关系。

任务一　冲压加工基本知识

任务介绍

冲压加工是一种产品生产方法，由于冲压加工常在室温下进行，所以又称为冷冲压。本任务学习冲压加工的基本概念和了解冲压加工的基本理论知识。

任务分析

本任务为初学入门知识，专业概念多，包括冲压设备、模具和工艺等，在学习时可结合冲压生产现场学习。

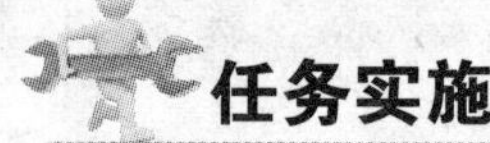

任务实施

一、冲压成形概述

1. 概念

冷冲压是在室温下，利用安装在压力机上的模具对材料施加压力，使其产生分离或塑性变形，从而获得所需零件的一种压力加工方法。冷冲压不但可以加工金属材料，而且还可以加工非金属材料和复合材料。

在冷冲压加工中，将材料（金属或非金属）加工成零件（或半成品）的一种特殊工艺装备称为冷冲压模具（俗称冷冲模）。

在冲压零件的生产中，合理的冲压成形工艺、先进的模具、高效的冲压设备是必不可少的三要素。

冲压加工的特点：一是冲压生产率高和材料利用率高；二是生产的制件精度高、复杂程度高、一致性高；三是模具加工精度高、技术要求高、生产成本高。由于冷冲压加工具有上述突出的优点，因此在批量生产中得到了广泛的应用，在现代工业生产中占有十分重要的地位，是国防工业及民用工业生产中必不可少的加工方法。

冲压成形加工必须具备相应的模具，而模具是技术密集型产品，其制造属单件小批量生产，具有难加工、精度高、技术要求高、生产成本高（占产品成本的10%～30%）的特点。所以，只有在冲压零件生产批量大的情况下，冲压成形加工的优点才能充分体现，从而获得好的经济效益。

通常冲压产品的生产流程如图1-1所示。冲压技术工作包括冲压工艺设计、模具设计及冲模制造三方面内容，尽管三者的内容不同，但三者之间都存在着相互关联、相互影响和相互依存的联系。应该指出，冷冲模设计与制造必须根据企业和产品生产批量的实际情况进行全面考虑，在保证产品质量的前提下，寻求最佳的技术经济性。片面追求生产效率、模具精度和使用寿命必然导致成本的增加，只顾降低成本和缩短制造周期而忽视模具精度和使用寿命必然导致质量的下降。

2. 冲压现状与发展方向

目前，我国的冲压技术与工业发达国家相比还有一定差距，主要原因是我国在冲压基础理论及成形工艺、模具标准化、模具设计、模具制造工艺及设备等方面与工业发达国家尚有相当大的差距，导致我国的模具在寿命、效率、加工精度、生产周期等方面与工业发达国家的模具相比差距很大。

随着工业产品质量的不断提高，冲压产品生产正呈现出多品种、小批量、复杂、大型、精密、更新换代速度快的特点，冲压模具正向高效、精密、长寿命、大型化方向发展。为适应市场变化，随着计算机技术和制造技术的迅速发展，冲压模具设计与制造技术

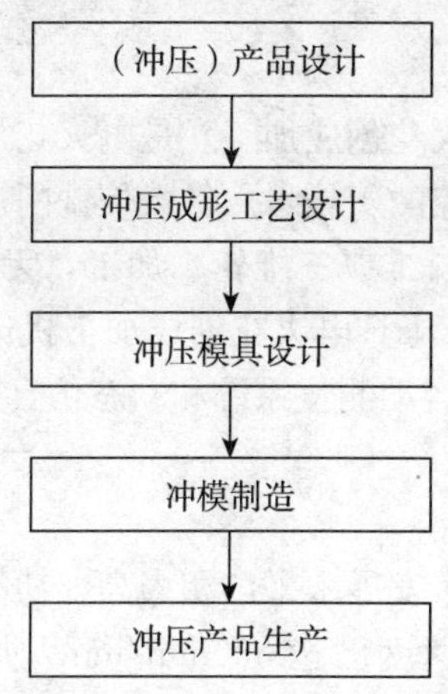

图 1-1　冲压产品的生产流程

正由手工设计、依靠人工经验和常规机械加工技术向以计算机辅助设计（CAD）、数控切削加工、数控电加工为核心的计算机辅助设计与制造（CAD/CAM）技术转变。

3. 冲压成形理论及冲压工艺

加强冷冲压变形基础理论的研究，可以提供更加准确、实用、方便的计算方法，正确地确定冲压工艺参数和模具工作部分的几何形状与尺寸，解决冷冲压变形中出现的各种实际问题，进一步提高冲压件的质量。

研究和推广采用新工艺，如精冲工艺、软模成形工艺、高能高速成形工艺、超塑性成形工艺以及其他高效率、经济成形工艺等，进一步提高冷冲压技术水平。

值得特别指出的是，随着计算机技术的飞跃发展和塑性变形理论的进一步完善，近年来国内外已开始应用塑性成形过程的计算机模拟技术，即利用有限元等数值分析方法模拟金属的塑性成形过程，通过分析数值技术结果，帮助设计人员实现优化设计。

4. 模具先进制造工艺及设备

模具制造技术现代化是模具工业发展的基础。随着科学技术的发展，计算机技术、信息技术、自动化技术等先进技术正不断向传统制造技术渗透、交叉、融合，对其实施改造，形成先进制造技术。模具先进制造技术的发展主要体现在如下方面：

（1）高速铣削加工。

普通铣削加工采用低的进给速度和大的切削参数，而高速铣削加工则采用高的进给速度和小的切削参数，高速铣削加工相对于普通铣削加工具有如下特点：

1）高效：高速铣削的主轴转速一般为 15 000r/min～40 000r/min，最高可达 100 000r/min。在切削钢时，其切削速度约为 400m/min，比传统的铣削加工高 5～10 倍；在加工模具型腔时与传统的加工方法（传统铣削、电火花成形加工等）相比其效率提高 4～5 倍。

2）高精度：高速铣削加工精度一般为 10μm，有的精度还要高。

3）高的表面质量：由于高速铣削时工件温升小（约为 3℃），故表面没有变质层及微裂纹，热变形也小。最好的表面粗糙度 Ra 小于 1μm，减少了后续磨削及抛光工作量。

4）可加工高硬材料：可铣削 50～54HRC 的钢材，铣削的最高硬度可达 60HRC。

鉴于高速加工具备上述优点，所以高速加工在模具制造中正得到广泛应用，并逐步替代部分磨削加工和电加工。

（2）电火花铣削加工。

电火花铣削加工（又称为电火花创成加工）是电火花加工技术的重大发展，这是一种替代传统用成形电极加工模具型腔的新技术。像数控铣削加工一样，电火花铣削加工采用高速旋转的杆状电极对工件进行二维或三维轮廓加工，无需制造复杂、昂贵的成形电极。日本三菱公司最近推出的EDSCAN8E电火花创成加工机床，配置有电极损耗自动补偿系统、CAD/CAM集成系统、在线自动测量系统和动态仿真系统，体现了当今电火花创成加工机床的水平。

（3）慢走丝线切割技术。

目前，数控慢走丝线切割技术发展水平已相当高，功能相当完善，自动化程度已达到无人看管运行的程度。最大切割速度已达300mm/min，加工精度可达到±1.5μm，加工表面粗糙度 Ra0.1～0.2μm。直径0.03～0.1mm的细丝线切割技术的开发，可实现凹凸模的一次切割完成，并可进行0.04mm的窄槽及半径0.02mm的内圆角的切割加工。锥度切割技术已能进行30°以上锥度的精密加工。

（4）磨削及抛光加工技术。

磨削及抛光加工由于精度高、表面质量好、表面粗糙度值低等特点，在精密模具加工中广泛应用。目前，精密模具制造广泛使用数控成形磨床、数控光学曲线磨床、数控连续轨迹坐标磨床及自动抛光机等先进设备和技术。

（5）数控测量。

产品结构的复杂，必然导致模具零件形状的复杂。传统的几何检测手段已无法适应模具的生产。现代模具制造已广泛使用三坐标数控测量机进行模具零件的几何量的测量，模具加工过程的检测手段也取得了很大进展。三坐标数控测量机除了能高精度地测量复杂曲面的数据外，其良好的温度补偿装置、可靠的抗振保护能力、严密的除尘措施以及简便的操作步骤，使得现场自动化检测成为可能。

模具先进制造技术的应用改变了传统制模技术模具质量依赖于人为因素不易控制的状况，使得模具质量依赖于物化因素，整体水平容易控制，模具再现能力强。

5. 模具新材料及热、表面处理

随着产品质量的提高，对模具质量和寿命要求越来越高。而提高模具质量和寿命最有效的办法就是开发和应用模具新材料及热、表面处理新工艺，不断提高使用性能，改善加工性能。

（1）模具新材料。

冲压模具使用的材料属于冷作模具钢，是应用量大、使用面广、种类最多的模具钢。主要性能要求为强度、韧性、耐磨性。目前冷作模具钢的发展趋势是在高合金钢D2（相当于我国Cr12MoV）的性能基础上，分为两大分支：一种是降低含碳量和合金元素量，提高钢中碳化物分布的均匀度，突出提高模具的韧性，如美国钒合金钢公司的8CrMo2V2Si、日本大同特殊钢公司的DC53（Cr8Mo2SiV）等；另一种是以提高耐磨性为主要目的，以适应高速、自动化、大批量生产而开发的粉末高速钢，如德国的320CrVMo13等。

（2）热处理、表面处理新工艺。

为了提高模具工作表面的耐磨性、硬度和耐蚀性，必须采用热、表面处理新技术，尤其是表面处理新技术。除人们熟悉的镀硬铬、氮化等表面硬化处理方法外，近年来模具表面性能强化技术发展很快，实际应用效果很好。其中，化学气相沉积（CVD）、物理气相沉积（PVD）以及盐浴渗金属（TD）的方法是几种发展较快，应用最广的表面涂覆硬化处理的新技术。它们对提高模具寿命和减少模具昂贵材料的消耗，有着十分重要的意义。

6. 模具CAD/CAM技术

计算机技术、机械设计与制造技术的迅速发展和有机结合，形成了计算机辅助设计与计算机辅助制造（CAD/CAM）这一新型技术。CAD/CAM是改造传统模具生产方式的关键技术，是一项高科技、高效益的系统工程，它以计算机软件的形式为用户提供一种有效的辅助工具，使工程技术人员能借助计算机对产品、模具结构、成形工艺、数控加工及成本等进行设计和优化。模具CAD/CAM能显著缩短模具设计及制造周期、降低生产成本、提高产品质量已成为人们的共识。

随着功能强大的专业软件和高效集成制造设备的出现，以三维造形为基础、基于并行工程（CE）的模具CAD/CAM技术正成为发展方向，它能实现面向制造和装配的设计，实现成形过程的模拟和数控加工过程的仿真，使设计、制造一体化。

7. 快速经济制模技术

为了适应工业生产中多品种、小批量生产的需要，加快模具的制造速度，降低模具生产成本，开发和应用快速经济制模技术越来越受到人们的重视。目前，快速经济制模技术主要有低熔点合金制模技术、锌基合金制模技术、环氧树脂制模技术、喷涂成形制模技术、叠层钢板制模技术等。应用快速经济制模技术制造模具，能简化模具制造工艺、缩短制造周期（比普通钢模制造周期缩短70％～90％）、降低模具生产成本（比普通钢模制造成本降低60％～80％），在工业生产中取得了显著的经济效益。对提高新产品的开发速度，促进生产的发展有着非常重要的作用。

8. 先进生产管理模式

随着需求的个性化和制造的全球化、信息化，企业内部和外部环境的变化，改变了模具业的传统生产观念和生产组织方式。现代系统管理技术在模具企业正得到逐步应用，主要表现在：（1）应用集成化思想，强调系统集成，实现了资源共享；（2）实现由金字塔式的多层次生产管理结构向扁平的网络结构转变，由传统的顺序工作方式向并行工作方式转变；（3）实现以技术为中心向以人为中心转变，强调协同和团队精神。先进生产管理模式的应用使得企业生产实现了低成本、高质量和快速度，提高了企业市场竞争能力。

二、冲压设备及选用

1. 常见冲压设备

冲压设备属锻压机械。常见冷冲压设备有机械压力机（以Jxx表示其型号）和液压机（以Yxx表示其型号）两大类。

（1）机械压力机。

机械压力机是通过曲柄滑块等机构将电动机的旋转运动转换为滑块的直线往复运动，对坯料进行成形加工的锻压机械。机械压力机动作平稳，工作可靠，广泛用于冲压、挤压、模锻和粉末冶金等工艺。机械压力机在数量上约占各类锻压机械总数的一半以上，机械压力机的规格用公称工作力（千牛）表示，它是以滑块运动到距行程的下止点10～15

毫米处（或从下止点算起曲柄转角 α 为 15°～30°时）为计算基点设计的最大工作力。

1）工作原理。

机械压力机的工作原理见图 1-2，工作时由电动机通过三角皮带驱动大皮带轮（通常兼作飞轮），经过齿轮副和离合器带动曲柄滑块机构，使滑块和凸模直线下行。工作完成后滑块回程上行，离合器自动脱开，同时曲柄轴上的制动器接通，使滑块停止在上止点附近。

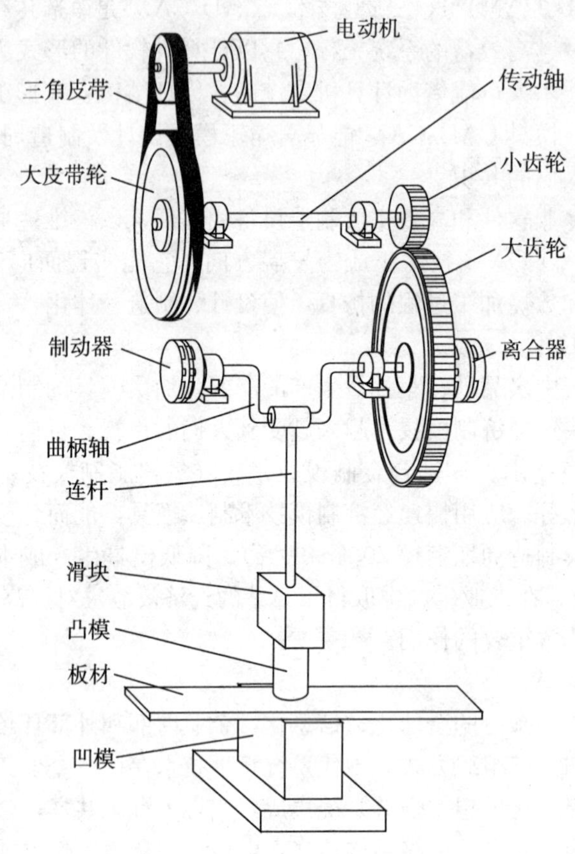

图 1-2　机械压力机工作原理图

机械压力机的载荷是冲击性的，即在一个工作周期内工作的时间很短。短时的最大功率比平均功率大十几倍以上，因此在传动系统中都设置有飞轮。按平均功率选用的电动机启动后，飞轮运转至额定转速，积蓄动能。凸模接触坯料开始工作后，电动机的驱动功率小于载荷，转速降低，飞轮释放出积蓄的动能进行补偿。工作完成后，飞轮再次加速积蓄动能，以备下次使用。

机械压力机上的离合器与制动器之间设有机械或电气连锁以保证离合器接合前制动器一定松开，制动器制动前离合器一定脱开。机械压力机的操作分为连续、单次行程和点动（微动），大多数是通过控制离合器和制动器来实现的。滑块的行程长度不变，但其底面与工作台面之间的距离（称为封密高度）可以通过螺杆调节。

生产中，有可能发生超过压力机公称工作力的现象。为保证设备安全，常在压力机上装设过载保护装置。为了保证操作者人身安全，压力机上面装有光电式或双手操作式人身保护装置。

2）结构类型。

机械压力机类型一般按机身结构形式和应用特点来区分。

①按机身结构形式分。

机械压力机按机身结构形式可分为开式和闭式两类。

◆ 开式压力机：也称冲床，应用最为广泛。开式压力机多为立式，见图 1-3。机身呈 C 形，前、左、右三面敞开，结构简单、操作方便、机身可倾斜某一角度，以便冲好的工件滑下落入料斗，易于实现自动化。但开式机身刚性较差，影响制件精度和模具寿命，仅适用于 40～4 000 千牛的中小型压力机。

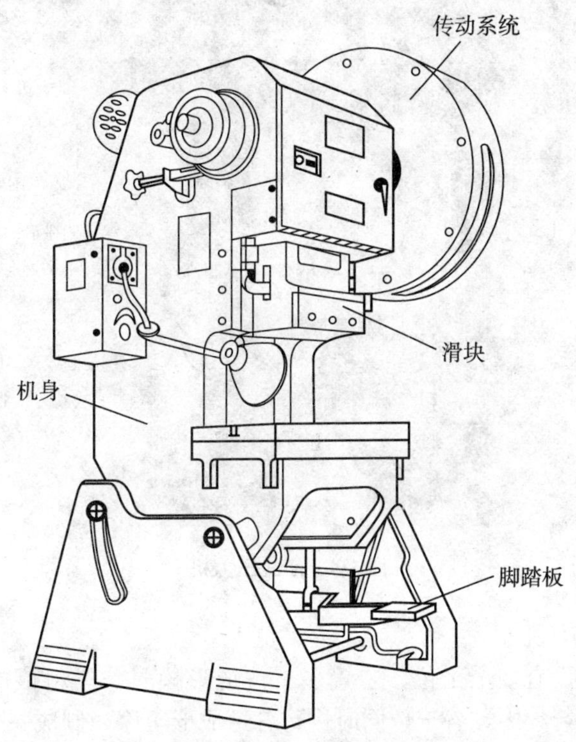

图 1-3　开式压力机（冲床）

◆ 闭式压力机：机身呈框架形，见图 1-4，机身前后敞开，刚性好，精度高，工作台面的尺寸较大，适用于压制大型零件，公称工作力多为 1 600～60 000 千牛。冷挤压、热模锻和双动拉深等重型压力机都使用闭式机身。

②按应用特点分。

机械压力机按应用特点可分为双动拉深压力机、多工位自动压力机、回转头压力机、热模锻压力机和冷挤压机。

◆ 双动拉深压力机。

它有内、外两个滑块，用于杯形件的拉深成形。拉深前外滑块首先压紧板料外缘，然后内滑块带动凸模拉深杯体，以防板坯外缘起皱。拉深完成后内滑块先回程，外滑块后松开。内外滑块公称工作力之比为（1.7～1）：1。

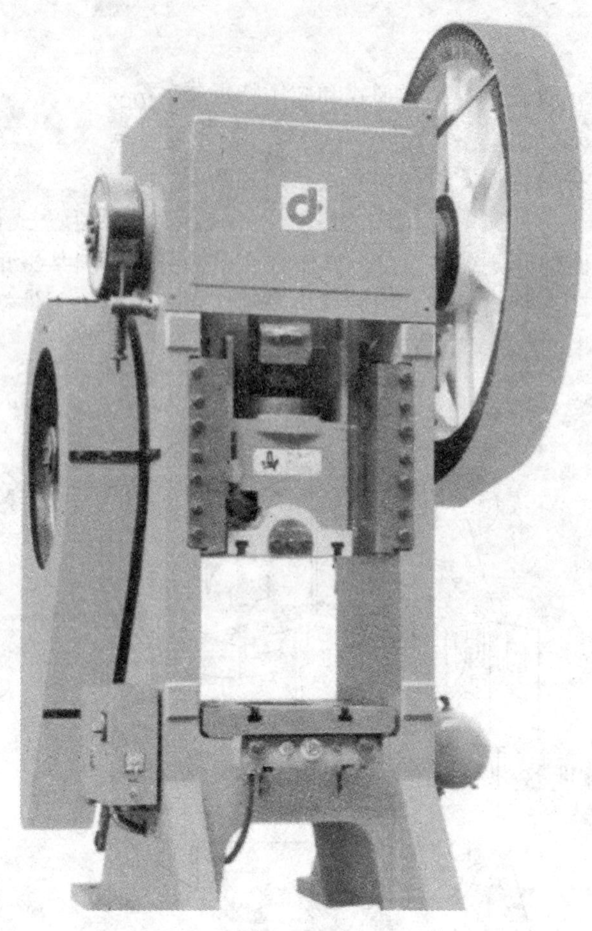

图 1-4　闭式压力机

◆ 多工位自动压力机。

在一台压力机上设有多个工位，装置多工位成形模具，坯料依次自动向下一工位移动。在压力机的一次行程中，各工位同时进行各道成形工序，制成一个工件。

◆ 回转头压力机。

在滑块与工作台之间设有可装置数十组模具的回转头，可按需要选用模具。坯料放在模具上而不再移动。每次行程完毕，回转头转动一个位置，完成一道工序。这种压力机定位精度高，便于调整产品，一机多用，多用于冲制仪器底板和面板等。回转头压力机可配上数控系统，根据编好的指令选用模具和板材成形部位，自动完成复杂的冲压工作。

◆ 热模锻压力机。

热模锻压力机用于模锻件生产，机身刚度大，导向面长，承受偏载能力强，过去多用曲柄连杆机构，为提高刚性多已改用双滑块式和楔式。双滑块式结构较简单，重量轻；楔式结构支承面积大，但传动效率低。模锻时滑块在下止点附近容易卡死（俗称闷车），所以设有脱出装置。机械结构中有上下顶出装置，能实现多模膛锻造，锻件精度较高，适于大批量生产。最大规格为 160 兆牛。

◆ 冷挤压机。

用于冷、温态挤压金属零件，如枪弹壳、牙膏管等。冷挤压机一般是立式的，特点是刚度好，导向精度高，工作压力大，工作台面小，工作行程长。

（2）液压机。

液压机是一种以液体为工作介质，用来传递能量以实现各种工艺的机器。液压机包括水压机和油压机。以水基液体为工作介质的称为水压机，以油为工作介质的称为油压机。液压机的规格一般用公称工作力（千牛）或公称吨位（吨）表示。液压机的工作原理见图 1-5，大、小柱塞的面积分别为 S_2、S_1，柱塞上的作用力分别为 F_2、F_1。根据帕斯卡原理，液体压强各处相等，即 $F_2/S_2=F_1/S_1=p$；$F_2=F_1(S_2/S_1)$，表示液压的增压作用，力增大了，但功不增加，因此大柱塞的运动距离是小柱塞运动距离的 S_1/S_2 倍。

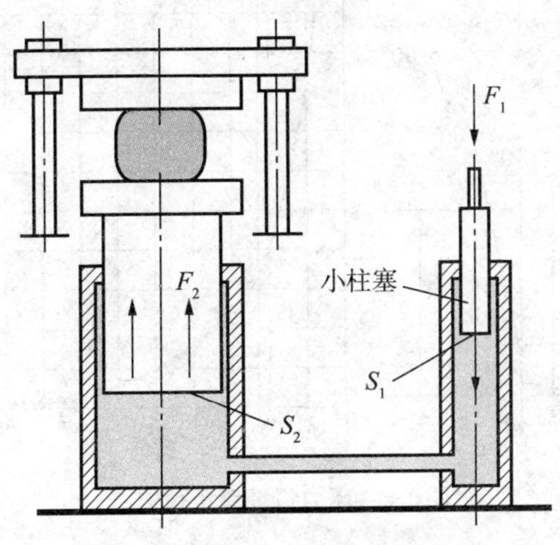

图 1-5　液压机的工作原理图

2. 冲压设备的选用

（1）压力机类型的选择。

压力机种类很多，冲压时应根据工件类型或工艺选择适合的压力机，压力机类型的选择见表 1-1。

表 1-1　压力机类型选择表

工艺或工件类型	压力机类型
中、小型冲压件	选用开式机械压力机
大、中型冲压件	选用双柱闭式机械压力机
大量生产的冲压件	选用高速压力机或多工位自动压力机
小批量生产中的大型厚板件的成形工序	选用液压压力机
校平、整形和温热挤压工序	选用摩擦压力机
大型、形状复杂的拉深件	选用双动或三动压力机
薄板冲裁、精密冲裁	选用刚度高的精密压力机

（2）压力机规格的选择。

1）公称压力的选择。

压力机滑块下滑过程中的冲击力就是压力机的压力。压力的大小随滑块下滑的位置不同，也就是随曲柄旋转的角度不同而不同。

压力机的公称压力是指滑块至下止点前某一特定距离或曲柄旋转到离下止点前某一特定角度时，滑块上所允许承受的最大作用力。图 1-6 为压力机的滑块许用负荷曲线，该曲线是由压力机零件强度（主要是曲轴强度）确定的，曲线表明随着曲柄转角的变化，滑块上所允许的作用力也随之改变。因此选用压力机时，要严格注意工作角度，工件变形抗力必须位于图 1-6 的阴影线之内。

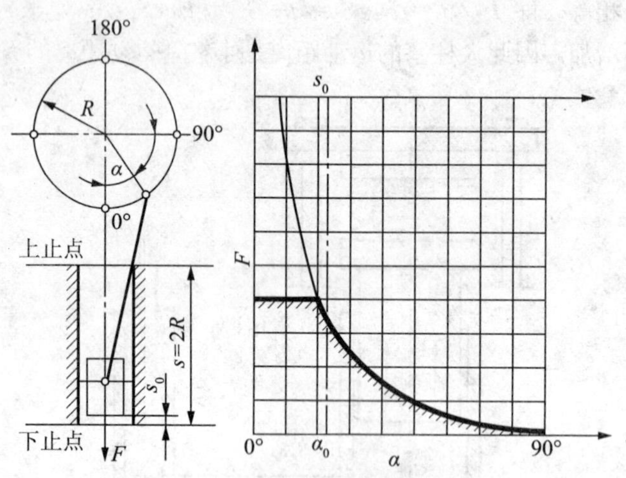

图 1-6　压力机许用负荷曲线

2）滑块行程长度。

滑块行程长度是指曲柄旋转一周滑块所移动的距离，其值为曲柄半径的两倍。选择压力机时，滑块行程长度应保证毛坯能顺利地放入模具和冲压件能顺利地从模具中取出。特别是成形拉深件和弯曲件应使滑块行程长度大于制件高度的 2.5～3.0 倍。

3）行程次数。

行程次数即滑块每分钟冲击次数。应根据材料的变形要求和生产率来考虑。

4）工作台面尺寸。

工作台面长、宽尺寸应大于模具下模座尺寸，并每边留出 60～100mm，以便于安装固定模具用的螺栓、垫铁和压板。当制件或废料需下落时，工作台面孔尺寸必须大于下落件的尺寸。对有弹顶装置的模具，工作台面孔尺寸还应大于下弹顶装置的外形尺寸。

5）滑块模柄孔尺寸。

模柄孔直径要与模柄直径相符，模柄孔的深度应大于模柄的长度。

6）闭合高度。

压力机的闭合高度是指滑块在下止点时，滑块底面到工作台上平面（即垫板下平面）之间的距离。压力机的闭合高度可通过调节连杆长度在一定范围内变化。当连杆调至最短（偏心压力机的行程应调到最小）时，滑块底面到工作台上平面之间的距离，为压力机的最大闭合高度；当连杆调至最长（偏心压力机的行程应调到最大）时，滑块处于下止点，滑块底面到工作台上平面之间的距离，为压力机的最小闭合高度。

压力机的装模高度是指压力机的闭合高度减去垫板厚度的差值。没有垫板的压力机，其装模高度等于压力机的闭合高度。

模具的闭合高度是指冲模在最低工作位置时，上模座上平面至下模座下平面之间的距离。模具闭合高度与压力机装模高度的关系见图 1-7，必须在设备的最大装模高度和最小装模高度之内。

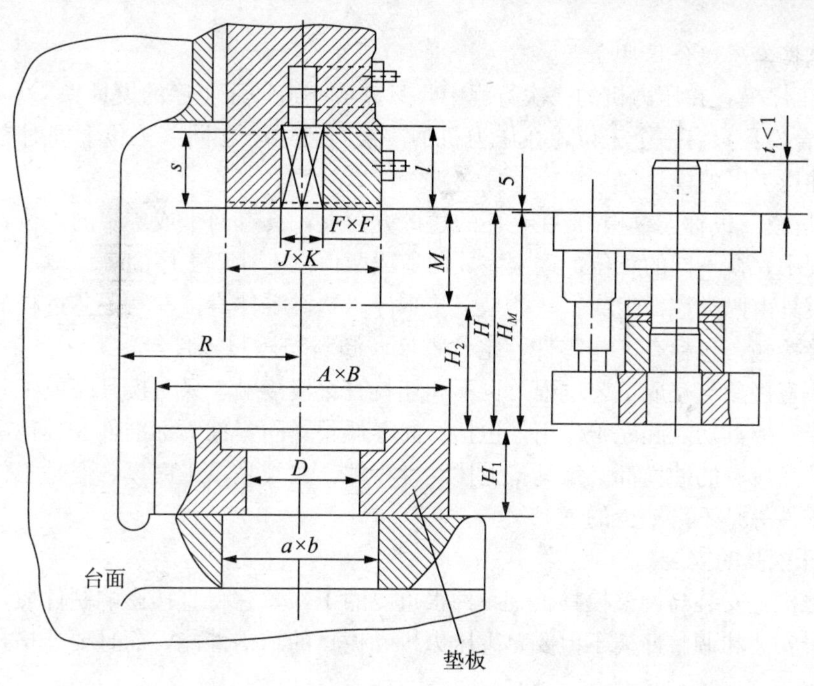

图 1-7　模具闭合高度与装模高度关系

7）电动机功率的选择。

必须保证压力机的电动机功率大于冲压时所需要的功率。常用压力机的技术参数见附表 8。

三、冲压模具

冲压模具是冲压生产必不可少的工艺装备，是技术密集型产品。冲压件的质量、生产效率以及生产成本等都与模具设计和制造有直接关系。模具设计与制造技术水平的高低，是衡量一个国家产品制造水平高低的重要标志之一，在很大程度上决定着产品的质量、效益和新产品的开发能力。

1. 冲模的分类

冲压模具的种类很多，一般可按以下几个主要特征分类：

（1）根据工艺性质分类。

1）冲裁模：沿封闭或敞开的轮廓线使材料产生分离的模具，如落料模、冲孔模、切断模、切口模、切边模、剖切模等。

2）弯曲模：使板料毛坯或其他坯料沿着直线（弯曲线）产生弯曲变形，从而获得一定角度和形状的工件的模具。

3）拉深模：是把板料毛坯制成开口空心件，或使空心件进一步改变形状和尺寸的模具。

4）成形模：是将毛坯或半成品工件按凸、凹模的形状直接复制成形，而材料本身仅产生局部塑性变形的模具。如胀形模、缩口模、扩口模、起伏成形模、翻边模、整形模等。

（2）根据工序组合程度分类。

1）单工序模：在压力机的一次行程中，只完成一道冲压工序的模具。

2）复合模：只有一个工位，在压力机的一次行程中，在同一工位上同时完成两道或两道以上冲压工序的模具。

3）级进模（也称连续模）：在毛坯的送进方向上，具有两个或更多的工位，在压力机的一次行程中，在不同的工位上逐次完成两道或两道以上冲压工序的模具。

通常模具由两类零件组成：一类是工艺零件，这类零件直接参与工艺过程的完成并和坯料有直接接触，包括有工作零件、定位零件、卸料与压料零件等；另一类是结构零件，这类零件不直接参与完成工艺过程，也不和坯料有直接接触，只对模具完成工艺过程起保证作用，或对模具功能起完善作用，包括导向零件、紧固零件、标准件及其他零件等。应该指出，不是所有的冲模都必须具备上述六种零件，尤其是单工序模，但是工作零件和必要的固定零件等是不可缺少的。

2. 冲压模具的安装

在压力机上安装与调整模具，是一件很重要的工作，它将直接影响制件质量和安全生产。因此，安装和调整冲模不但要熟悉压力机和模具的结构性能，而且要严格执行安全操作制度。

（1）模具安装的注意事项。

模具安装的一般注意事项如下：

1）检查压力机上的打料装置，将其暂时调整到最高位置，以免在调整压力机闭合高度时被折弯；

2）检查模具闭合高度与压力机闭合高度之间的关系是否合理；

3）检查下模顶杆和上模打料杆是否符合压力机的除料装置的要求（大型压力机则应检查气垫装置）；

4）模具安装前应将上下模板和滑块底面的油污揩拭干净，并检查有无遗物，防止影响正确安装和发生意外事故。

（2）模具安装的一般顺序。

模具安装的一般顺序如下：

1）根据冲模的闭合高度调整压力机滑块的高度，使滑块在下止点时其底平面与工作台面之间的距离大于冲模的闭合高度。

2）先将滑块升到上止点，冲模放在压力机工作台面规定位置，再将滑块停在下止点，然后调节滑块的高度，使其底平面与冲模座上平面接触。带有模柄的冲模，应使模柄进入模柄孔，并通过滑块上的压块和螺钉将模柄固定住。对于无模柄的大型冲模，一般用螺钉等将上模座紧固在压力机滑块上，并将下模座初步固定在压力机台面上（不拧紧螺钉）。

3）将压力机滑块上调 3～5mm，开动压力机，空行程 1～2 次，将滑块停于下止点，固定住下模座。

4）进行试冲，并逐步调整滑块到所需的高度。如上模有顶杆，则应将压力机上的卸料螺栓调整到需要的高度。

四、冲压工艺

生产中为满足冲压零件形状、尺寸、精度、批量大小、原材料性能的要求，冲压加工的方法是多种多样的，概括起来可以分为分离工序与成形工序两大类。

1. 分离工序

分离工序又可分为落料、冲孔和剪切等，目的是在冲压过程中使冲压件与板料沿一定的轮廓线相互分离，如表 1-2 所示。

表 1-2　　分离工序

工序名称	工序简图	工序特征	模具简图
冲孔	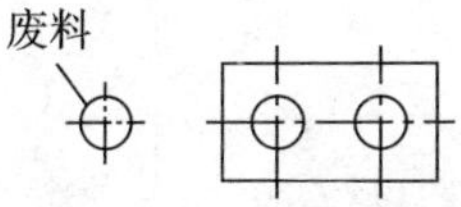 废料	模具沿封闭线冲切板料，落下的是废料	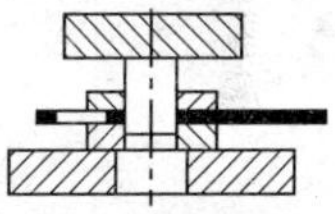
落料	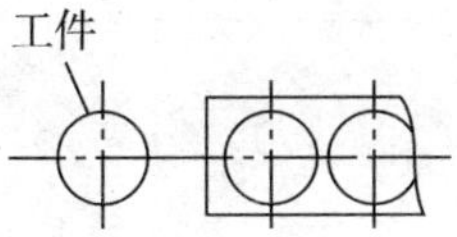 工件	模具沿封闭线冲切板料，落下的是产品	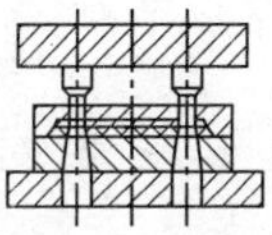
切断		用剪刀或模具切断板料，切断线不封闭	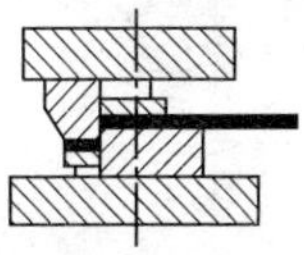
切口	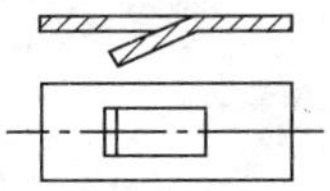	模具将板料局部切开而不完全分离	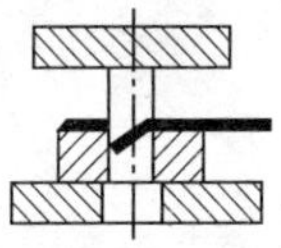
切边	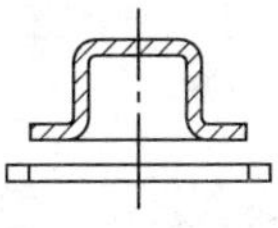	模具将产品多余的边缘切断	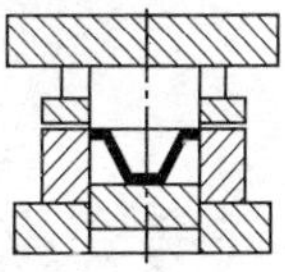

2. 成形工序

成形工序可分为弯曲、拉深、翻孔、翻边、胀形、缩口等，目的是使冲压毛坯在不破坏的条件下发生塑性变形，并转化成所要求制件形状，见表 1-3。

表 1-3　　成形工序

工序名称	工序简图	工序特征	模具简图
弯曲	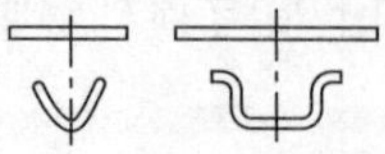	将板料弯曲成一定角度或形状	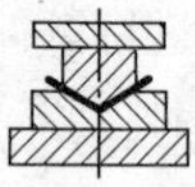
拉深	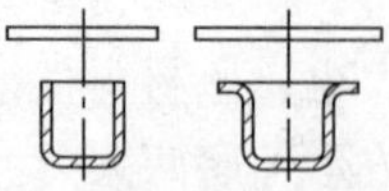	模具将板料压成开口空心件	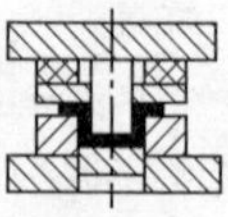
起伏	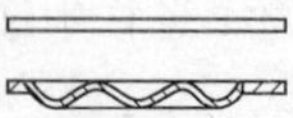	将板料局部拉伸为凸起或凹进形状	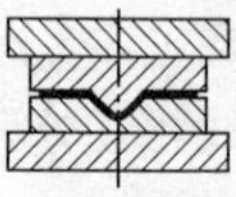
翻边	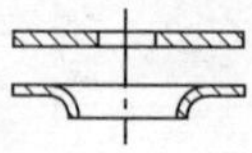	将板料内孔翻成竖边，其直径比原内孔大	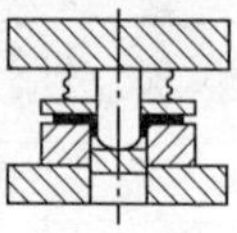
缩口	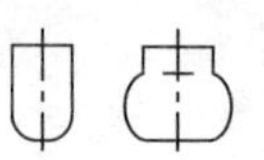	使空心件口部直径缩小	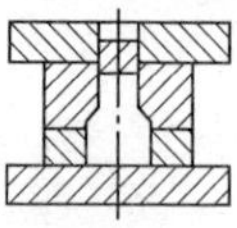
胀形	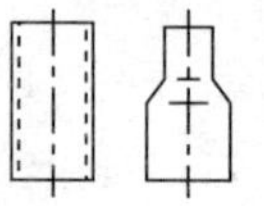	使空心件沿径向往外扩张	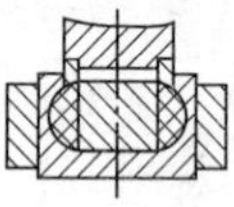
整形	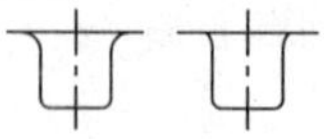	使材料局部变形少量改变形状和尺寸以保证工件精度	与拉深模具同

任务二　冷冲压模具设计概述

任务介绍

冲压生产前必须设计冲压模具，冲压模具的设计目前有传统设计和计算机辅助设计两类，不管是哪类设计方法都可分为以下几个步骤进行：一是资料收集；二是工艺分析；三是工艺计算；四是模具设计。本任务要求了解冲压模具设计的基本流程和有关知识。

任务分析

本任务是对冲压模具设计有关知识和流程的学习，为下一步设计模具打基础，学习时最好先参观设计现场。

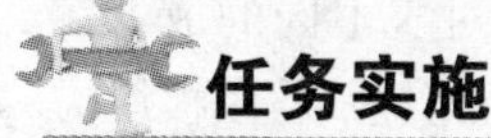

任务实施

一、资料收集

资料收集是模具设计的第一步，冲压模具设计需收集的资料有：产品图、生产批量、设备明细表、模具设计手册、模具结构图册、国家相关标准等。

1. 产品图

产品图是模具生产的产品技术图样，包含了该产品的材料、结构特征、尺寸精度要求等技术信息，设计的模具必须保证该产品的正常生产和质量要求，在考虑模具结构和零件设计时要依据产品图的要求。

2. 生产批量

生产批量决定了模具结构和模具零件材料的选择，生产批量大，应选择自动化程度高的模具结构和耐用的模具材料；反之可选择结构简单和普通模具材料。

3. 设备明细表

一方面模具的制造要考虑现场的设备情况；另一方面模具要安装在压力机上才能生产产品。模具设计假如不考虑现场的设备情况，有可能造成无法加工或者没有与之相适应的生产设备。

4. 模具设计手册和模具结构图册

模具设计时有大量的计算，需要查阅有关的数据图表，模具设计手册可以提供有关的帮助，模具设计手册是模具设计必不可少的工具书。模具结构图册为模具设计人员提供了典型的模具结构，供模具设计时参考，可节省模具结构设计时间等。

5. 国家有关模具设计标准

模具设计标准化程度越高，越有利于提高设计效率和制造效率、降低模具制造成本、有利于模具维修等。在模具设计时应尽可能采用相关技术标准。

二、工艺分析

工艺分析的目的是判断模具要生产的产品的技术信息是否适合模具生产，是否与模具生产的特征相适应。工艺分析通常包含三个方面：一是材料分析；二是产品结构分析；三是产品精度分析。

1. 产品材料分析

适合冲压加工的材料很多，尽管具体的冲压方法不同，对产品材料的要求不一样，但都必须有好的冲压成形性能。

（1）材料的冲压成形性能。

材料对各种冲压加工方法的适应能力称为材料的冲压成形性能。材料的冲压性能好，就是指其便于冲压加工，一次冲压工序的极限变形程度和总的极限变形程度大，生产率高，容易得到高质量的冲压件，模具寿命长等。由此可见，冲压成形性能是一个综合性的概念，它涉及的因素很多，但就其主要内容来看，有两方面：一是成形极限，二是成形质量。

1）成形极限。

在冲压成形过程中，材料能达到的最大变形程度称为成形极限。对于不同的成形工艺，成形极限是采用不同的极限变形系数来表示的。由于大多数冲压成形都是在板厚方向上的应力数值近似为零的平面应力状态下进行的，因此，不难分析：在变形坯料的内部，凡是受到过大拉应力作用的区域，就会使坯料局部严重变薄，甚至拉裂而使冲件报废；凡是受到过大压应力作用的区域，若超过了临界应力就会使坯料丧失稳定而起皱。因此，从材料方面来看，为了提高成形极限，就必须提高材料的塑性指标和增强抗拉、抗压能力。

2）成形质量。

冲压件的质量指标主要是尺寸精度、厚度变化、表面质量以及成形后材料的物理机械性能等。影响工件质量的因素很多，不同的冲压工序情况又各不相同。

材料在塑性变形的同时总伴随着弹性变形，当载荷卸除后，由于材料的弹性回复，造成制件的尺寸和形状偏离模具，影响制件的尺寸和形状精度。因此，掌握回弹规律，控制回弹量是非常重要的。

冲压成形后，一般板厚都要发生变化，有的是变厚，有的是变薄。厚度变薄直接影响冲压件的强度和使用，对强度有要求时，往往要限制其最大变薄量。

材料经过塑性变形后，除产生加工硬化现象外，还由于变形不均，造成残余应力，从而引起工件尺寸及形状的变化，严重时还会引起工件的自行开裂。所有这些情况，在制定冲压工艺时都应予以考虑。

(2) 板材冲压成形性能的试验方法。

板料的冲压成形性能是通过试验来测定的。板料的冲压性能试验方法很多，大致可分为间接试验和直接试验两类。间接试验方法有拉伸试验、剪切试验、硬度试验、金相试验等，由于试验时试件的受力情况与变形特点都与实际冲压时有一定的差别，因此这些试验所得结果只能间接反映出板料的冲压成形性能。但由于这些试验在通用试验设备上即可进行，故常常采用。直接试验方法有反复弯曲试验、胀形性能试验、拉深性能试验等，这类试验方法试样所处的应力状态和变形特点基本上与实际的冲压过程相同，所以能直接可靠地鉴定板料某类冲压成形的性能，但需要专用试验设备或工装。下面仅就最常用的间接试验——拉伸试验作介绍。

在拉力机上安装拉伸标准式样（见图 1-8）进行拉伸试验，可得到图 1-9 所式的拉伸曲线，可得到屈服极限、强度极限等力学指标。材料力学性能与冲压性能有密切关系。一般来说，板料的强度指标越高，产生相同变形量所需的力就越大；塑性指标越高，成形时所能承受的极限变形量就越大；刚性指标越高，成形时抗失稳起皱的能力就越大。

1）屈服极限 σ_s。

屈服极限 σ_s 小，材料容易屈服，则变形抗力小，产生相同变形所需变形力就小，并且屈服极限小，当压缩变形时，屈服极限小的材料因易于变形而不易出现起皱，对弯曲变

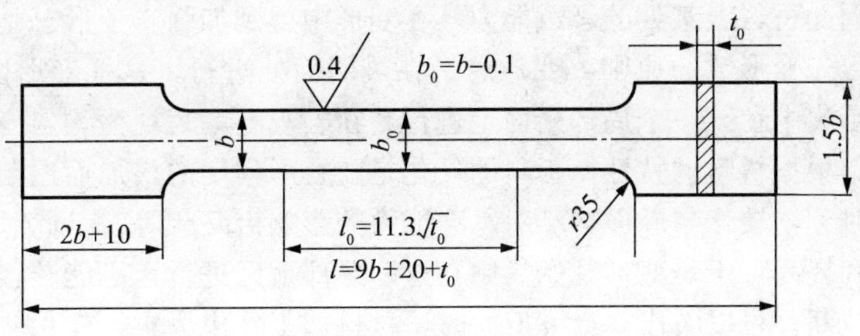

图 1-8　拉伸标准式样

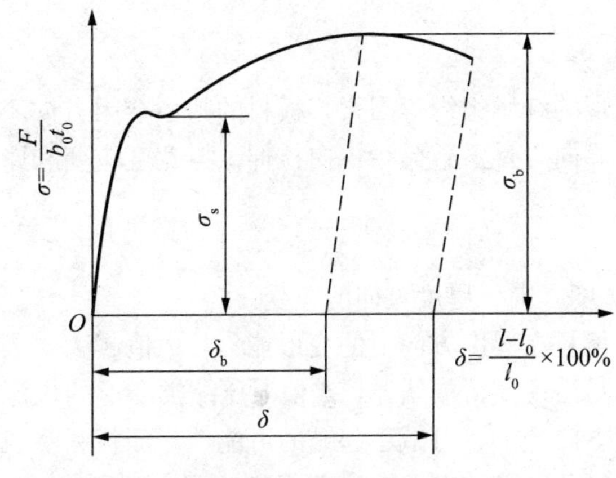

图 1-9　拉伸曲线

形则回弹小。

2）屈强比 σ_s/σ_b。

屈强比小，说明 σ_s 值小而 σ_b 值大，即容易产生塑性变形而不易产生拉裂，也就是说，从产生屈服至拉裂有较大的塑性变形区间。尤其是对压缩类变形中的拉深变形，具有重大影响，当变形抗力小而强度高时，变形区的材料易于变形不易起皱，传力区的材料又有较高强度而不易拉裂，有利于提高拉深变形的变形程度。

3）伸长率。

拉伸试验中，试样拉断时的伸长率称总伸长率或简称伸长率 d。而试样开始产生局部集中变形（缩颈时）的伸长率称均匀伸长率 d_u。d_u 表示板料产生均匀的或稳定的塑性变形的能力，它直接决定板料在伸长类变形中的冲压成形性能。从实验中得到验证，大多数材料的翻孔变形程度都与均匀伸长率成正比。可以得出结论：伸长率或均匀伸长率是影响翻孔或扩孔成形性能的最主要参数。

4）硬化指数 n。

单向拉伸硬化曲线可写成 $s=Ke^n$，其中指数 n 即为硬化指数，表示在塑性变形中材料的硬化程度。n 大时，说明在变形中材料加工硬化严重，真实应力增大。板料拉伸时，整个变形过程是不均匀的，先是产生均匀变形，然后出现集中变形，形成缩颈，最后被拉断。在拉伸过程中，一方面材料断面尺寸不断减小使承载能力降低，另一方面由于加工硬化使变形抗力提高，又提高了材料的承载能力。在变形的初始阶段，硬化的作用是主要的，因此材料上某处的承载能力，在变形中得到加强。变形总是遵循阻力最小定律，既“弱区先变形”的原则，变形总是在最弱面处进行，这样变形区就不断转移。因而，变形不是集中在某一个局部断面上进行，在宏观上就表现为均匀变形，承载能力不断提高。但是根据材料的特性，板料的硬化是随变形程度的增加而逐渐减弱的，当变形进行到一定时刻，硬化与断面减小对承载能力的影响恰好相等时，此时最弱断面的承载能力不再得到提高，于是变形开始集中在这一局部地区进行，不能转移出去，发展成为缩颈，直至拉断。可以看出，当 n 值大时，材料加工硬化严重，硬化使材料强度的提高得到加强，于是增大了均匀变形的范围。对伸长类变形如胀形，n 值大的材料使变形均匀，变薄减小，厚度分布均匀，表面质量好，增大了极限变形程度，使零件不易产生裂纹。

5）厚向异性指数 g。

由于板料轧制时出现的纤维组织等因素，板料的塑性会因方向不同而出现差异，这种现象称塑性各向异性。厚向异性系数是指单向拉伸试样宽度应变和厚度应变之比，即：

$$g=\varepsilon_b/\varepsilon_t$$

式中：ε_b、ε_t——宽度方向、厚度方向的应变。

厚向异性指数表示板料在厚度方向上的变形能力，g 值越大，表示板料越不易在厚度方向上产生变形，即不易出现变薄或增厚，g 值对压缩类变形的拉深影响较大，当 g 值增大时，板料易于在宽度方向变形，可减小起皱的可能性，而板料受拉处厚度不易变薄，又使拉深不易出现裂纹，因此 g 值大时，有助于提高拉深变形程度。

6）板平面各向异性指数 Δg。

板料在不同方位上厚向异性指数不同，造成板平面内各向异性，用 Δg 表示：

$$\Delta g =(g_0+g_{90}+2g_{45})/4$$

式中：g_0、g_{90}、g_{45}——纵向试样、横向试样和与轧制方向呈 45°试样厚向异性指数。

Δg 越大，表示板平面内各向异性越严重，拉深时在零件端部出现不平整的凸耳现象，就是材料的各向异性造成的，它既浪费材料又要增加一道修边工序。

（3）冲压常用材料。

冲压最常用的材料是金属板料，有时也用非金属板料，金属板料分黑色金属和有色金属两种。部分常用冲压材料的力学性能如表 1-4 所示。

1）黑色金属板料。

黑色金属板料按性质可分为：

①普通碳素钢钢板，如 Q195、Q235 等。

②优质碳素结构钢钢板，这类钢板的化学成分和力学性能都有保证。其中碳钢以低碳钢使用较多，常用牌号有：08、08F、10、20 等，冲压性能和焊接性能均较好，用以制造受力不大的冲压件。

③低合金结构钢板，常用的如 Q345（16Mn）、Q295（09Mn2），用以制造有强度要求的重要冲压件。

表 1-4　　部分常用冲压材料的力学性能

材料名称	牌号	材料状态	抗剪强度 t/MPa	抗拉强度 σ_b/MPa	伸长率 $d10$/%	屈服强度 σ_s/MPa
电工用纯铁 C＜0.025	DT1、DT2、DT3	已退火	180	230	26	—
普通碳素钢	Q195	未退火	260～320	320～400	28～33	200
	Q235		310～380	380～470	21～25	240
	Q275		400～500	500～620	15～19	280
优质碳素结构钢	08F	已退火	220～310	280～390	32	180
	08		260～360	330～450	32	200
	10		260～340	300～440	29	210
	20		280～400	360～510	25	250
	45		440～560	550～700	16	360
	65Mn	已退火	600	750	12	400
不锈钢	1Cr13	已退火	320～380	400～470	21	—
	1Cr18Ni9Ti	热处理退软	430～550	540～700	40	200
铝	L2、L3、L5	已退火	80	75～110	25	50～80
		冷作硬化	100	120～150	4	—
铝锰合金	LF21	已退火	70～110	110～145	19	50
硬铝	LY12	已退火	105～150	150～215	12	—
		淬硬后冷作硬化	280～320	400～600	10	340
纯铜	T1、T2、T3	软态	160	200	30	7
		硬态	240	300	3	
黄铜	H62	软态	260	300	35	—
		半硬态	300	380	20	200
	H68	软态	240	300	40	100
		半硬态	280	350	25	

④电工硅钢板，如 DT1、DT2。

⑤不锈钢板，如 1Cr18Ni9Ti，1Cr13 等，用以制造有防腐蚀、防锈要求的零件。

2）有色金属。

常用的有色金属有铜及铜合金（如黄铜）等，牌号有 T1、T2、H62、H68 等，其塑性、导电性与导热性均很好。还有铝及铝合金，常用的牌号有 L2、L3、LF21、LY12 等，有较好塑性，变形抗力小且轻。

3）非金属材料。

非金属材料有胶木板、橡胶、塑料板等。

冲压用材料的形状最常用的是板料，常见规格如 71031420 和 100032000 等。对大量生产可采用专门规格的带料（卷料）。特殊情况可采用块料，它适用于单件小批生产和价值昂贵的有色金属的冲压。板料按厚度公差可分为 A、B、C 三种；按表面质量可分为Ⅰ、Ⅱ、Ⅲ三种。用于拉深复杂零件的铝镇静钢板，其拉深性能可分为 ZF、HF、F 三种。一般深拉深低碳薄钢板可分为 Z、S、P 三种。板料供应状态可为：退火状态 M、淬火状态 C、硬态 Y、半硬（1/2 硬）Y2 等。板料有冷轧和热轧两种轧制状态。板料的尺寸较大，用于大型零件的冲压。主要规格有 500mm×1500mm、900mm×1800mm、1000mm×2000mm 等。

冲压用材料有时也用条料、带料及块料等，条料是根据冲压件的需要，由板料剪裁而成的，用于中、小型零件的冲压；带料（又称卷料）主要是薄料，有各种不同的宽度和长度，成卷状供应，适用于大批量生产的自动送料；块料一般用于单件小批生产。

2. 产品结构分析

冲压加工对产品的结构有一定要求，不同的冲压方法具体的要求不一样，主要针对产品的形状、孔洞、沟槽、外凸部位等，在后面的任务中具体学习。

3. 精度分析

尽管模具是高精度产品，但模具生产的产品精度不一定很高，这是因为受到产品材料性能、成形方法、模具加工精度等多方面因素的影响。一般冲压产品的精度应低于 IT10，否则要改变模具结构和大幅提高模具生产成本。在产品精度分析时应结合具体的产品应用情况分析。

三、工艺计算

冲压模具设计的工艺计算包含了冲压力、压力中心、凸凹模尺寸等方面的计算，冲压方法不同，具体的计算内容不同，在以后的具体任务中学习。

四、模具设计

冲压模具设计分为模具结构设计和非标准零件设计两部分。

1. 模具结构设计

模具结构设计包括模具装配结构的确定和与设备的关系校核两部分。

（1）模具装配结构的确定。

通常情况下，模具的装配结构可参阅有关的结构图册初步确定，再结合现场的实际情况和技术经验进行改进。

（2）模具与设备关系的校核。

在模具装配结构确定后，就要校核模具与安装设备的关系，如：设备工作台尺寸、装模高度、滑块行程、工作台孔尺寸、模柄孔尺寸等，在以后的具体任务中练习。

2. 非标准零件的设计。

模具装配结构确定后就可进行非标准零件的设计，如凸凹模的设计、凸凹模安装零件的设计、压料装置的设计、取件装置的设计等，在以后的具体任务中详细学习。

综合练习

1. 什么是冲压加工？
2. 冲压加工有何特点？
3. 冲压加工有哪几种类型？
4. 我国冲压技术的发展方向是怎么样的？
5. 常用的冲压设备有哪几种？
6. 通用曲柄压力机的工作原理是什么？
7. 选用冲压设备的基本原则是什么？
8. 怎样选择压力机的规格大小？
9. 冲压材料有哪些？

模块二 冲裁工艺与模具设计

内容简介：

冲裁是最基本的冲压工序，是本课程的重点。本模块涉及冲裁变形过程分析、冲裁件质量及影响因素、间隙确定、刃口尺寸计算原则和方法、排样设计、冲裁力与压力中心计算、冲裁工艺性分析与工艺方案制定、冲裁典型结构、零部件设计及模具标准应用、冲裁模设计方法与步骤等。

学习目的与要求：

1. 了解冲裁变形规律、冲裁件质量及影响因素；
2. 掌握冲裁模间隙确定、刃口尺寸计算、排样设计、冲裁力计算等设计计算方法。
3. 掌握冲裁工艺性分析与工艺设计方法；
4. 认识冲裁模典型结构（尤其是级进模和复合模）及特点，了解模具标准，掌握模具零部件设计及模具标准应用方法；
5. 掌握冲裁工艺与冲裁模设计的方法和步骤。

重点：

1. 冲裁变形规律及冲裁件质量影响因素；
2. 刃口尺寸的计算原则和方法；
3. 冲裁工艺性分析与工艺方案制定；
4. 冲裁模的典型结构及特点；
5. 冲裁模的结构设计及模具标准应用；
6. 冲裁工艺与冲裁模设计的方法和步骤。

难点：

1. 冲裁变形规律及冲裁件质量的影响因素；
2. 刃口尺寸的计算原则和方法；
3. 模具结构的设计及模具标准的应用；
4. 冲裁工艺与冲裁模设计的方法和步骤。

相关知识

一、冲裁概述

冲裁是利用模具使板料沿着一定的轮廓形状产生分离的一种冲压工序。它包括落料、冲孔、切断、修边、切舌、剖切等工序，其中落料和冲孔是最常见的两种工序。

落料：若使材料沿封闭曲线相互分离，封闭曲线以内的部分作为冲裁件时，称为落料。

冲孔：若使材料沿封闭曲线相互分离，封闭曲线以外的部分作为冲裁件时，则称为冲孔。图 2-1 所示的垫圈即由落料和冲孔两道工序完成。

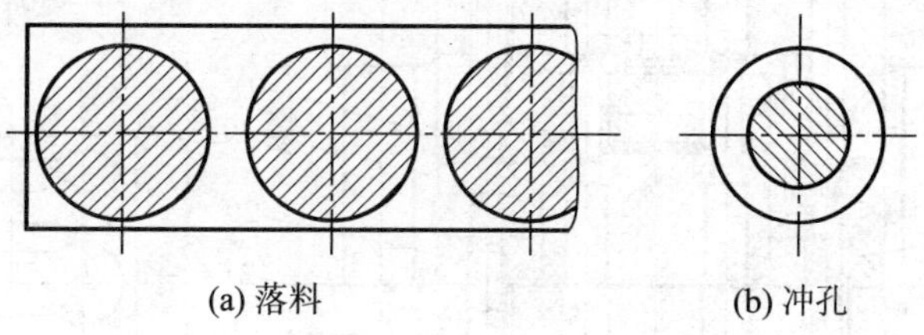

(a) 落料　　(b) 冲孔

图 2-1　垫圈的落料与冲孔

冲裁是冲压工艺的最基本工序之一。在冲压加工中应用极广。它既可直接冲出成品零件也可以为弯曲、拉深和挤压等其他工序准备坯料，还可以将已成形的工件进行再加工(切边、切舌、冲孔等工序)。图 2-2 所示为冲裁加工示意图。由图可见，冲裁加工必须使用模具。图中 1 为凸模，2 为凹模，凸模端部及凹模洞口边缘的轮廓形状与工件形状对应，并有锋利的刃口。凸模刃口轮廓尺寸略小于凹模，其差值称为冲裁间隙。

冲裁所使用的模具叫冲裁模，它是冲裁过程必不可少的工艺装备。图 2-3 为一副典型的落料冲孔复合模，冲模开始工作时，将条料放在卸料板 19 上，并由三个定位销定位。冲裁开始时，凹模 7 和推件块 8 首先接触条料。当压力机滑块下行时，凸凹模 18 的外形与凹模 7 共同作用冲出制件外形。与此同时，冲孔凸模 17 与凸凹模 18 的内孔共同作用冲出制件内孔。冲裁变形完成后，滑块回升时，在打杆 15 作用下，打下推件块 8，将制件排除凹模 7 外。而卸料板 19 在橡胶反弹力作用下，将条料刮出凸凹模，从而完成冲裁全部过程。

根据冲裁变形机理的不同，冲裁工艺可以分为普通冲裁和精密冲裁两大类。

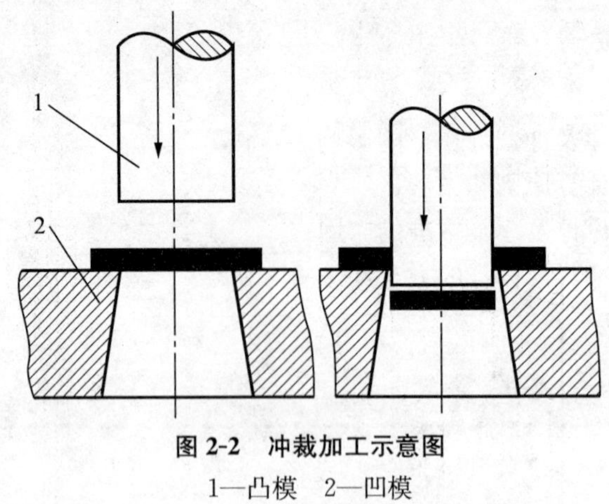

图 2-2 冲裁加工示意图

1—凸模 2—凹模

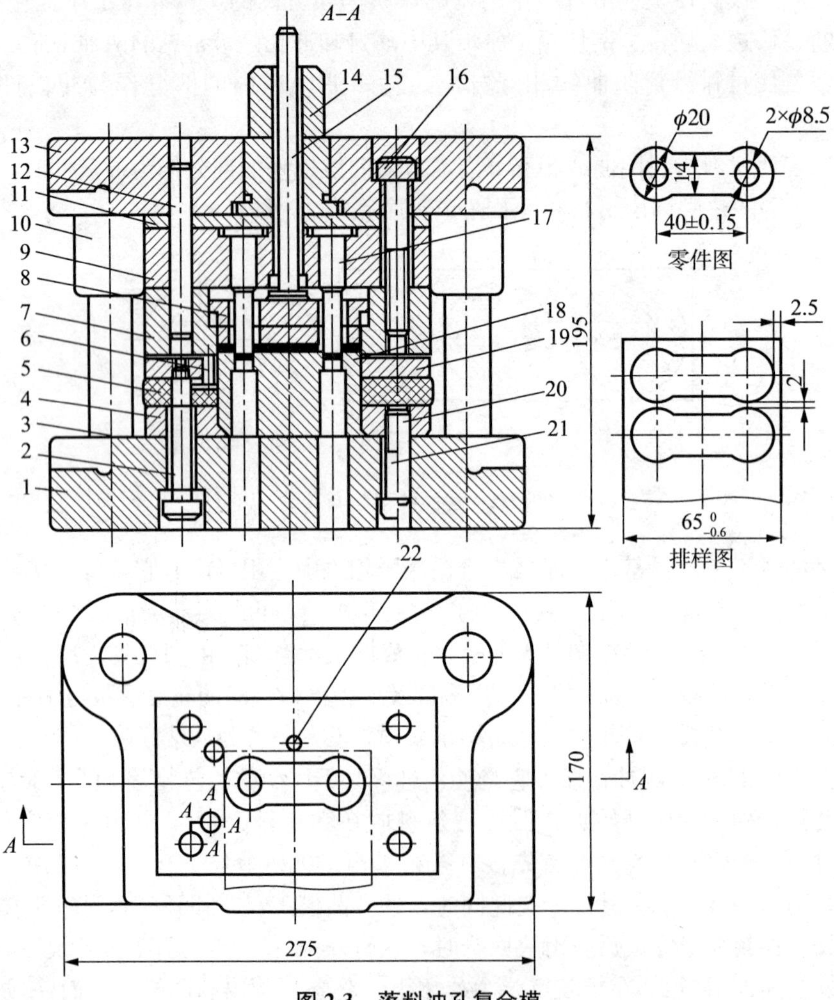

图 2-3 落料冲孔复合模

1—下模板 2—卸料螺钉 3—导柱 4—固定板 5—橡胶 6—导料销 7—落料凹模 8—推件块 9—固定板 10—导套 11—垫板 12、20—销钉 13—上模板 14—模柄 15—打杆 16、21—螺钉 17—冲孔凸模 18—凸凹模 19—卸料板 22—挡料销

二、冲裁变形过程分析

1. 冲裁变形时板材变形区受力情况分析

图 2-4 所示是用无压边装置的模具对板料进行冲裁时的情形。凸模 1 与凹模 3 都具有与制件轮廓一样形状的锋利刃口，凸凹模之间存在一定间隙。当凸模下降至与板料接触时，板料就受到凸、凹模的作用力，其中：

F_1、F_2——凸、凹模对板料的垂直作用力；

F_3、F_4——凸、凹模对板料的侧压力；

μF_1、μF_2——凸、凹模端面与板料间的摩擦力，其方向与间隙大小有关，一般从模具刃口指向外；

μF_3、μF_4——凸、凹模侧面与板料间的摩擦力。

从图 2-4 中可看出，由于凸、凹模之间存在间隙，F_1、F_2 不在同一垂直线上，故板料受到弯矩 $M \approx F_1 Z/2$ 作用，由于 M 使板料弯曲并从模具表面上翘起，使模具表面和板料的接触面仅限在刃口附近的狭小区域，其接触面宽度为板厚的 0.2～0.4。接触面间相互作用的垂直压力并不均匀，随着向模具刃口的逼近而急剧增大。

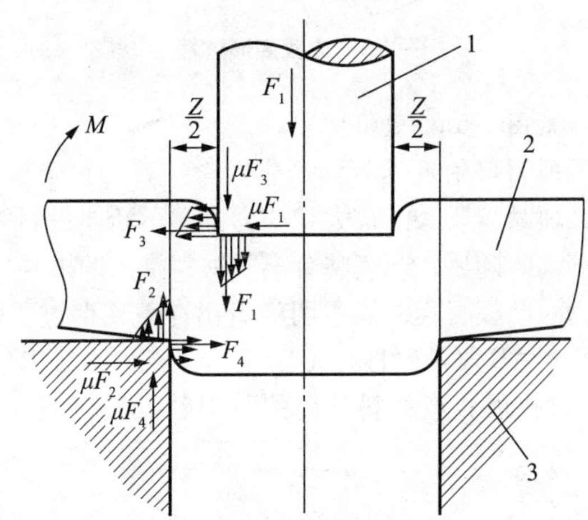

图 2-4　冲裁时作用于板料上的力

1—凸模　2—板材　3—凹模

2. 冲裁变形过程

图 2-5 所示为冲裁变形过程。如果模具间隙正常，冲裁变形过程大致可分为如下三个阶段。

（1）弹性变形阶段（见图 2-5a）。

在凸模压力下，材料产生弹性压缩、拉伸和弯曲变形，凹模上的板料则向上翘曲，间隙越大，弯曲和上翘越严重。同时，凸模少许挤入板料上部，板料的下部则略挤入凹模洞口，但材料内的应力未超过材料的弹性极限。

（2）塑性变形阶段（见图 2-5b）。

因板料发生弯曲，凸模沿宽度为 b 的环形带继续加压，当材料内的应力达到屈服强度时便开始进入塑性变形阶段。凸模挤入板料上部，同时板料下部挤入凹模洞口，形成光亮的塑性剪切面。随凸模挤入板料深度的增大，塑性变形程度增大，变形区材料硬化加剧，冲裁变形抗力不断增大，直到刃口附近侧面的材料由于拉应力的作用出现微裂纹时，塑性变形阶段便告终，此时冲裁变形抗力达到最大值。由于凸、凹模间存在有间隙，故在这个阶段中板料还伴随着弯曲和拉伸变形。间隙越大，弯曲和拉伸变形也越大。

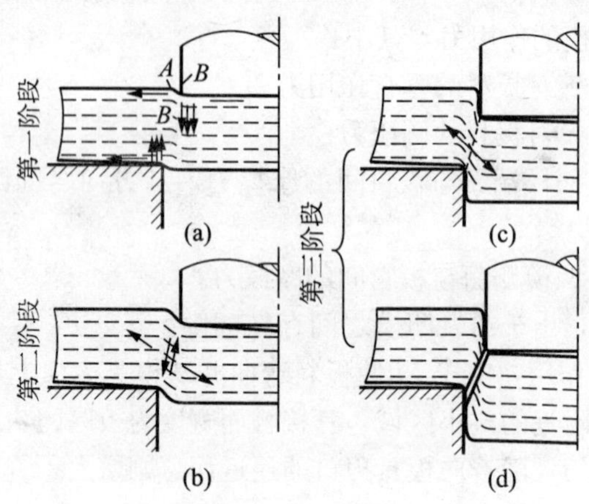

图 2-5 冲裁变形过程

(3) 断裂分离阶段（见图 2-5 c、d）。

材料内裂纹首先在凹模刃口附近的侧面产生，紧接着才在凸模刃口附近的侧面产生。已形成的上下微裂纹随凸模继续压入沿最大切应力方向不断向材料内部扩展，当上下裂纹重合时，板料便被剪断分离。随后，凸模将分离的材料推入凹模洞口。

从图 2-6 所示冲裁力—凸模行程曲线可明显看出冲裁变形过程的三个阶段。图中 *OA* 段是冲裁的弹性变形阶段；*AB* 段是塑性变形阶段，*B* 点为冲裁力的最大值，在此点材料开始剪裂，*BC* 段为微裂纹扩展直至材料分离的断裂阶段，*CD* 段主要为克服摩擦力将冲件推出凹模孔口阶段。

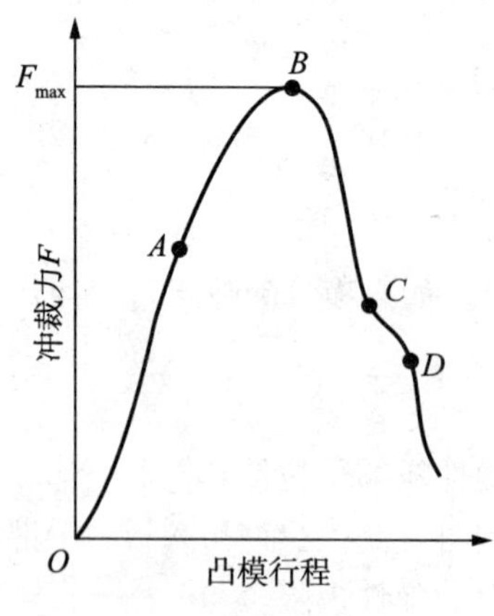

图 2-6 冲裁力曲线

三、冲裁质量分析与控制

1. 尺寸精度

冲裁件的尺寸精度是指冲裁件的实际尺寸与基本尺寸的差值，差值越小，则精度越高，这个差值包括两方面的偏差，一是冲裁件相对于凸模或凹模尺寸的偏差，二是模具本身的制造偏差。

2. 形状误差

图 2-7 中对冲裁变形区及受力进行分析得知，材料在冲裁过程中会受到弯曲力偶的作用，因此冲裁件会出现弯拱现象。加工硬化指数大的材料，弯拱较大。凹模间隙越大，弯拱也越大。预防和减少弯拱的措施是：对于冲孔件在模具结构上增设压料板；对于落料件，则在凹模孔中加顶件板。

3. 断面质量

冲裁件的断面质量与模具刃口间隙、刃口状态等模具因素有关。

刃口间隙是指凸模和凹模刃口横向尺寸的差值，常称冲裁间隙，用 Z 表示。间隙值的大小，影响冲裁时上、下形成的裂纹会合，影响变形应力的性质和大小。

当间隙过小时，如图 2-7a 所示，上、下裂纹互不重合。两裂纹之间的材料，随着冲裁的进行将被第二次剪切，在断面上形成第二光亮带，该光亮带中部有残留的断裂带（夹层）。小间隙会使应力状态中的拉应力成分减小，挤压力作用增大，使材料塑性得到充分发挥，裂纹的产生受到抑制而推迟。所以，光亮带宽度增加，圆角、毛刺、斜度翘曲、拱弯等弊病都有所减小，工件质量较好，但断面的质量也有缺陷，像中部的夹层等。

当间隙过大时，如图 2-7c 所示，上、下裂纹仍然不重合。因变形材料应力状态中的拉应力成分增大、材料的弯曲和拉伸也增大，材料容易产生微裂纹，使塑性变形较早结束。所以，光亮带变窄，剪裂带、圆角带增宽，毛刺和斜度变大，拱弯翘曲现象显著，冲裁件质量下降。并且拉裂产生的斜度增大，断面出现 2 个斜度，断面质量也不理想。

当间隙适中时，上、下裂纹会合成一条线。尽管断面有斜度，但断面较平直，圆角和毛刺均不大，有较好的综合断面质量。这种间隙是设计选用的合理间隙，如图 2-7b 所示。模具设计时，刃口间隙一般根据经验查设计手册确定（附表 7 是部分值），也可以进行理论计算，由于理论计算方法在生产中使用不方便，故目前间隙值的确定广泛使用的是经验公式与图表法。

当模具间隙不均匀时，冲裁件会出现部分间隙过大，部分间隙过小的断面情况。这对冲裁件断面质量也是有影响的，要求模具制造和安装时必须保持间隙均匀。

刃口状态对冲裁断面质量有较大影响。当模具刃口磨损成圆角时，挤压作用增大，则冲裁件圆角和光亮带增大。钝的刃口，即使间隙选择合理，在冲裁件上将产生较大毛刺。凸模钝时，落料件产生毛刺；凹模钝时，冲孔件产生毛刺。模具刃口状态对断面质量的影响见图 2-8。

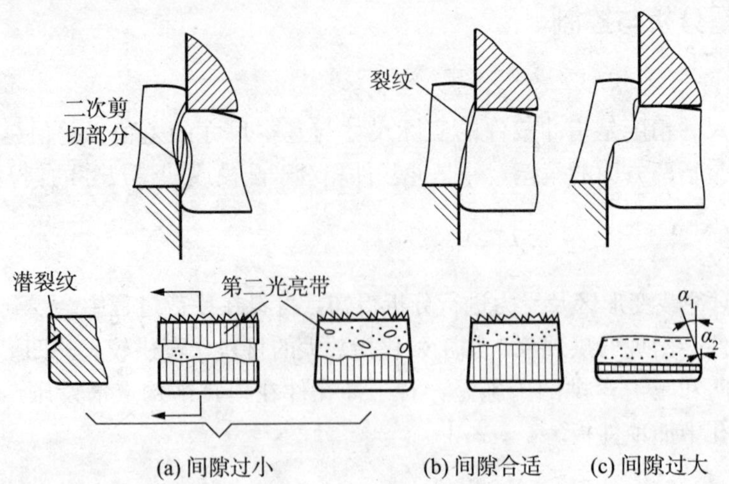

图 2-7 间隙大小对冲裁件断面质量的影响

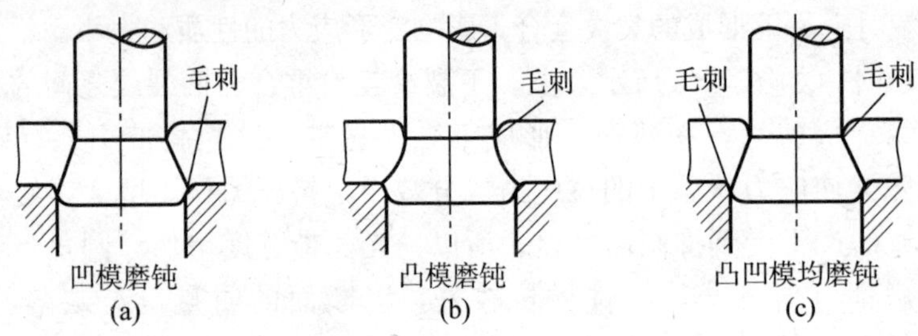

图 2-8 模具刃口状态对断面质量的影响

任务一 垫片落料工艺与模具设计

任务介绍

有一机器零件垫片，见图 2-9，材料为 10 钢，厚度 0.8mm，大批量生产，设计该垫片的冲压工艺及模具。

任务分析

垫片为一平板零件，其外形尺寸不大，长为 50、宽为 40，左右对称，生产批量大，适合冲压成形。根据零件特征，该零件没有孔洞，落料即可成形，只需要一副落料模具即可。

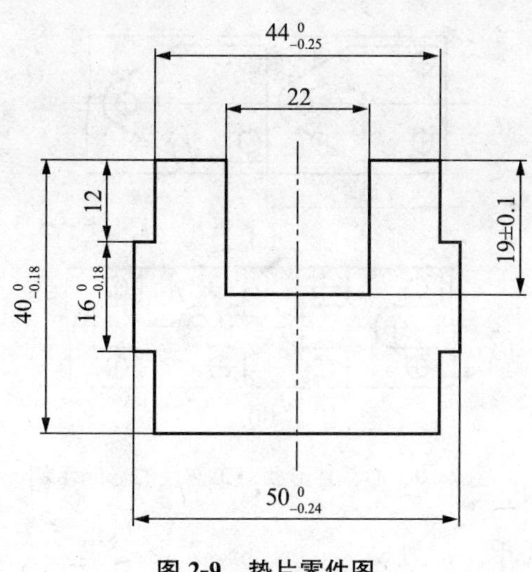

图 2-9　垫片零件图

任务实施

一、垫片冲裁工艺设计

1. 冲裁工艺设计知识介绍

冲裁工艺设计主要包括冲裁工艺性分析和冲裁工艺方案确定两个方面的内容。

（1）冲裁件工艺性分析。

冲裁件的工艺性是指冲裁件对冲压工艺的适应性，即冲裁件的材料、结构及公差等技术要求是否符合冲裁加工的工艺要求，难易程度如何。工艺性是否合理，对冲裁件的质量、模具寿命和生产率有很大的影响。

1）冲裁件的形状和尺寸。

①冲裁件形状应尽可能简单、对称、排样废料少。在满足质量要求的条件下，把冲裁件设计成少、无废料的排样形状。如图 2-10a 所示零件，若外形无要求，只要满足三孔位置达到设计要求，可改为图 2-10b 所示形状，采用无废料排样，材料利用率提高 40%。

②除在少、无废料排样或采用镶拼模结构时，允许工件有尖锐的角度外，冲裁件的外形或内孔交角处应采用圆角过渡。其圆角值见表 2-1。

表 2-1　冲裁件最小圆角半径 *R*

零件种类			黄铜、铝	合金钢	软钢	备注
落料	交角	≥90°	$0.18t$	$0.35t$	$0.25t$	$\not<$0.25mm
		<90°	$0.35t$	$0.70t$	$0.5t$	$\not>$0.5mm
冲孔	交角	≥90°	$0.2t$	$0.45t$	$0.3t$	$\not<$0.3mm
		<90°	$0.4t$	$0.9t$	$0.6t$	$\not>$6mm

③ 尽量避免冲裁件上过长的悬臂与窄槽（见图 2-11），它们的最小宽度 $b\geqslant 1.5t$。

④冲裁件孔与孔之间、孔与零件边缘之间的壁厚（见图 2-11），因受模具强度和零件

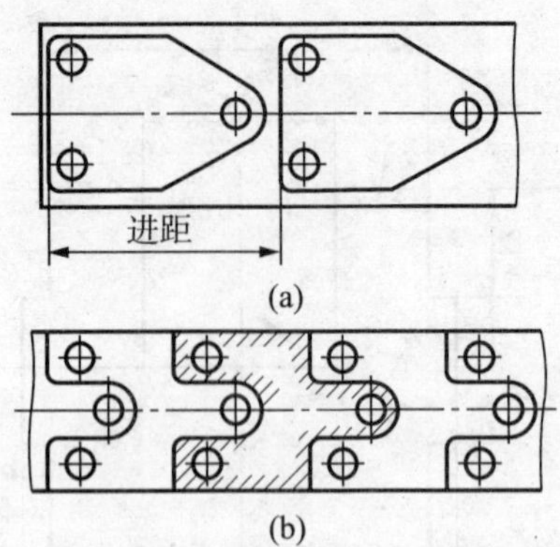

图 2-10　冲裁件形状对工艺性的影响示例

质量的限制，其值不能太小。一般要求 $c \geqslant 1.5t$，$c' \geqslant t$。若在弯曲或拉深件上冲孔，冲孔位置与件壁间距应满足图 2-12 所示尺寸要求。

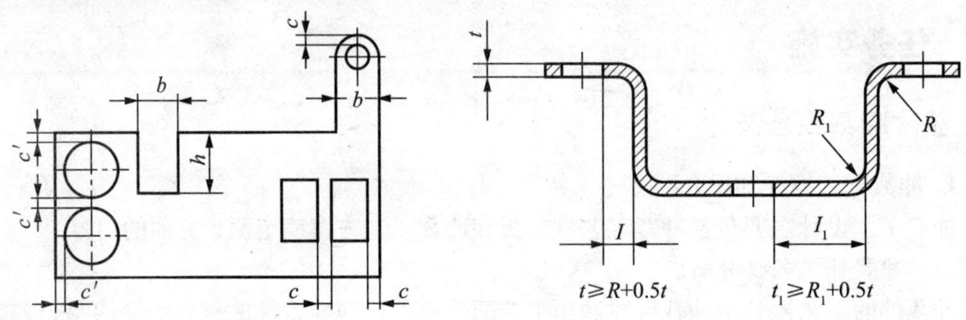

图 2-11　冲裁件的结构工艺性图　　**图 2-12　弯曲件的冲孔位置**

⑤冲裁件的孔径因受冲孔凸模强度和刚度的限制，不宜太小，否则容易折断和压弯。孔的最小尺寸取决于材料的机械性能、凸模强度和模具结构。用自由凸模和带护套的凸模所能冲制的最小孔径分别见表 2-2 和表 2-3，孔距的最小尺寸可见表 2-4。

表 2-2　自由凸模冲孔的最小尺寸　(mm)

冲压材料	圆形孔（直径 d）	方形孔（孔宽 b）	矩形孔（孔宽 b）	长圆形孔（孔宽 b）
钢 τ>700MPa	$1.5t$	$1.35t$	$1.2t$	$1.1t$
钢 τ=400～700MPa	$1.3t$	$1.2t$	$1.1t$	$0.9t$
钢 τ<400MPa	$1.0t$	$0.9t$	$0.8t$	$0.7t$
黄铜、铜、	$0.9t$	$0.8t$	$0.7t$	$0.6t$
铝、锌	$0.8t$	$0.7t$	$0.6t$	$0.5t$

注：τ 为抗剪强度；t 为制件厚度

表 2-3　　带护套的凸模的最小尺寸

冲压件材料	圆形孔（直径 d）	矩形孔（孔宽 b）
硬钢	0.5t	0.4t
软钢及黄铜	0.35t	0.3t
铝、锌	0.3t	0.28t

表 2-4　　最小间距

孔型	圆孔		方孔	
料厚 t（mm）	＜1.55	＞1.55	＜2.3	＞2.3
最小孔距（mm）	3.1t	2t	4.6t	2t

2）冲裁件的尺寸精度和表面粗糙度要求。

冲裁件的尺寸精度要求，应在经济精度范围以内，对于普通冲裁件，其经济精度不高于 IT11 级，冲孔件比落料件高一级。冲裁件外形与内孔尺寸公差可见表 2-5。如果工件精度高于上述要求，则需在冲裁后整修或采用精密冲裁工艺。

冲裁件两孔孔心距所能达到的公差见表 2-6；冲裁件断面的表面粗糙度和允许的毛刺高度可见表 2-7 和表 2-8。

表 2-5　　冲裁件外形与内孔尺寸公差　　(mm)

料厚 t	工件尺寸							
	一般精度工件				较高精度工件			
	＜10	10～50	50～150	150～300	＜10	10～50	50～150	150～300
0.2～0.5	0.08 (0.05)	0.10 (0.08)	0.14 (0.12)	0.20	0.025 (0.02)	0.03 (0.04)	0.05 (0.08)	0.08
0.5～1	0.12 (0.05)	0.16 (0.08)	0.22 (0.12)	0.3	0.03 (0.02)	0.04 (0.04)	0.06 (0.08)	0.10
1～2	0.18 (0.06)	0.22 (0.10)	0.30 (0.16)	0.5	0.04 (0.03)	0.06 (0.06)	0.08 (0.10)	0.12
2～4	0.24 (0.08)	0.28 (0.12)	0.40 (0.12)	0.70	0.06 (0.04)	0.08 (0.08)	0.10 (0.12)	0.15
4～6	0.30 (0.10)	0.35 (0.15)	0.50 (0.25)	1.0	0.10 (0.06)	0.12 (0.10)	0.15 (0.15)	0.20

注：1. 表中括号外为外形公差；括号内为内孔公差。

2. 一般精度的工件采用 IT8～IT7 精度的普通冲裁模具，较高精度的工件采用 IT7～IT6 精度的高级冲裁模具。

表 2-6　　冲裁件孔中心距公差　　(mm)

料厚 t	普通冲裁模具			高级冲裁模具		
	孔距尺寸			孔距尺寸		
	＜50	50～150	150～300	＜50	50～150	150～300
＜1	±0.10	±0.15	±0.20	±0.03	±0.05	±0.08
1～2	±0.12	±0.20	±0.30	±0.04	±0.06	±0.10
2～4	±0.15	±0.25	±0.35	±0.06	±0.08	±0.12
4～6	±0.20	±0.30	±0.40	±0.08	±0.10	±0.15

注：两孔应同时冲出。

表 2-7　　冲裁件断面的表面粗糙度

料厚	≤1	1～2	2～3	3～4	4～5
表面粗糙度 Ra(μm)	3.2	6.3	12.5	25	50

表 2-8　　冲裁件允许的毛刺高度　　(mm)

料厚	～0.3	>0.3～0.5	>0.5～1.0	>1.0～1.5	>1.5～2.0
新模具试冲	≤0.015	≤0.02	≤0.03	≤0.04	≤0.05
生产时	≤0.05	≤0.08	≤0.10	≤0.13	≤0.15

3）冲裁件的尺寸基准。

冲裁件孔位尺寸基准应尽量选择在冲裁过程中始终不参加变形的面或线上，不要与参加变形的部位联系起来。如图 2-13 所示，原设计尺寸的标注如图（a）所示，对冲裁件图样的标注是不合理的，因为这样标注，尺寸 L_1、L_2 必须考虑到模具的磨损，孔心距公差会随着模具磨损而增大。改用图（b）所示的标注，两孔的孔心距不受模具磨损的影响，比较合理。因此，考虑冲裁件的尺寸基准时应尽可能使制造模具及使用模具的定位基准重合，以避免产生基准不重合误差。

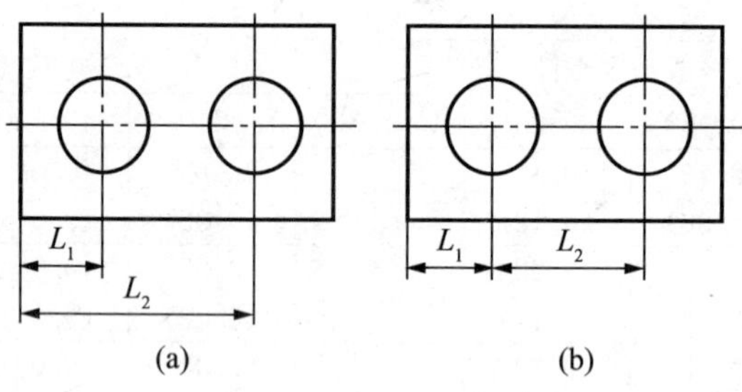

图 2-13　冲裁件的尺寸基准

（2）冲裁工艺方案的确定。

在冲裁工艺分析和技术经济分析的基础上根据冲裁件的特点确定冲裁工艺方案。冲裁工艺方案可分为单工序冲裁、复合冲裁和级进冲裁。

单工序冲裁是在冲压机一次行程，在模具单一的工位中完成单一工序的冲压；复合冲裁是在冲压机一次行程中，在模具的同一工作位置同时完成两个或两个以上工序的冲压；级进冲裁是把冲裁件的若干个冲压工序，排列成一定的顺序，在冲压机的一次行程中条料在冲模的不同工序位置上分别完成工件所要求的工序，在完成所有要求的工序后，以后每次冲程都可以得到一个完整的冲裁件。组合的冲裁工序比单工序冲裁生产效率高，获得的制件精度等级高。

1）冲裁工序的组合。

冲裁组合方式的确定应根据下列因素决定：

①生产批量：小批量与试制采用单工序冲裁，中批和大批量生产采用复合冲裁或级进冲裁。

②工件尺寸公差等级：复合冲裁所得到的工件尺寸公差等级高，因为它避免了多次冲压的定位误差，并且在冲裁过程中可以进行压料，工件较平整。级进冲裁所得到的工件尺寸公差等级较复合冲裁低，在级进冲裁中采用导正销结构，可提高冲裁件精度。

③对工件尺寸、形状的适应性：工件的尺寸较小时，考虑到单工序上料不方便和生产率低，常采用复合冲裁或级进冲裁。对于尺寸中等的工件，由于制造多副单工序模的费用比复合模昂贵，也宜采用复合冲裁。但工件上孔与孔之间或孔与边缘之间的距离过小时，不宜采用复合冲裁和单工序冲裁，宜采用级进冲裁。所以级进冲裁可以加工形状复杂、宽度很小的异形工件（见图 2-14），但级进冲裁受冲压机台面尺寸与工序数的限制，冲裁工件尺寸不宜太大。

④模具制造、安装调整和成本：对复杂形状的工件，采用复合冲裁比采用级进冲裁为宜，因为模具制造、安装调整较易，成本较低。

⑤操作方便与安全：复合冲裁出件或清除废料较困难，工作安全性较差。级进冲裁较安全。

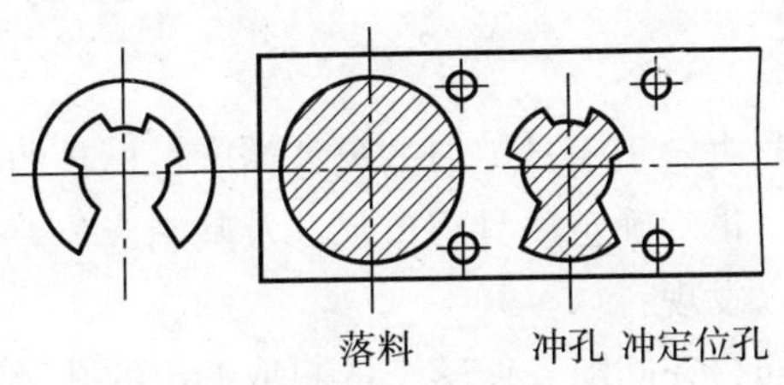

图 2-14　级进冲裁

综合上述分析，对于一个工件，可以得出多种工艺方案。必须对这些方案进行比较，选取在满足工件质量与生产率的前提下，模具制造成本低、寿命长、操作方便又安全的工艺方案。

2）冲裁顺序的安排。

①级进冲裁的顺序安排。

级进冲裁的顺序为先冲孔或切口，最后落料或切断将工件与条料分离。首先冲出的孔可作后续工序的定位用，在定位要求较高时，则可冲出专供定位用的工艺孔（一般为两个，见图 2-14）。采用定距侧刃时，定距侧刃切边工序安排与首次冲孔同时进行，以便控制送料步距，采用两个定距侧刃时，可以安排成一前一后，也可并列布置。

②多工序工件用单工序冲裁时的顺序安排。

多工序工件用单工序冲裁时的顺序安排为先落料使毛坯与条料分离，再冲孔或冲缺口。后继各冲裁工序的定位基准要一致，以避免定位误差和尺寸链换算。冲裁大小不同、相距较近的孔时，为减少孔的变形，应先冲大孔，后冲小孔。

2. 垫片冲裁工艺设计

（1）垫片冲裁工艺分析。

1）材料分析。

该零件材料为 10 钢，10 钢为优质低碳碳素结构钢，具有良好的冲压成形性能。

2）结构分析。

该零件结构简单、左右对称，但外形有多处尖角，如果用模具制造，对模具的制造和使用寿命不利，建议在不影响使用的前提下改为圆弧过渡。建议过渡圆角值为$R0.25$mm。

3）精度分析。

零件上有5个尺寸标注了公差要求，由公差表查得其公差要求都属于IT12，所以普通冲裁可以满足零件的精度要求。对于2个未注公差尺寸，应按照IT14查得公差为$22^{+0.52}_{0}$mm、12±0.22mm。

结论：根据上述分析，该零件生产批量又大，适合冲压成形。

（2）垫片冲裁工艺方案。

根据零件特征，该零件没有孔洞，落料即可成形，只需要一副落料模具即可。

二、垫片冲裁工艺计算

1. 冲裁工艺计算知识介绍

冲裁工艺计算包括刃口尺寸、冲裁力、压力中心等几方面的计算。

（1）刃口尺寸计算。

1）计算原则。

冲裁件的尺寸精度主要决定于模具刃口的尺寸精度，模具的合理间隙值也要靠模具刃口尺寸及制造精度来保证。正确确定模具刃口尺寸及其制造公差，是设计冲裁模的主要任务之一。从生产实践中可以发现：

①由于凸模、凹模之间存在间隙，使落下的料或冲出的孔都带有锥度，且落料件的大端尺寸等于凹模尺寸，冲孔件的小端尺寸等于凸模尺寸。

②在测量与使用中，落料件是以大端尺寸为基准，冲孔孔径是以小端尺寸为基准的。

③冲裁时，凸模、凹模要与冲裁件或废料发生摩擦，凸模越磨越小，凹模越磨越大，结果使间隙越来越大。

由此在决定模具刃口尺寸及其制造公差时需考虑下述原则：

①落料件尺寸由凹模尺寸决定，冲孔时孔的尺寸由凸模尺寸决定。故设计落料模时，以凹模为基准，间隙取在凸模上；设计冲孔模时，以凸模为基准，间隙取在凹模上。

②考虑到冲裁中凸模、凹模的磨损，设计落料模时，凹模基本尺寸应取尺寸公差范围的较小尺寸；设计冲孔模时，凸模基本尺寸则应取工件孔尺寸公差范围内的较大尺寸。这样，在凸模、凹模磨损到一定程度的情况下，仍能冲出合格制件。凸模、凹模间隙则取最小合理间隙值。

③确定冲模刃口制造公差时，应考虑制件的公差要求。如果对刃口精度要求过高（即制造公差过小），会使模具制造困难，增加成本，延长生产周期；如果对刃口精度要求过低（即制造公差过大），则生产出来的制件可能不合格，会使模具的寿命降低。若制件没有标注公差，则对于非圆形件按国家标准“非配合尺寸的公差数值”IT14级处理，冲模则可按IT11级制造；对于圆形件，一般可按IT7～IT6级制造模具。冲压件的尺寸公差应按“入体”原则标注，落料件上偏差为零，下偏差为负；冲孔件下偏差为零，上偏差为正。

2）计算方法。

由于模具加工方法不同，凸模与凹模刃口部分尺寸的计算公式与制造公差的标注也不同，刃口尺寸的计算方法可分为分别加工法和配作加工法两种。

①分别加工法。

采用这种方法，是指凸模和凹模分别按图纸标注的尺寸和公差进行加工。冲裁间隙由凸模、凹模刃口尺寸和公差来保证。要分别标注凸模和凹模刃口尺寸与制造公差（凸模 δ_p、凹模 δ_d），优点是具有互换性，但受到冲裁间隙的限制，它适用于圆形或简单形状的冲压件。图 2-15 表示冲模刃口与工件尺寸及公差的分布状态，可以看出，要保证初始间隙值小于最大合理间隙 Z_{max}，必须满足下列条件：

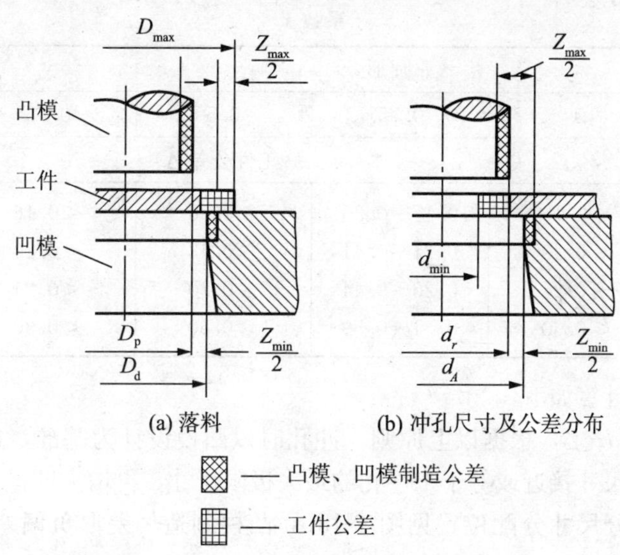

图 2-15　冲模刃口与工件尺寸及公差的分布

$$|\delta_p|+|\delta_d|\leqslant Z_{max}-Z_{min}$$

若 $|\delta_p|+|\delta_d|>Z_{max}-Z_{min}$，可取 $\delta_p=0.4(Z_{max}-Z_{min})$，$\delta_d=0.6(Z_{max}-Z_{min})$ 作为模具的凸模、凹模的制造偏差。

落料件刃口尺寸的计算方法如下：

设工件的尺寸为 $D-\Delta$，根据计算原则，落料时以凹模为设计基准。首先确定凹模尺寸，使凹模基本尺寸接近或等于制件轮廓的最小极限尺寸，再减小凸模尺寸以保证最小合理间隙值 Z_{min}。各尺寸分配位置见图 2-15a。凹模制造偏差取正偏差，凸模偏差取负偏差，其计算公式如下：

$$D_d=(D_{max}-x\Delta)^{+\delta_d}_{0} \tag{2-1}$$

$$D_p=(D_d-Z_{min})^{0}_{-\delta_p} \tag{2-2}$$

式中：D_d——落料凹模基本尺寸（mm）；

D_p——落料凸模基本尺寸（mm）；

D_{max}——落料件最大极限尺寸（mm）；

Δ——制件公差（mm）；

Z_{min}——凸模、凹模最小初始双面间隙（mm）；

δ_p——凸模下偏差，可按 IT6 选用（mm）；

δ_d——凹模上偏差，可按 IT7 选用（mm）；

x——系数，是为了使冲裁件的实际尺寸尽量接近冲裁件公差带的中间尺寸，与工件的制造精度有关，按下列关系取值，也可查表 2-9：

当制件公差为 IT10 以上，取 $x=1$；

当制件公差为 IT11～IT13，取 $x=0.75$；

当制件公差为 IT14 以下时，取 $x=0.5$。

表 2-9　　系数 x

材料厚度 t（mm）	非圆形			圆形	
	1	0.75	0.5	0.75	0.5
	工件公差 Δ				
<1	≤0.16	0.17～0.35	≥0.36	<0.16	≥0.16
1～2	≤0.20	0.21～0.41	≥0.42	<0.20	≥0.20
2～4	≤0.24	0.25～0.44	≥0.50	<0.24	≥0.24
>4	≤0.30	0.31～0.59	≥0.60	<0.30	≥0.30

冲孔刃口尺寸计算如下：

设冲孔尺寸为 $d+\Delta$，根据以上原则，冲孔时以凸模设计为基准，首先确定凸模刃口尺寸，使凸模基本尺寸接近或等于工件孔的最大极限尺寸，再增大凹模尺寸以保证最小合理间隙 Z_{min}。各部分尺寸分配位置见图 2-15b，凸模制造偏差取负偏差，凹模取正偏差。其计算公式如下：

$$d_p=(d_{min}+x\Delta)_{-\delta_p}^{0} \tag{2-3}$$

$$d_d=(d_d+Z_{min})_{0}^{+\delta_d} \tag{2-4}$$

在同一工步中冲出制件两个以上孔时，凹模型孔中心距 L_d 按下式确定：

$$L_d=(L_{min}+0.5\Delta)\pm 0.125\Delta \tag{2-5}$$

式中：d_d——冲孔凹模基本尺寸（mm）；

d_p——冲孔凸模基本尺寸（mm）；

d_{min}——冲孔件孔的最小极限尺寸（mm）；

L_d——同一工步中凹模孔距基本尺寸（mm）；

L_{min}——制件孔距最小极限尺寸（mm）；

Δ——制件公差（mm）；

Z_{min}——凸模、凹模最小初始双面间隙（mm）；

δ_p——凸模下偏差，可按 IT6 选用（mm）；

δ_d——凹模上偏差，可按 IT7 选用（mm）；

x——系数，选择同上。

②配作加工法。

采用凸、凹模分开加工法时，为了保证凸、凹模间一定的间隙值，必须严格限制冲模制造公差，因此，造成冲模制造困难。对于冲制薄材料（因 Z_{max} 与 Z_{min} 的差值很小）的冲模，或冲制复杂形状工件的冲模，或单件生产的冲模，常常采用凸模与凹模配作的加工方法。

配作法就是先按设计尺寸制出一个基准件（凸模或凹模），然后根据基准件的实际尺寸再按最小合理间隙配制另一件。这种加工方法的特点是模具的间隙由配制保证，工艺比较简单，不必校核 $|\delta_p|+|\delta_d|\leqslant Z_{max}-Z_{min}$ 的条件，并且还可放大基准件的制造公差，使制造容易。设计时，基准件的刃口尺寸及制造公差应详细标注，而配作件上只标注公称尺寸，不注公差，但在图纸上注明："凸（凹）模刃口按凹（凸）模实际刃口尺寸配制，保证最小合理间隙值 Z_{min}"。

采用配作法，计算凸模或凹模刃口尺寸，首先是根据凸模或凹模磨损后轮廓的变化情况，见图 2-21，正确判断出模具刃口各个尺寸在磨损过程中是变大、变小还是不变的情况，然后分别按不同的公式计算。

凸模或凹模磨损后会增大的尺寸——第一类尺寸 A 的计算：

落料凹模或冲孔凸模磨损后将会增大的尺寸，相当于简单形状的落料凹模尺寸，计算公式为

$$A_j=(A_{max}-X\Delta)_{0}^{+\Delta/4} \tag{2-6}$$

式中，A_j 为 A 类尺寸的基本尺寸；A_{max} 为 A 类尺寸的最大极限尺寸；X 为磨损系数，与前同；Δ 为制件公差。

凸模或凹模磨损后会减小的尺寸——第二类尺寸 B 的计算：

冲孔凸模或落料凹模磨损后将会减小的尺寸，相当于简单形状的冲孔凸模尺寸，计算公式为：

$$B_j=(B_{min}+X\Delta)_{-\Delta/4}^{0} \tag{2-7}$$

式中，B_j 为 B 类尺寸的基本尺寸；B_{min} 为 B 类尺寸的最小极限尺寸；其余与前同。

凸模或凹模磨损后基本不变的尺寸——第三类尺寸 C 的计算：

凸模或凹模在磨损后基本不变的尺寸，不必考虑磨损的影响，相当于简单形状的孔心距尺寸，计算公式为：

$$C_j=(C_{min}+0.5\Delta)\pm\Delta/8 \tag{2-8}$$

式中，C_j 为 C 类尺寸的基本尺寸；C_{min} 为 C 类尺寸的最小极限尺寸；其余与前同。

（2）冲裁力的计算。

计算冲裁力的目的是为了选用合适的压力机、设计模具和检验模具的强度。压力机的吨位必须大于所计算的冲裁力，以适应冲裁的需求。普通平刃冲裁模，其冲裁力 F 一般可按下式计算：

$$F=KtL\tau \tag{2-9}$$

式中：K——系数；

τ——材料抗剪强度；

L——冲裁周边总长（mm）；

t——材料厚度（mm）。

系数 K 是考虑到冲裁模刃口的磨损、凸模与凹模间隙的波动（数值的变化或分布不

均)、润滑情况、材料力学性能与厚度公差的变化等因素而设置的安全系数，一般取1.3。当查不到抗剪强度τ时，可用抗拉强度σ_b代替τ，而取$K=1$的近似计算法计算。当上模完成一次冲裁后，冲入凹模内的制件或废料因弹性扩张而梗塞在凹模内，模面上的材料因弹性收缩而紧箍在凸模上。为了使冲裁工作继续进行，必须将箍在凸模上的材料刮下，将梗塞在凹模内的制件或废料向下推出或向上顶出。从凸模上刮下材料所需的力，称为卸料力；从凹模内向下推出制件或废料所需的力，称为推料力；从凹模内向上顶出制件所需的力，称为顶件力（见图2-16）。

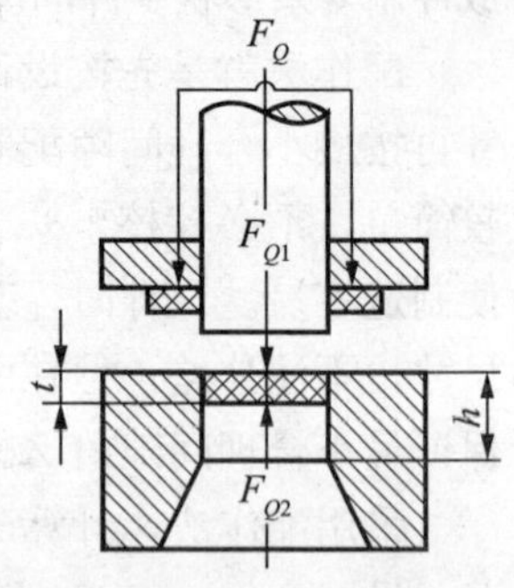

图 2-16　工艺力示意图

在冲压高强度材料、厚料和大尺寸冲压件时，需要的冲裁力较大，生产现场压力机的吨位不足时，为不影响生产，可采用一些有效措施降低冲裁力：

1）凸模阶梯布置（见图2-17）。

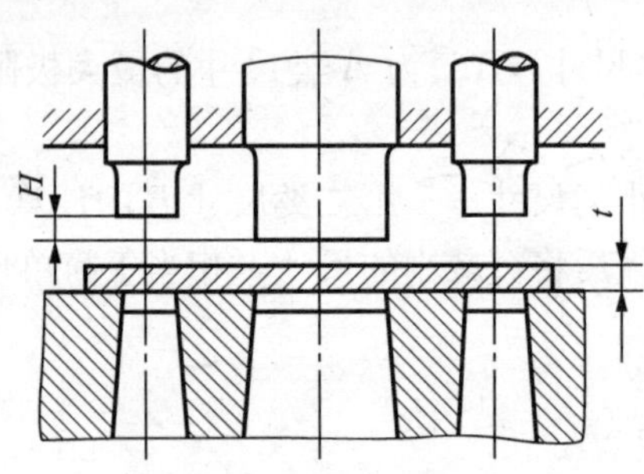

图 2-17　凸模阶梯布置

使各凸模工作端面不在一个平面上，各凸模冲裁力的最大值不同时出现，从而达到降低冲裁力的目的。当凸模直径有较大差异时，一般把小直径凸模做短一些，高度差$H=(0.5\sim1)t$。凸模的阶梯布置会给刃磨造成一定困难，仅在小批量生产采用。

2）斜刃冲裁（见图2-18）。

斜刃冲裁是将冲孔凸模或落料凹模的工作刃口做成斜刃，冲裁时刃口不是全部同时切入，而是逐步地将材料分离，能显著降低冲裁力，但斜刃刃口制造和刃磨都比较困难，刃口容易磨损，冲件也不够平整。为了能得到较平整的工件，落料时斜刃做在凹模上；冲孔时斜刃做在凸模上。

3）加热冲裁能使金属抗剪强度降低，也能降低冲裁力。

(3)　卸料力、推件力和顶件力。

影响卸料力、推料力和顶件力的因素很多，要精确地计算是困难的。在实际生产中常采用经验公式计算：

卸料力 $F_x=K_xF$　　(2-10)

推料力 $F_t=nK_tF$　　(2-11)

顶件力 $F_d=K_dF$　　(2-12)

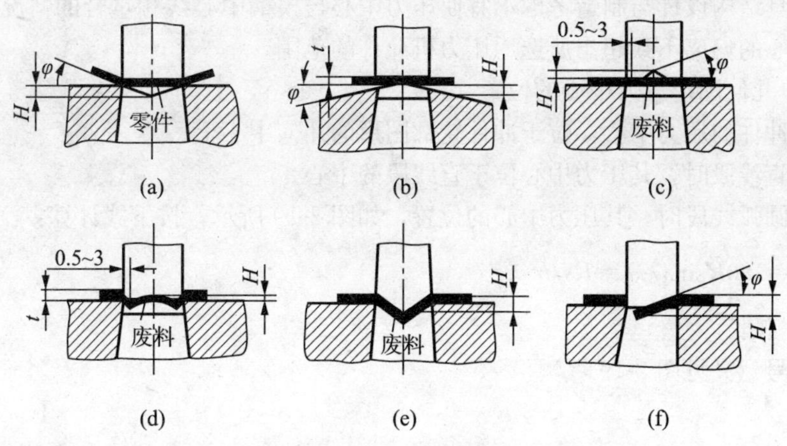

图 2-18　斜刃冲裁

(a)、(b) 落料凹模为斜刃；

(c)、(d)、(e) 冲孔凸模为斜刃；

(f) 用于切口或切断的单边斜刃

式中：F——冲裁力（N）；

K_x——卸料力系数，其值为 0.02～0.06（薄料取大值，厚料取小值）；

K_t——推料力系数，其值为 0.03～0.07（薄料取大值，厚料取小值）；

K_d—— 顶件力系数，其值为 0.04～0.08（薄料取大值，厚料取小值）；

n——梗塞在凹模内的制件或废料数量（$n=H/t$）；

H——直刃口部分的高（mm）；

t——材料厚度（mm）。

卸料力和顶件力还是设计卸料装置和弹顶装置中弹性元件的依据。

(4) 总冲压力的计算。

冲裁时，压力机的公称压力必须大于或等于冲裁各工艺力的总和。

采用弹压卸料装置和下出件的模具时：

$$F_{总}=F+F_x+F_t \tag{2-13}$$

采用弹压卸料装置和上出件的模具时：

$$F_{总}=F+F_x+F_d \tag{2-14}$$

采用刚性卸料装置和下出件模具时：

$$F_{总}=F+F_t \tag{2-15}$$

(5) 压力中心的计算。

模具的压力中心就是冲压力合力的作用点。为了保证压力机和模具的正常工作，应使模具的压力中心与压力机滑块的中心线相重合。否则，冲压时滑块就会承受偏心载荷，导致滑块导轨和模具导向部分不正常的磨损，还会使合理间隙得不到保证，从而影响制件质量和降低模具寿命甚至损坏模具。在实际生产中，可能会出现由于冲件的形状特殊或排样特殊，从模具结构设计与制造考虑不宜使压力中心与模柄中心线相重合的情况，这时应注意使压力中心的偏离不致超出所选用压力机允许的范围。

1）简单几何图形压力中心的位置：

①对称冲件的压力中心，位于冲件轮廓图形的几何中心上。

②冲裁直线段时，其压力中心位于直线段的中心。

③冲裁圆弧线段时，其压力中心的位置，如图 2-19 所示，按下式计算：

$$y=180R\sin\alpha/\pi\alpha=Rs/b \tag{2-16}$$

式中：b——弧长。

其他符号意义见图 2-19。

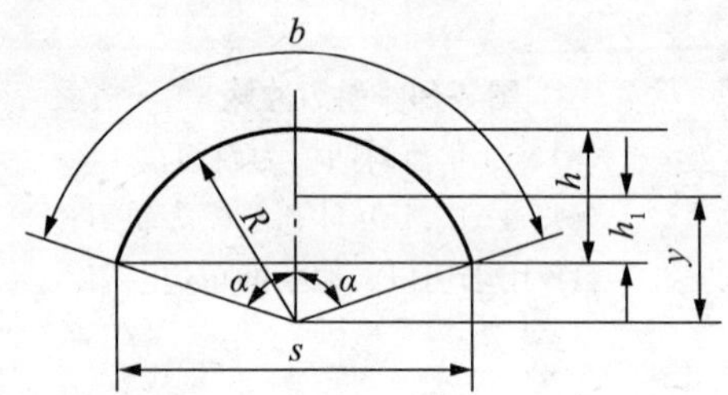

图 2-19　圆弧线段压力中心

2）确定多凸模模具的压力中心。

确定多凸模模具压力中心的方法是将各凸模的压力中心确定后，再计算模具的压力中心（见图 2-20）。计算其压力中心的步骤如下：

①按比例画出每一个凸模刃口轮廓的位置。

②在任意位置画出坐标轴线 x，y。坐标轴位置选择适当可使计算简化。在选择坐标轴位置时，应尽量把坐标原点取在某一刃口轮廓的压力中心，或使坐标轴线尽量多的通过凸模刃口轮廓的压力中心，坐标原点最好是几个凸模刃口轮廓压力中心的对称中心。计算公式见式 2-17。

$$x_0=\frac{L_1x_1+L_2x_2+L_3x_3+\cdots+L_nx_n}{L_1+L_2+L_3+\cdots+L_n}=\frac{\sum_{i=1}^{n}L_ix_i}{\sum_{i=1}^{n}L_i}$$

$$y_0=\frac{L_1y_1+L_2y_2+L_3y_3+\cdots+L_ny_n}{L_1+L_2+L_3+\cdots+L_n}=\frac{\sum_{i=1}^{n}L_iy_i}{\sum_{i=1}^{n}L_i} \tag{2-17}$$

冲裁模压力中心的确定，除上述的解析法外，还可以用作图法和悬挂法。但因作图法精确度不高，方法也不简单，因此在应用中受到一定限制。

悬挂法的理论根据是：用匀质金属丝代替均布于冲裁件轮廓的冲裁力，该模拟件的重心就是冲裁的压力中心。具体作法是：用匀质细金属丝沿冲裁轮廓弯制成模拟件，然后用缝纫线将模拟件悬吊起来。并从吊点作铅垂线；再取模拟件的另一点，以同样的方法作另

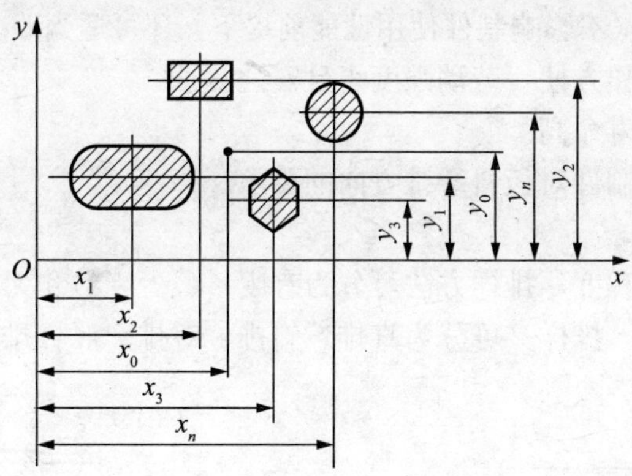

图 2-20　多凸模模具的压力中心

一铅垂线，两垂线的交点即为压力中心。悬挂法多用于确定复杂零件的模具压力中心。

3）复杂形状零件模具压力中心的确定。

复杂形状零件模具压力中心的计算原理与多凸模冲裁压力中心的计算原理相同，其具体步骤如下：

①在刃口轮廓内、外任意处，建立坐标系。使坐标轴尽可能多的通过基本要素的压力中心，这样可使计算简化。

②将刃口轮廓线按基本要素分成若干简单线段（圆弧或直线段），如图 2-21 中的 L_1、L_2、L_3、…、L_6…。并计算出各基本要素的长度。

③确定出各线段的重心位置，并计算出重心到 x 轴的距离 x_1、x_2、x_3、…、x_n，和到 y 轴的距离 y_1、y_2、y_3、…、y_n。

④将求得的数据代入公式 2-17 计算。

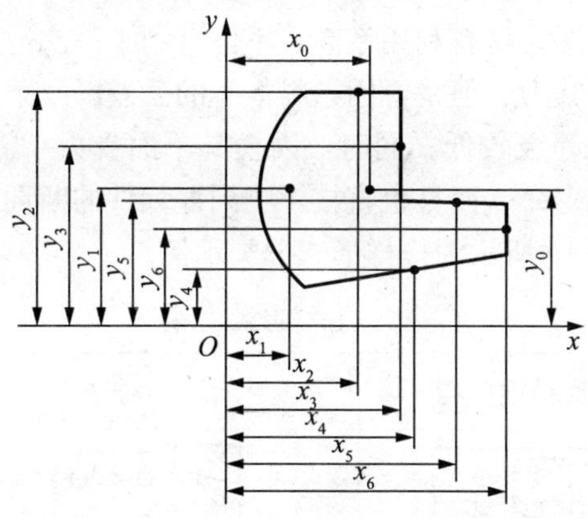

图 2-21　复杂形状零件压力中心

（6）排样计算。

冲裁件在板料、带料或条料上的布置方法称为排样。排样合理与否不但影响材料的经济利用，还影响到制件的质量、模具的结构与寿命、制件的生产率和模具的成本等技术、经济指标。

1）排样的原则。

①提高材料利用率（不影响制件使用性能前提下，还可适当改变制件形状）。

②排样方法应使操作方便，劳动强度小且安全。

③模具结构简单、寿命高。

④保证制件质量和制件对板料纤维方向的要求。

2）排样方法。

根据材料经济利用程度，排样方法可分为有废料、少废料和无废料排样三种，根据制件在条料上的布置形式，排样又可分为直排、斜排、对排、混合排、多排等多种形式，见图 2-22。

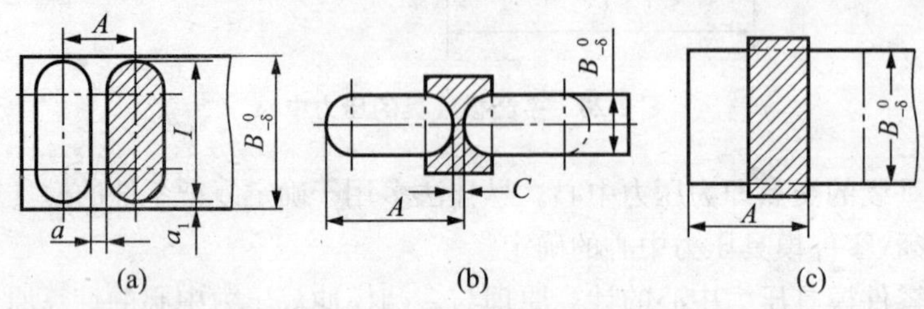

图 2-22　排样方法

①有废料排样法：如图 2-22a 所示，沿制件的全部外形轮廓冲裁，在制件之间及制件与条料侧边之间，都有工艺余料（称搭边）存在。因留有搭边，所以制件质量和模具寿命较高，但材料利用率降低。

②少废料排样法：如图 2-22b 所示。沿制件的部分外形轮廓切断或冲裁，只在制件之间（或制件与条料侧边之间）留有搭边，材料利用率有所提高。

③无废料排样法：无废料排样法就是无工艺搭边的排样，制件直接由切断条料获得。图 2-22c 是步距为两倍制件宽度的一模两件的无废料排样。

采用少、无废料排样法，材料利用率高，不但有利于一次冲程获得多个制件，而且可以简化模具结构、降低冲裁力。但是，因条料本身的公差以及条料导向与定位所产生的误差的影响，冲裁件的公差等级较低。同时，因模具单面受力（单边切断时），不但会加剧模具的磨损，降低模具的寿命，而且也直接影响到冲裁件的断面质量。为此排样时必须统筹兼顾、全面考虑。表 2-10 所示为排样形式分类示例。

表 2-10　　排样形式

排样形式	有废料排样	少、无废料排样	应用范围
直排			方形、矩形零件
斜排			椭圆形、L 形、T 形、S 形零件
直对排			梯形、三角形、半圆形、T 形、Π 形零件

续前表

排样形式	有废料排样	少、无废料排样	应用范围
混合排	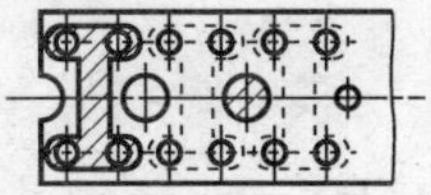	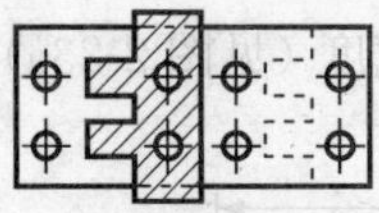	材料与厚度相同的两种以上的零件
多行排	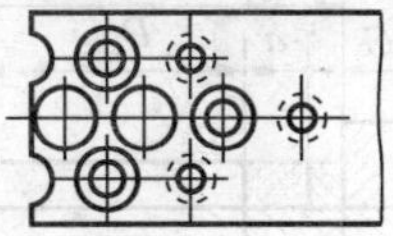	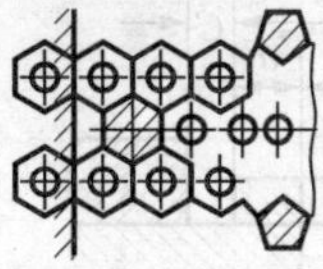	批量较大、尺寸不大的圆形、六角形、方形、矩形零件
整裁搭边	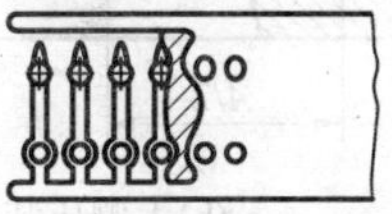	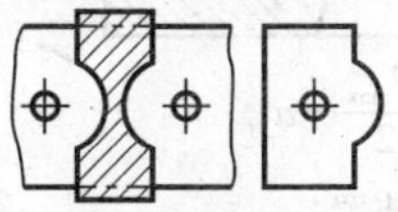	细长零件
分次裁搭边	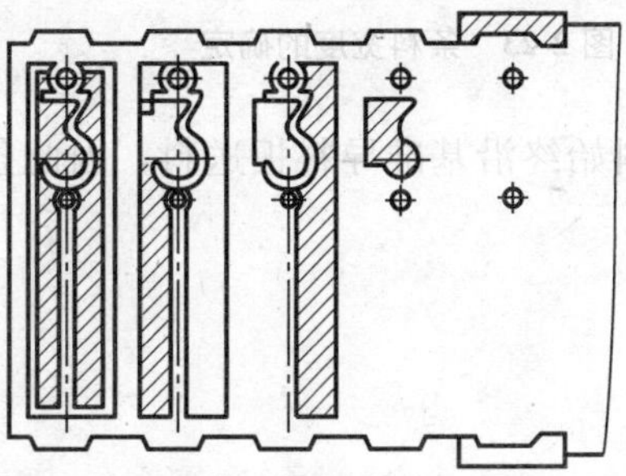		

3）搭边。

排样时冲裁件之间以及冲裁件与条料侧边之间留下的工艺废料叫搭边。搭边的作用是补偿定位误差，保持条料有一定的刚度，以保证零件质量和送料方便。

搭边值要合理确定，搭边值过大，材料利用率低；搭边值小，材料利用率虽高，但搭边的强度和刚度不够，冲裁时容易翘曲或被拉断，不仅会增大冲裁件毛刺，有时甚至单边拉入模具间隙，造成冲裁力不均，损坏模具刃口。为了避免这一现象，搭边的最小宽度应大于塑性变形区的宽度，一般可取等于材料的厚度。一般来说，硬材料、用手工送料、有侧压装置的搭边值可取小些；软材料、脆材料、厚材料、尺寸大和形状复杂的搭边值要取大一些。其具体数值可由设计手册或表 2-11 查得。

4）送料步距与条料宽度。

排样方式和搭边值确定后，条料的宽度和步距也就可设计出来。

步距是每次将条料送入模具进行冲裁的距离。步距与排样方式有关，是决定挡料销位置的依据。每个步距可以冲出一个零件，也可以冲出几个零件。送料步距的大小应为条料上两个对应冲裁件的对应点之间的距离。以“s”表示，每次只冲一个零件的步距 s 的计算公式为：

$$s=D+a_1 \tag{2-18}$$

式中：D——工件在排样图上的长度尺寸；

a_1——排样图上相邻两工件之间的间距。

条料宽度的确定与模具的结构有关。确定的原则是，最小条料宽度要保证冲裁时工件周边有足够的搭边值；最大条料宽度能在冲裁时顺利地在导料板之间送进条料，并有一定的间隙。

①有侧压装置时条料的宽度（见图 2-23a）。

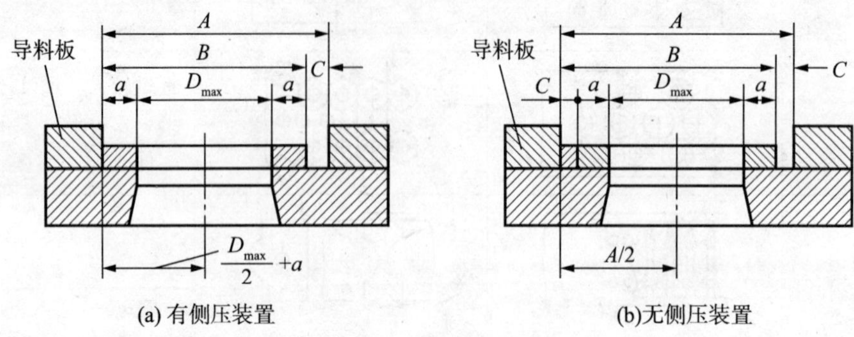

(a) 有侧压装置　　(b)无侧压装置

图 2-23　条料宽度的确定

有侧压装置的模具，能使条料始终沿基准导料板送料，因此条料宽度可按下式计算：条料宽度：

$$B_{-\delta}^{\ 0}=(D_{max}+2a)_{-\delta}^{\ 0}$$

导料板之间的距离：

$$A=B+C=D_{max}+2a+C \tag{2-19}$$

②导料板之间无侧压装置（见图 2-23b）。

条料宽度：

$$B_{-\delta}^{\ 0}=(D_{max}+2a+c)_{-\delta}^{\ 0}$$

导料板之间的距离：

$$A=B+C=D_{max}+2a+2C \tag{2-20}$$

③用侧刃定距时（见图 2-24）。

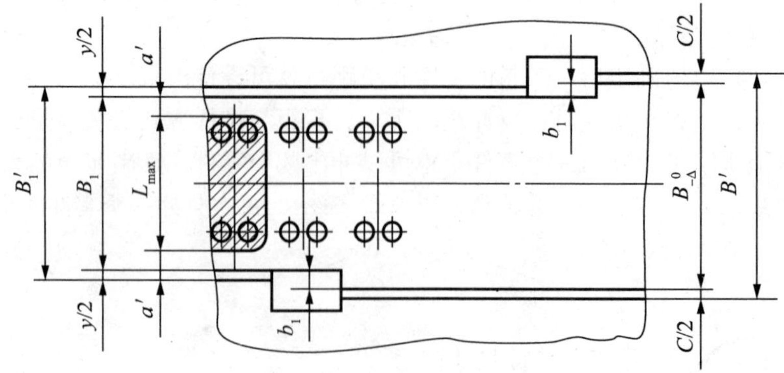

图 2-24　侧刃定距条料宽度

当条料用侧刃定距时，条料宽度必须考虑侧刃切去的宽度，条料宽度 B 可按下式计算：

条料宽度：

$$B_{-\delta}^{\ 0}=(L_{max}+2a+nb_1)_{-\delta}^{\ 0}$$

导料板之间的距离：

$$B'=B+C=L_{max}+2a+nb_1+C$$

$$B_1'=B_1+y=L_{max}+2a+y \qquad (2\text{-}21)$$

公式（2-19、2-20、2-21）中：

B——条料宽度的基本尺寸（mm）；

D_{max}、L_{max}——条料宽度方向零件轮廓的最大尺寸（mm）；

a——侧面搭边，查表 2-11（mm）；

δ——条料下料剪切公差，查表 2-12、表 2-13（mm）；

C——条料与导料板之间的间隙（即条料的可能摆动量），查表 2-12（mm）；

y——侧刃冲切后条料与导料板之间的间隙，常取 0.1～0.2mm（薄料取小值，厚料取大值）；

b_1——侧刃余料，金属材料取 1～2.5mm，非金属材料取 1.5～4mm（薄材料取小值，厚料取大值）；

n—— 侧刃个数。

表 2-11　　搭边 a 和 a_1 的数值（低碳钢）　　(mm)

材料厚度 t	圆件 $r>2t$ 的圆角 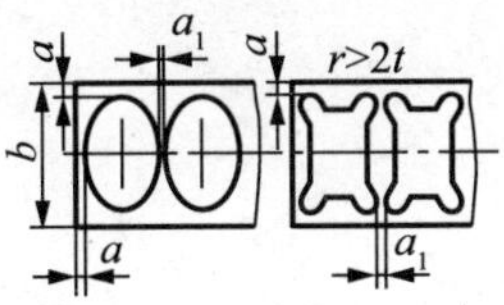		矩形件边长 $L\leqslant 50$ 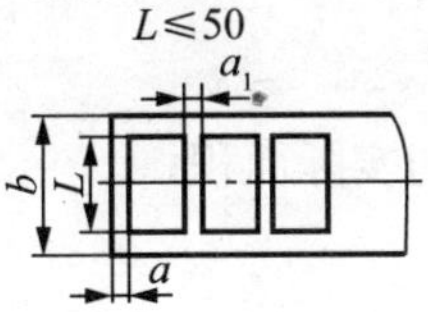		矩形件边长 $L>50$ 或圆角 $r\leqslant 2t$ 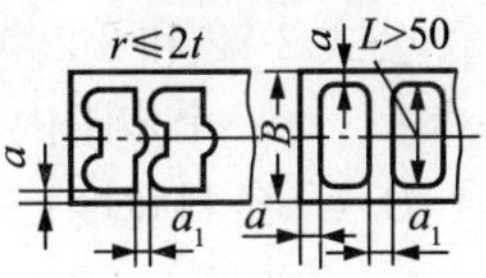	
	工件间 a_1	沿边 a	工件间 a_1	沿边 a	工件间 a_1	沿边 a
0.25 以下	1.8	2.0	2.2	2.5	2.8	3.0
0.25～0.5	1.2	1.5	1.8	2.0	2.2	2.5
0.5～0.8	1.0	1.2	1.5	1.8	1.8	2.0
0.8～1.2	0.8	1.0	1.2	1.5	1.5	1.8
1.2～1.6	1.0	1.2	1.5	1.8	2.5	2.0
1.6～2.0	1.2	1.5	1.8	2.5	2.0	2.2
2.0～2.5	1.5	1.8	2.0	2.2	2.2	2.5
2.5～3.0	1.8	2.2	2.2	2.5	2.5	2.8
3.0～3.5	2.2	2.5	2.2	2.8	2.8	3.2
3.5～4.0	2.5	2.8	2.5	3.2	3.2	3.5
4.0～5.0	3.0	3.5	3.5	4.0	4.0	4.5
5.0～12	$0.6t$	$0.7t$	$0.7t$	$0.8t$	$0.8t$	$0.9t$

注：表列搭边值适用于低碳钢，对于其他材料，应将表中数值乘以下列系数：

中等硬度的钢	0.9	软黄铜、纯铝	1.2
硬钢	0.8	铝	1.3～1.4
硬黄铜	1～1.1	非金属	1.5～2
硬铝	1～1.2		

表 2-12　**剪料公差及条料与导料板的间隙**　(mm)

条料宽度 B	条料厚度 t							
	≤1		>1～2		>2～3		>3～5	
	δ	C	δ	C	δ	C	δ	C
≤50	0.4	0.1	0.5	0.2	0.7	0.4	0.9	0.6
>50～100	0.5	0.1	0.6	0.2	0.8	0.4	1.0	0.6
>100～150	0.6	0.2	0.7	0.3	0.9	0.5	1.1	0.7
>150～220	0.7	0.2	0.8	0.3	1.0	0.5	1.2	0.7
>220～300	0.8	0.3	0.9	0.4	1.1	0.6	1.3	0.8

表 2-13　**滚剪机剪切的最小公差**　(mm)

条料厚度 t	条料宽度 B		
	≤20	>20～30	>30～50
≤0.5	0.05	0.08	0.10
>0.5～1.0	0.08	0.10	0.15
>1.0～2.0	0.10	0.15	0.20

5）材料利用率。

冲裁件的实际面积与所用板料面积的百分比为材料利用率，材料利用率与条料下料方式（见图 2-25）和废料（见图 2-26）有关，具体有：

一个步距内的材料利用率 η：

$$\eta=\frac{A}{Bs}\times 100\% \tag{2-22}$$

一张板料的总利用率 η_0：

$$\eta_0=\frac{NF_1}{BL}\times 100\% \tag{2-23}$$

公式 2-22 和 2-23 中：

A——一个步距内产品的实际面积；

B——条料宽度；

s——步距；

N——一张板上的产品数量；

F_1——一个产品的实际面积；

L——板料长度。

提高材料利用率的方法：

①充分利用结构废料。

②尽量减少工艺废料。

③采用合理的排样方式。

④合理裁剪条料。

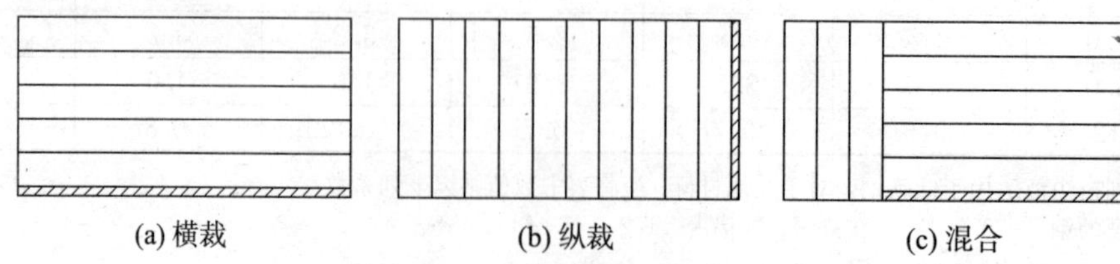

(a) 横裁　(b) 纵裁　(c) 混合

图 2-25　条料的下料方式

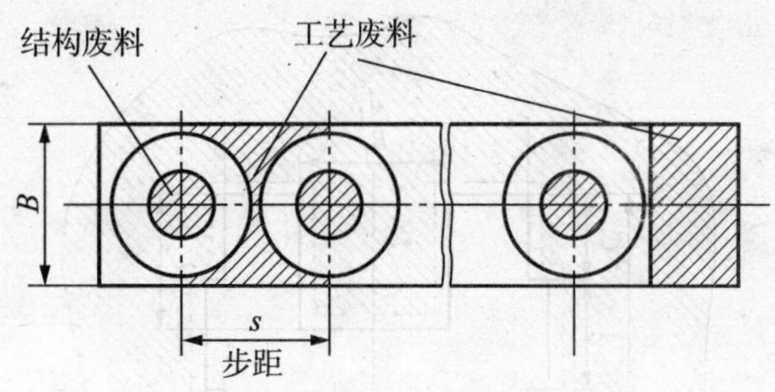

图 2-26　结构废料与工艺废料

6）排样图。

在确定条料宽度之后，还要选择板料规格，并确定裁板方法（纵向剪裁或横向剪裁）。值得注意的是，在选择板料规格和确定裁板法时，还应综合考虑材料利用率、纤维方向（对弯曲件）、操作方便性和材料供应情况等。当条料长度确定后，就可以绘出排样图，如图 2-27 所示。

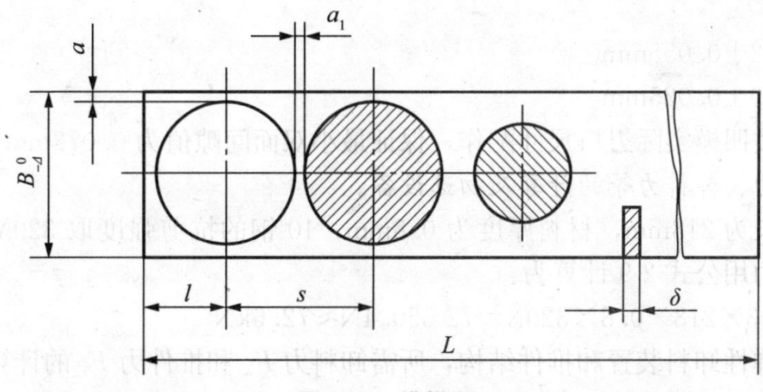

图 2-27　排样图

一张完整的排样图应标注条料宽度尺寸、条料长度 L、板料厚度 t 、端距 l、步距 s、工件间搭边 a_1 和侧搭边 a。并习惯以剖面线表示冲压位置。排样图是排样设计的最终表达形式。它应绘在冲压工艺规程卡片上和冲裁模总装图的右上角。

2. 垫片冲裁工艺计算

（1）模具刃口尺寸的计算。

因为零件形状较复杂，而且材料厚度较薄，所以计算采用配作法。零件为一落料件，故应先计算凹模。凹模磨损后的尺寸变化情况见图 2-28。

1）磨损后刃口尺寸变大的有：$A_1(44_{-0.24}^{\ 0}\text{mm})$、$A_2(40_{-0.18}^{\ 0}\text{mm})$、$A_3(16_{-0.18}^{\ 0}\text{mm})$、$A_4(50_{-0.24}^{\ 0}\text{mm})$，四个尺寸的精度等级都为 IT12，所以磨损系数 X 取 0.75。代入 A 类尺寸的计算公式（公式 2-6），计算如下：

$$A_1=(44-0.75\times0.24)_{\ 0}^{+0.24/4}=43.82_{\ 0}^{+0.06}\text{mm}$$

$$A_2=(40-0.75\times0.18)_{\ 0}^{+0.18/4}=39.87_{\ 0}^{+0.05}\text{mm}$$

$$A_3=(16-0.75\times0.18)_{\ 0}^{+0.18/4}=15.87_{\ 0}^{+0.05}\text{mm}$$

$$A_4=(50-0.75\times0.24)_{\ 0}^{+0.24/4}=49.82_{\ 0}^{+0.06}\text{mm}$$

2）磨损后刃口尺寸变小的有：$B_1(22_{\ 0}^{+0.52}\text{mm})$，尺寸的精度等级为 IT14，磨损系数 X 取 0.5。代入 B 类尺寸的计算公式（公式 2-7），计算如下：

$$B_1=(B_{\min}+X\Delta)_{-\Delta/4}^{\ 0}=(22+0.5\times0.52)_{-0.13}^{\ 0}=22.26_{-0.13}^{\ 0}\text{mm}$$

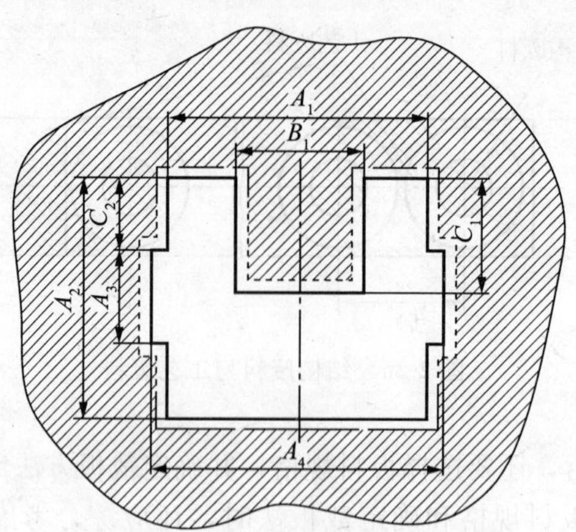

图 2-28　垫片凹模磨损尺寸变化图

3) 磨损后刃口尺寸不变的有：C_1(12±0.22mm)、C_2(19±0.1mm)，代入公式 (2-8) 计算如下：

$C_1=12\pm0.055$mm

$C_2=19\pm0.025$mm

凸模刃口按凹模实际刃口尺寸配作，保证最小双面间隙值为 0.072mm。

(2) 冲裁力、卸料力等的计算及初选设备。

零件的周长为 218mm，材料厚度为 0.8mm，10 钢的抗剪强度取 320MPa，则冲裁该零件所需冲裁力用公式 2-9 计算为：

$F=1.3\times218\times0.8\times320N=72\ 550.4N\approx72.6$kN

模具采用弹性卸料装置和推件结构，所需卸料力 F_x 和推件力 F_t 的计算如下：

根据公式 (2-10；2-11)，K_x 取 0.05；K_t 取 0.055，$n=h/t$，一般 $h=5$，所以 $n=7$，则

$F_x=0.05\times72.6=3.63$kN

$F_t=7\times0.055\times72.6=28$kN

根据公式 2-13 则零件所需的冲压力为 $F_{总}=F+F_x+F_t=72.6+3.63+28=104.23$kN，初选设备为开式压力机 J23－16。

(3) 压力中心的计算。

根据垫片的结构图，垫片的压力中心按复杂零件的压力中心计算方法计算，用公式 2-17 计算如下：

垫片零件为左右对称件，所以只需计算压力中心纵坐标。建立图 2-29 所示坐标系，并将零件右半部分图形分解为 9 条直线，则每段直线的长度及中点的纵坐标分别为：$l_1=22$、$y_1=-20$；$l_2=12$、$y_2=-14$；$l_3=3$、$y_3=-8$；$l_4=16$、$y_4=0$；$l_5=3$、$y_5=8$；$l_6=12$、$y_6=14$；$l_7=11$、$y_7=20$；$l_8=19$、$y_8=10.5$；$l_9=11$、$y_9=1$；代入压力中心计算公式得

$$x_0=0$$

$$y_0=\frac{\sum_{i=1}^{n}l_iy_i}{\sum_{i=1}^{n}l_i}=\frac{22\times(-20)+12\times(-14)+3\times(-8)+\cdots+11\times1}{22+12+3+\cdots+19+11}\text{mm}$$

$$=-0.08\text{mm}$$

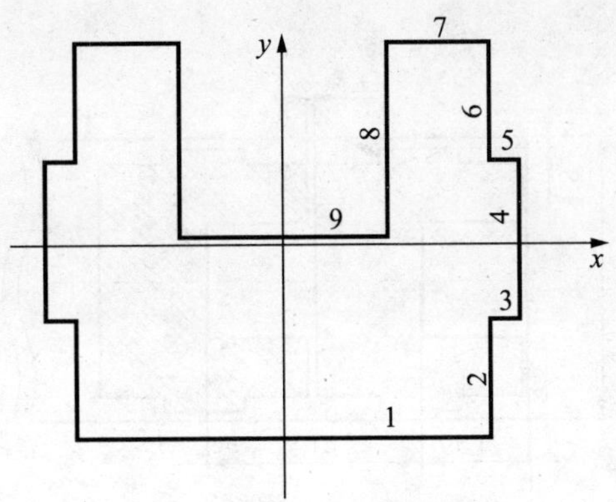

图 2-29　垫片压力中心计算

(4) 垫片冲裁排样设计。

分析垫片零件形状，应采用直排的排样方式，零件可能的排样方式有图 2-30 所示的两种。

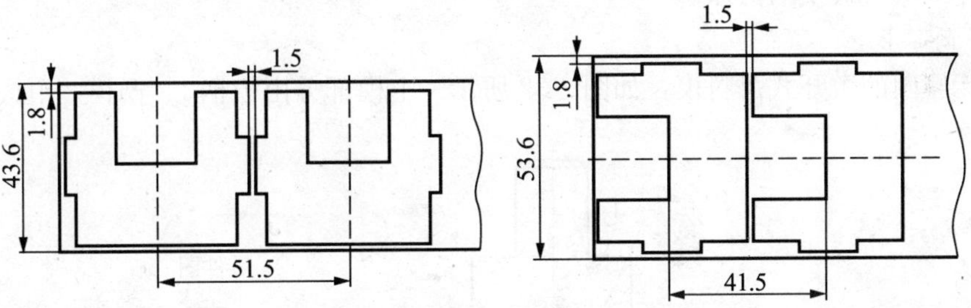

图 2-30　垫片排样方式

现选用 1 500mm×1 000mm 的钢板，则需计算采用不同的裁剪方式时，每张板料能制出的零件总个数为：

1) 裁成宽 43.6mm、长 1 500mm 的条料，则一张板材能制出的零件总个数为

$$\left[\frac{1\ 000}{43.6}\right]\times\left[\frac{1\ 500}{51.5}\right]=22\times29=638$$

2) 裁成宽 43.6mm、长 1 000mm 的条料，则一张板材能制出的零件总个数为

$$\left[\frac{1\ 500}{43.6}\right]\times\left[\frac{1\ 000}{51.5}\right]=34\times19=646$$

3) 裁成宽 53.6mm、长 1 500mm 的条料，则一张板材能制出的零件总个数为

$$\left[\frac{1\ 000}{53.6}\right]\times\left[\frac{1\ 500}{41.5}\right]=18\times36=648$$

4) 裁成宽 53.6mm、长 1 000mm 的条料，则一张板材能制出的零件总个数为

$$\left[\frac{1\ 500}{53.6}\right]\times\left[\frac{1\ 000}{41.5}\right]=27\times24=648$$

比较以上四种裁剪方法，第 3、4 种裁剪方法的材料利用率最高。考虑工人操作方便，选用第 4 种裁剪方式，即裁为宽 53.6mm、长 1 000mm 的条料。其具体排样图如图 2-31 所示。

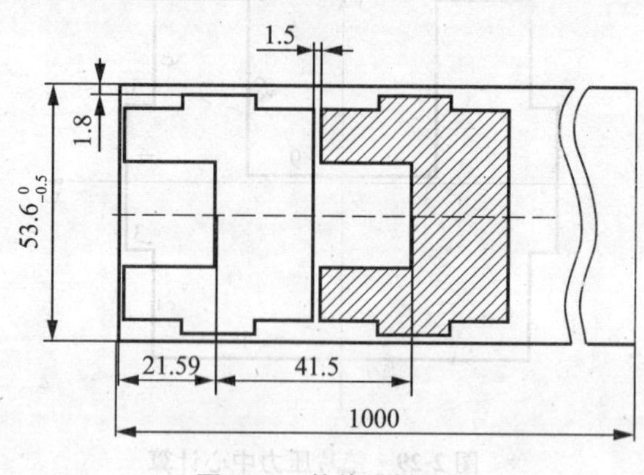

图 2-31　垫片排样图

三、垫片冲裁模具总体设计

1. 冲裁模具典型结构知识

(1) 简单模。

1) 无导向的敞开式落料模：如图 2-32 所示。上模部分由模柄 1、凸模 2 组成，并通过

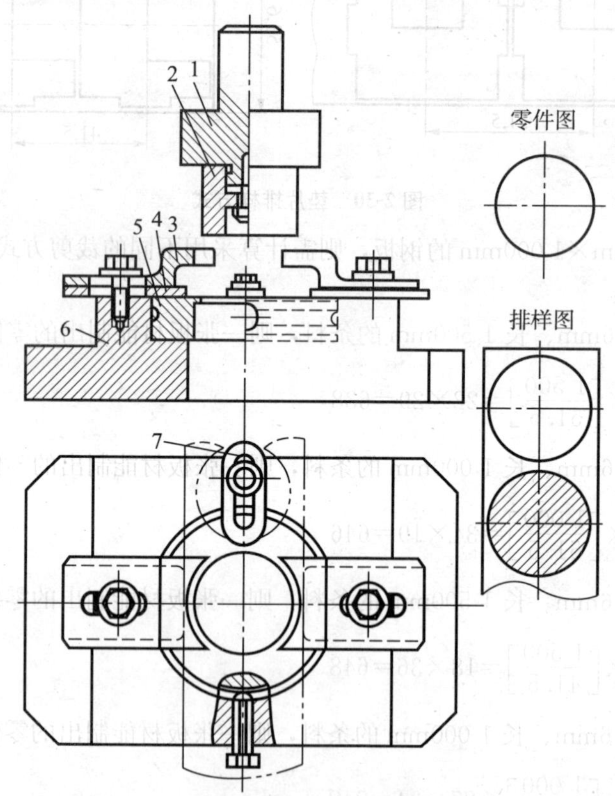

图 2-32　无导向落料模

1—模柄　2—凸模　3—卸料板　4—导料板　5—凹模　6—下模座　7—定位板

模柄安装在压力机滑块上。下模部分由固定卸料板 3，导料板 4，凹模 5，下模座 6 和定位板 7 等组成。其结构特点是上、下模无直接导向关系，结构简单，制造容易，可用边角余料冲裁。但是，这种模具安装使用麻烦，间隙的均匀性靠压力机滑块的导向精度保证，冲模的寿命较低，冲件精度较差。常用于料厚而精度要求低的小批量冲裁件的生产。

2）导板式落料模：如图 2-33 所示，是将凸模 5 与导板 9（又是固定卸料板）选用 H7/h6 的配合，其配合值小于冲裁间隙，实现上材下模部分的定位。回程时不允许凸模离开导板，以保证对凸模的导向作用，为此要求压力机的行程较小。

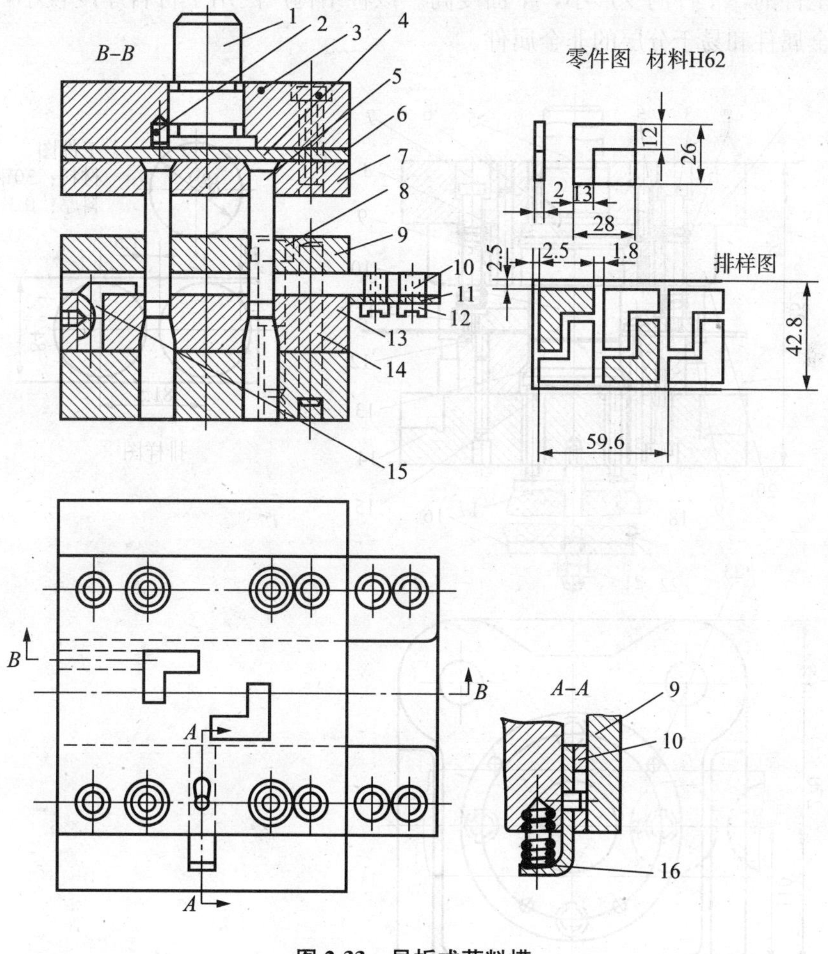

图 2-33 导板式落料模

1—模柄 2—止动销 3—上模座 4—螺钉 5—凸模 6—垫板 7—凸模固定板
8—螺钉 9—导板 10—导料板 11—承料板 12—螺钉 13—凹模 14—圆柱销
15—固定挡料销 16—始用挡料销

根据排样的需要，这副冲模的固定挡料销所设置的位置对首次冲裁起不到定位作用，为此采用了始用挡料销 16。在首次冲裁之前，用手将始用挡料销压入，以限定条料的位置，在以后各次冲裁中，放开始用挡料销，始用挡料销被弹簧弹出，不再起挡料作用，而靠固定挡料销（钩形挡料销）继续对料边或搭边进行定位。

该模具的冲裁过程是当条料沿导料板送到始用挡料销 16 时，凸模由导料板 9 导向而进入凹模，完成首次冲裁，冲下一个冲件。条料继续送至固定挡料销 15 定位，进行第二次冲裁，此时落下两个冲件。如此继续，直至冲完条料。分离后的零件靠凸模从凹模孔口依次推下。

3）图 2-34 是导柱式弹顶落料模。其模具结构特点是：利用安装在上模座 1 中的两个导套 20 与安装在下模座 14 中的两个导柱 19（导柱 19 与下模座 14 的配合、导套 20 与上模座 1 的配合均为 H7/r6）之间 H7/h6 或 H6/h5 的滑动配合导向，实现上、下模部分的精确定位，从而保证冲裁间隙的均匀性。并且该模具是采用弹压卸料和弹顶顶出的结构分离废料和工件的，工件的变形小，平面度高。该种结构广泛用于材料厚度较小，且有平面度要求的金属件和易于分层的非金属件。

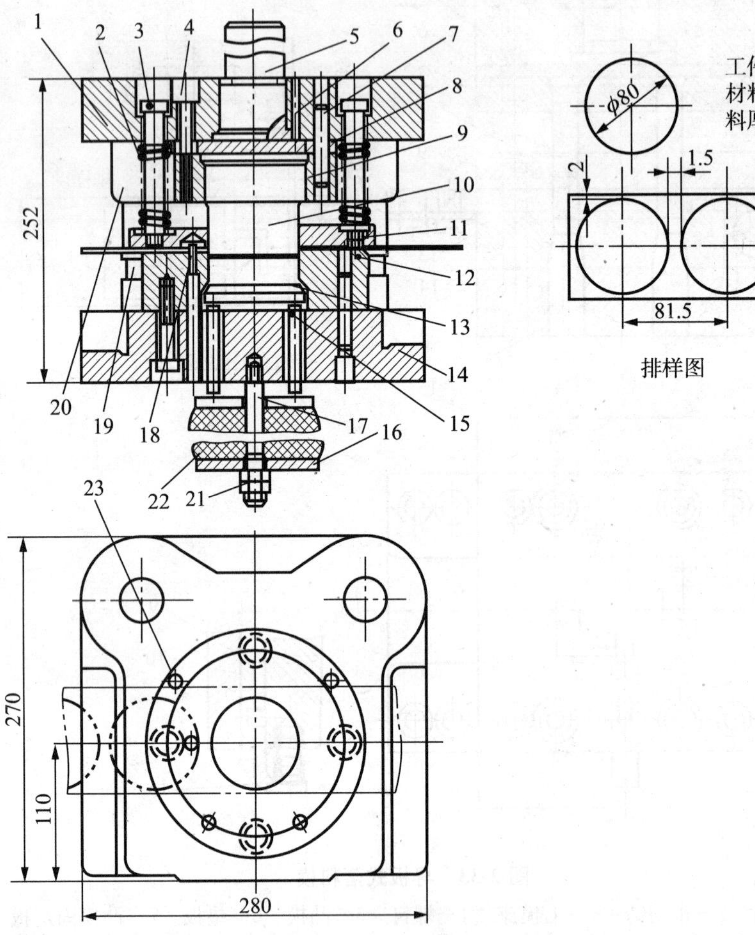

图 2-34　导柱式弹顶落料模

1—上模座　2—卸料弹簧　3—卸料螺钉　4—螺钉　5—模柄　6—止转销　7—圆柱销　8—垫板　9—凸模固定板　10—落料凸模　11—卸料板　12—落料凹模　13—顶件板　14—下模座　15—顶杆　16—圆板　17—螺栓　18—固定挡料销　19—导柱　20—导套　21—螺母　22—橡胶　23—导料销

（2）级进模。

1）用导正销定位的级进模。

图 2-35 所示为用导正销定距的冲孔落料级进模。上、下模用导板导向。冲孔凸模 3 与落料凸模 4 之间的距离就是送料步距。送料时由固定挡料销 6 进行初定位，由两个装在落料凸模上的导正销 5 进行精定位。导正销与落料凸模的配合为 H7/r6，其连接应保证在修磨凸模时装拆方便，因此，落料凸模安装导正销的孔是个通孔。导正销头部的形状应有利于在导正时插入已冲的孔，它与孔的配合应略有间隙。为了保证首件的正确定距，在带导正销的连续模中，常采用始用挡料装置。它安装在导板下的导料板中间。在条料上冲制首件时，用手推始用挡料销 7，使它从导料板中伸出来抵住条料的前端即可冲第一件上的两个孔。以后各次冲裁时再由固定挡料销 6 控制送料步距作粗定位。

这种定距方式多用于较厚板料，冲件上有孔，精度低于 IT12 级的冲件二工位的冲裁。它不适用于软料或板厚 $\delta<0.3$mm 的冲件，不适于孔径小于 1.5mm 或落料凸模较小的冲件。

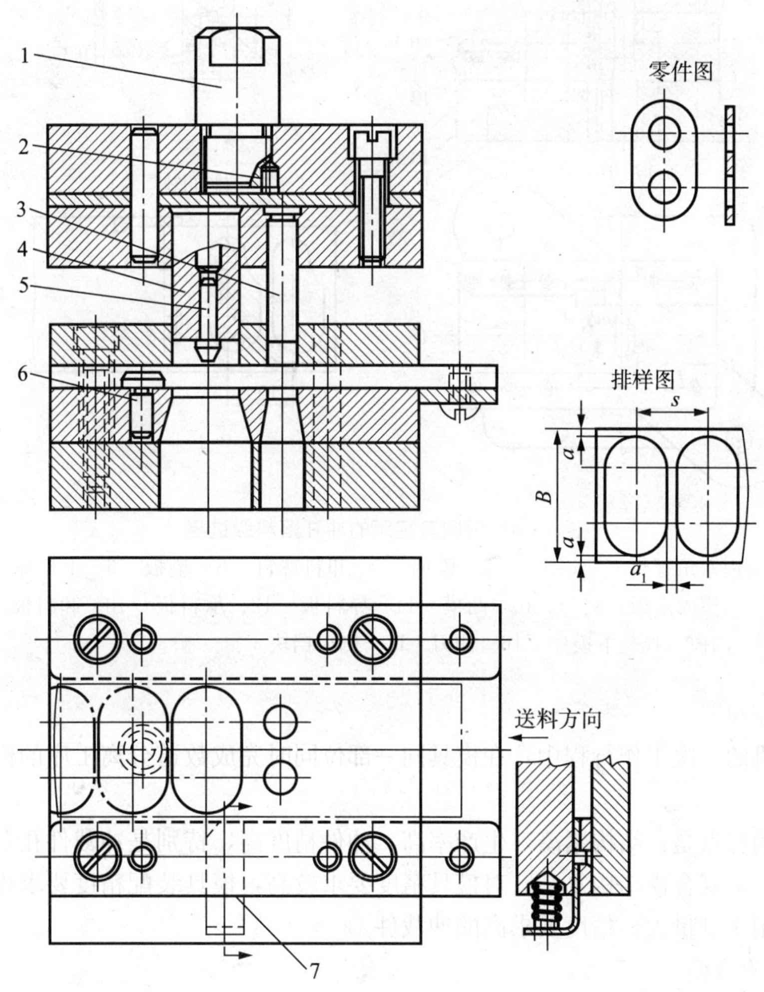

图 2-35　用导正销定距的冲孔落料级进模

1—模柄　2—螺钉　3—冲孔凸模　4—落料凸模　5—导正销　6—固定挡料销　7—始用挡料销

2）采用侧刃定距的级进模。

侧刃是有特殊功用的凸模，其作用是在压力机每次冲压行程中，沿条料边缘切下一块长度等于步距的料边。由于沿送料方向上，在侧刃前后，两导料板间距不同，前宽后窄形成一个凸肩，所以条料上只有切去料边的部分才能通过，通过的距离即等于步距。图 2-36 是一套冲孔落料级进模，本套模具中用成形侧刃代替了始用挡料销，挡料销和导正销控制条料送进距离，此外，模具采用双侧刃前后对角排列，可使料尾充分利用。

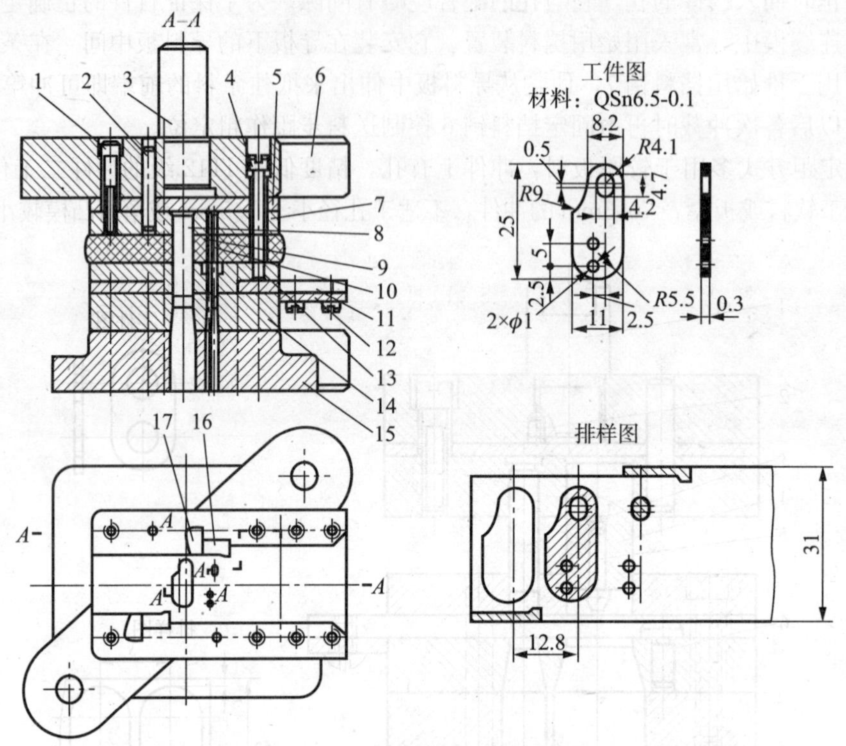

图 2-36　用侧刃定距的冲孔落料级进模

1—内六角螺钉　2—销钉　3—模柄　4—卸料螺钉　5—垫板　6—上模座　7—凸模固定板　8、9、10—凸模　11—导料板　12—承料板　13—卸料板　14—凹模　15—下模座　16—侧刃　17—侧刃挡块

(3) 复合模。

在压力机的一次工作行程中，在模具同一部位同时完成数道分离工序的模具称为复合冲裁模。

复合模的特点是：结构紧凑，生产率高，冲件精度高，特别是冲裁件孔对外形的位置度容易保证。但复合模结构复杂，对模具精度要求较高，模具装配精度要求也高，使成本提高，主要用于批量大、精度要求高的冲裁件。

1) 倒装复合模。

落料凹模装在上模，称为倒装复合模。如图 2-37 所示是倒装式落料冲孔复合模，凸凹模 18 装在下模，落料凹模 17 和冲孔凸模 14 和 16 装在上模。倒装复合模一般采用刚性推件装置把卡在凹模中的冲件推出。刚性推件装置由推杆 12、推板 11、推销 10，推动推件块 9 推出冲件。废料直接由凸模从凸凹模内孔推出。凸凹模孔口若采用直刃口，则模内有积存废料，胀力较大，当凸凹模壁厚较薄时，可能导致胀裂。

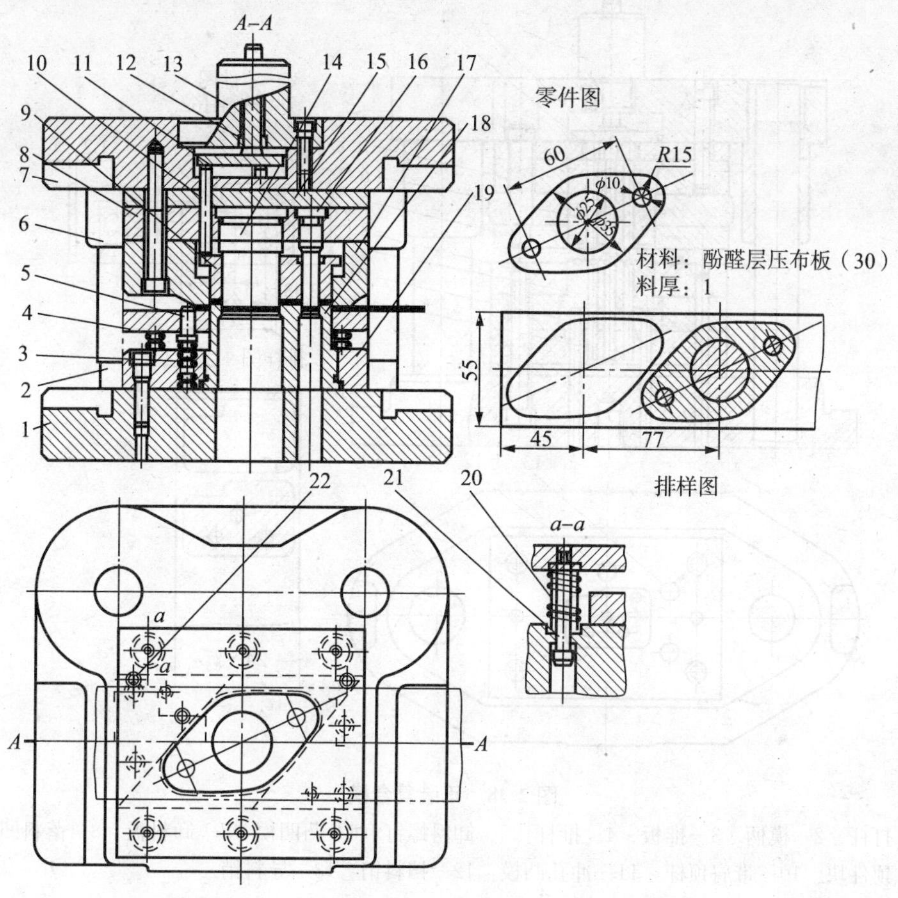

图 2-37　倒装复合模

1—下模座　2—导柱　3—弹簧　4—卸料板　5—活动挡料销　6—导套　7—上模座　8—凸模固定板　9—推件块　10—推销　11—推板　12—推杆　13—模柄　14、16—凸模　15—垫板　17—凹模　18—凸凹模　19—固定板　20—弹簧　21—卸料螺钉　22—导料销

2）正装复合模。

图 2-38 所示为正装复合模，凸凹模 6 装在上模，落料凹模 8 和冲孔凸模 11 装在下模。工作时，条料靠导料销 13 和挡料销 12 定位。上模下压，凸凹模外形和落料凹模 8 进行落料，落下的料卡在凹模中，同时冲孔凸模与凸凹模内孔进行冲孔，冲孔废料卡在凸凹模孔内。卡在凹模中的冲裁件由顶件装置顶出。顶件装置由带肩顶杆 10 和顶件块 9 及装在下模座底下的弹顶器（与下模座螺纹孔连接）组成。当上模上行时，原来在冲裁时被压缩的弹性元件恢复，把卡在凹模中的冲件顶出凹模面。弹顶器的弹性元件的高度不受模具空间的限制，顶件力的大小容易调整，可获得较大的顶件力。卡在凸凹模内的冲孔废料由推件装置推出。推件装置由打杆 1、推板 3 和推杆 4 组成。当上模上行至上极点时，把废料推出。每冲裁一次，冲孔废料被推出一次，凸凹模孔内不积存废料，因而胀力小，不易破裂，且冲件的平直度较高。但冲孔废料落在下模工作面上，清除麻烦。由于采用固定挡料销和导料销，所以在卸料板上需钻让位孔。也可采用活动导料销或挡料销。

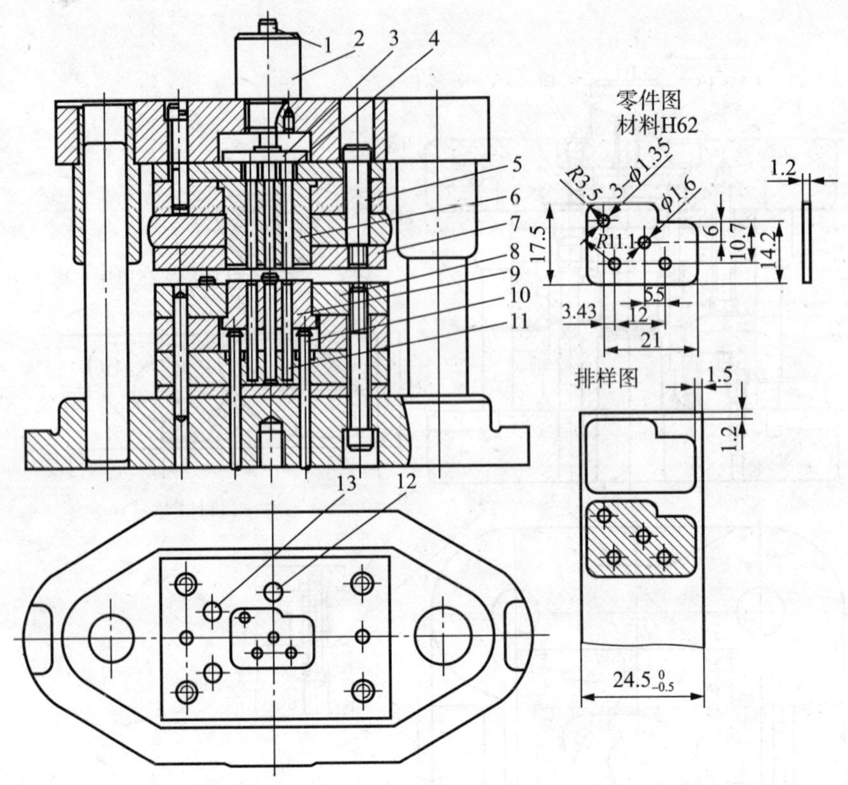

图 2-38 正装复合模

1—打杆 2—模柄 3—推板 4—推杆 5—卸料螺钉 6—凸凹模 7—卸料板 8—落料凹模 9—顶件块 10—带肩顶杆 11—冲孔凸模 12—挡料销 13—导料销

2. 冲裁模零件的结构组成及其零件的作用

根据作用功能的不同，冲裁模零件可细分为工作零件、定位零件、卸料及出件零件、导向零件、固定零件和标准件等六类，模具具体结构见表 2-14。

表 2-14 模具零件结构及作用

零件种类			零件名称	零件作用
模具结构	工艺零件	工作零件	凸模、凹模	直接对零件进行加工，完成板料的分离
			凸凹模	
			刃口镶块	
		定位零件	定位销	确定冲压加工中坯料在冲模中的正确位置
			导料销、导正销	
			导料板、导料销	
			侧压板、承料板	
			侧刃	
		压料、卸料及出件零件	卸料板	使冲件与废料得以出模，保证顺利实现正常的冲压生产
			压料板	
			顶件块	
			推件块	
			废料切刀	

续前表

零件种类			零件名称	零件作用
模具结构	结构零件	导向零件	导柱	正确保证上下模之间的相对位置，以保证冲压精度
			导套	
			导板	
		固定零件	上、下模座	承装模具零件或将模具紧固在压力机上
			模柄	
			凸、凹模固定板	
			垫板	
		标准件及其他	螺钉、销钉	完成模具零件之间的相互连接
			弹簧等其他零件	

3. 垫片冲裁模具的总体设计

垫片材料为 10 钢，料厚 0.8mm，所以采用弹性卸料装置，零件为一落料件，所以设计的模具为简单落料模，见图 2-39。

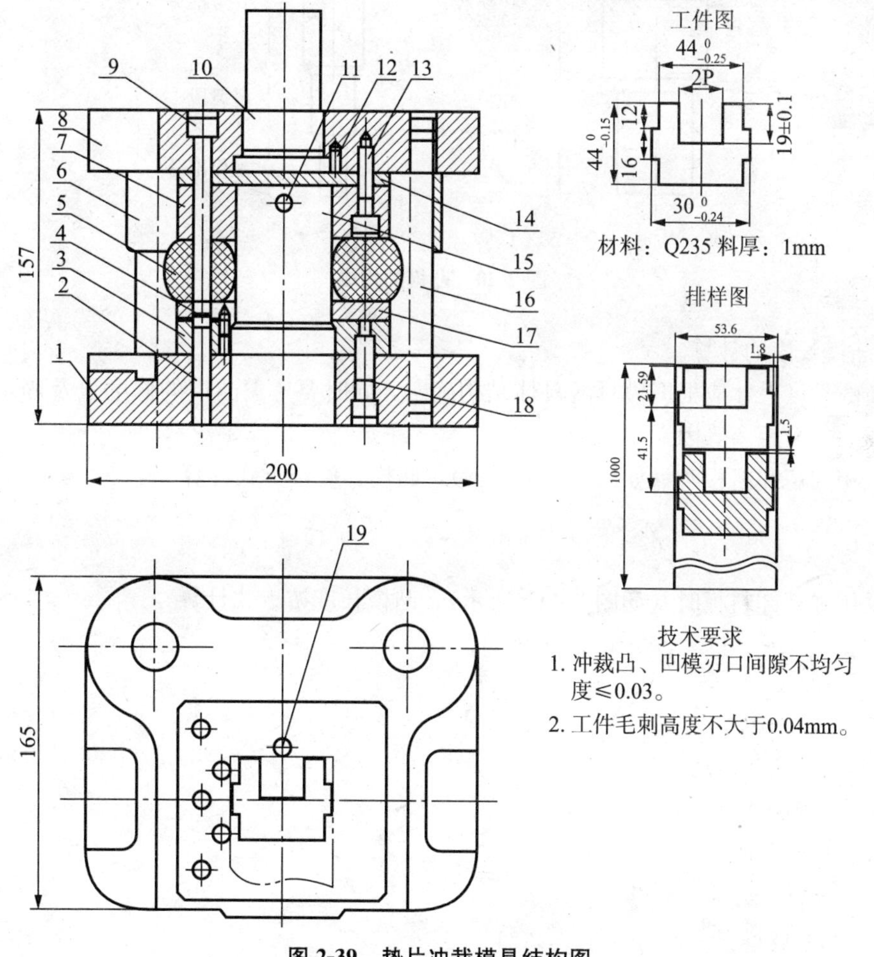

图 2-39　垫片冲裁模具结构图

1—下模座　2—销钉　3—凹模　4—导料销　5—橡胶　6—导套　7—凸模固定板　8—上模座
9—卸料螺钉　10—模柄　11—横销　12—防转销　13—螺钉　14—垫板　15—凸模　16—导柱
17—卸料板　18—螺钉　19—挡料销

四、垫片冲裁模具零部件设计

1. 工作零件设计知识

（1）凸模。

1）凸模的结构形式。

凸模的种类很多，按凸模的工作断面分为圆形、方形、矩形和异形凸模；按凸模的结构分为整体式和镶拼式凸模；按凸模的固定方式分为铆接、台肩固定、螺钉销钉固定、浇铸法固定等凸模。冲模中的凸模不管其断面形状如何，其基本结构均由安装固定部分和工作部分两大部分组成。冲小孔的凸模从增加强度等因素考虑，在这两部分之间增设过渡段，如图 2-40 所示。常见凸模结构形式见表 2-15。

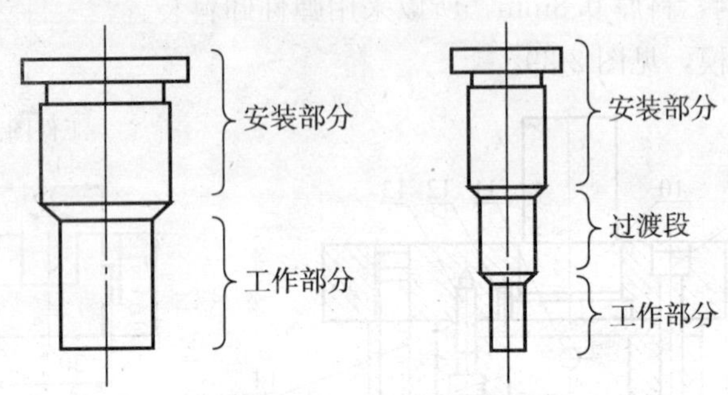

图 2-40　凸模的构成

2）凸模长度的计算。

凸模的长度尺寸应根据模具的具体结构确定，同时要考虑凸模的修磨量及固定板与卸料板之间的安全距离等因素。

当采用固定卸料板时（如图 2-41a 所示），凸模长度按下式计算

$$L=h_1+h_2+h_3+h \tag{2-24}$$

当采用弹性卸料板时（如图 2-41b 所示），凸模长度按下式计算

$$L=h_1+h_2+t+h \tag{2-25}$$

公式 2-24、2-25 中：

h_1——凸模固定板厚；

h_2——卸料板厚；

h_3——导料板厚；

t——产品料厚；

h——凸模修模量，一般为 10～20。

3）凸模强度校核。

凸模强度一般足够，不需校核，但细长凸模或凸模断面较小等有必要校核时，可参阅有关资料进行校核。

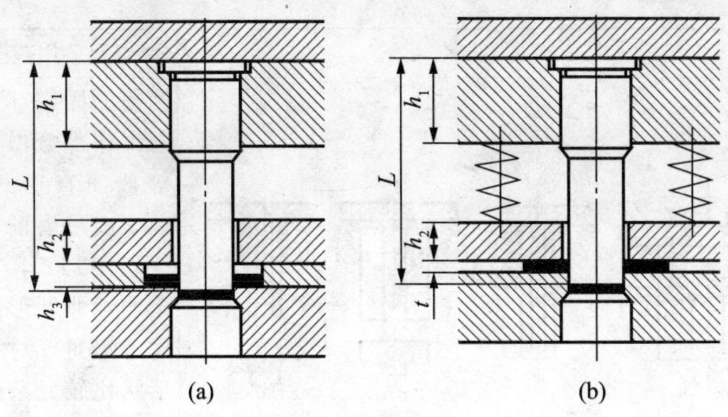

图 2-41　凸模长度

表 2-15　　常见凸模结构形式

结构形式		简图	特点及适用范围	固定方式
圆截面式凸模	中小直径凸模	d　d　d (a)　(b)　(c)	图 a～c 中凸模的工作部分做成阶梯形，增加了强度和刚度，用于小直径的落料或冲孔。a 图的冲裁直径为 1～8mm，b 图的冲裁直径为 1～15mm，c 图的冲裁直径为 8～30mm。	凸模与凸模固定板之间的配合关系为过渡配合（H7/m6 或 H7/n6），为防止凸模从凸模固定板下部抽出，需在凸模头部制造一直径较大的台肩。凸模与凸模固定板装配后将上端磨平。
	大直径凸模		用于大直径（直径大于 30mm）的落料或冲孔，为减小磨削面积，凸模刃口端面加工成凹坑形式。	由于凸模直径较大，可直接在其上开螺钉孔完成与其他零件的连接。另外，常与连接件采用窝座与台肩的配合（H7/m6 或 H7/n6）代替销钉的使用。
异形凸模	台阶式		凸模工作部分为异形，固定部分简化成圆形或矩形，便于凸模固定板上固定部分的加工，常用于形状比较简单的异形凸模。	与中小型凸模的固定方法相同，但需要增加防转销防止凸模发生旋转。

续前表

结构形式		简图	特点及适用范围	固定方式
异形凸模	直通式	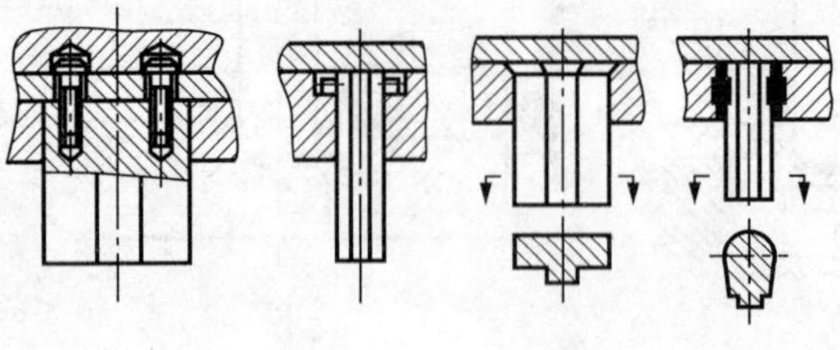	凸模的固定部分与工作部分做成等截面直通式，便于成形磨削和线切割加工，用于冲裁非圆形的中小型件。对于形状比较复杂的异形凸模常采用此结构。	凸模横截面尺寸大时，常用螺钉固定，尺寸小时，常采用铆接方法或穿横销吊装的方法固定。
护套式凸模		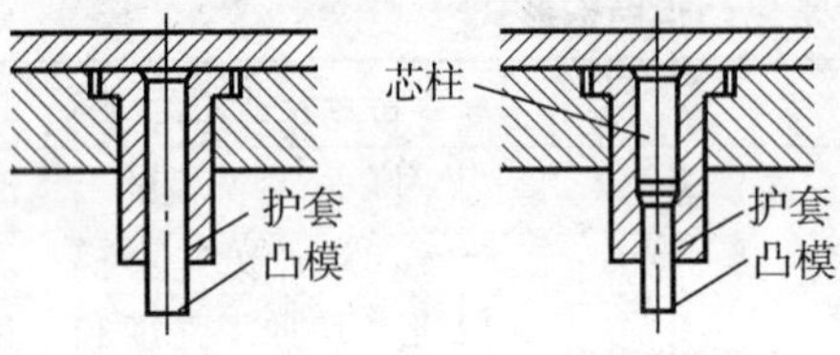 芯柱 护套 凸模 (a) (b)	1. 凸模用护套保护后，可防止冲裁时凸模弯曲和折断 2. 用于厚料上冲小孔的场合	凸模与护套采用 H8/h7 的间隙配合，护套与凸模固定板采用 H7/h6 的间隙配合。
快换式凸模		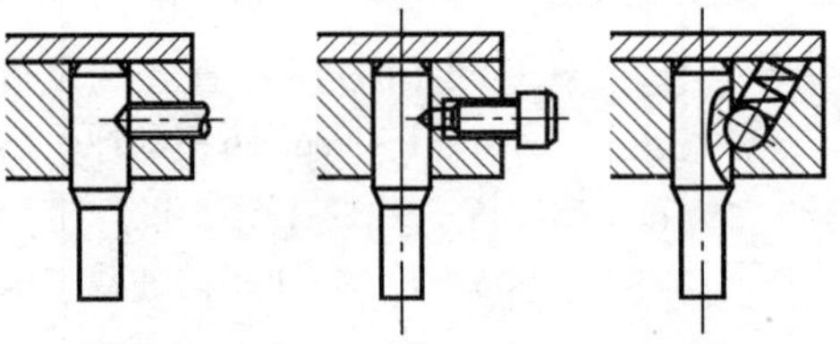 (a) (b) (c)	用于加工量不大，冲裁力较小，易损或需快速更换凸模的场合。	凸模与凸模固定板滑配（H7/h6），用丝塞、螺钉和弹簧将凸模紧固在固定板内，拆卸方便。

（2）凹模

1）凹模的刃口形式与特点。

冲裁凹模的刃口形式有直刃口和斜刃口两种。选用刃口形式时，主要应根据冲裁件的形状、厚度、尺寸精度以及模具的具体结构来决定，其刃口形式见表 2-16。

表 2-16　凹模刃口形式

刃口形式	序号	简图	特点及应用
直刃口	1	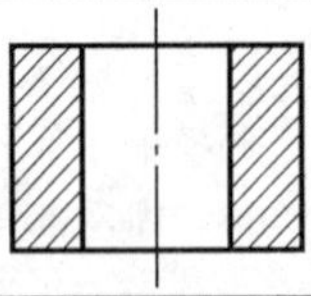	刃口为直通式，强度高，修模后刃口尺寸不变。用于冲裁大型或精度要求较高的工件，模具应安装反向顶出装置，不适用于推件结构。
	2	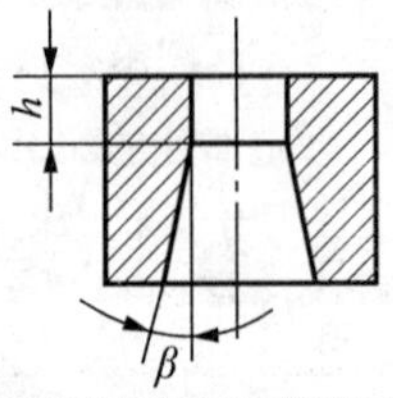 h β	刃口强度高，修模后刃口尺寸不变，h=4～6mm；凹模内易积存材料，在间隙小时刃口直壁部分磨损较快。 用于冲裁形状复杂或精度要求较高的场合。

续前表

刃口形式	序号	简图	特点及应用
直刃口	3		特点与序号 2 的相同，其刃口下部扩大部分加工较 2 容易，但强度较 2 略差。$h=5$，用于冲裁形状复杂、精度要求较高的中小型冲件。
	4		凹模硬度较低，一般为 40HRC 左右，可用手锤敲击刃口外侧斜面以调整冲裁间隙。 用于冲裁薄而软的金属或非金属。
斜刃口	5		刃口强度较差，修模后刃口尺寸略有增大。 凹模内不积存材料，刃口内壁磨损速度慢。 用于冲裁形状简单、精度要求不高的零件。
	6		特点同序号 5，加工较 5 容易，常用于冲裁形状较复杂精度要求较低的冲裁件。

注：h 一般取 4～10mm；$\alpha=15'\sim30'$；$\beta=2^\circ\sim3^\circ$

2）凹模外形尺寸的计算。

凹模的外形尺寸（见图 2-42）是指其平面尺寸和厚度，凹模的外形一般为圆形和矩形两种。当冲裁中小型工件时，常采用圆形凹模，而对于大型工件的冲裁，应采用矩形凹模。由于冲裁时凹模受力状态比较复杂，目前还不能用理论方法精确计算，必须综合考虑各方面因素，在实际生产中首先采用下列经验公式概略地确定。

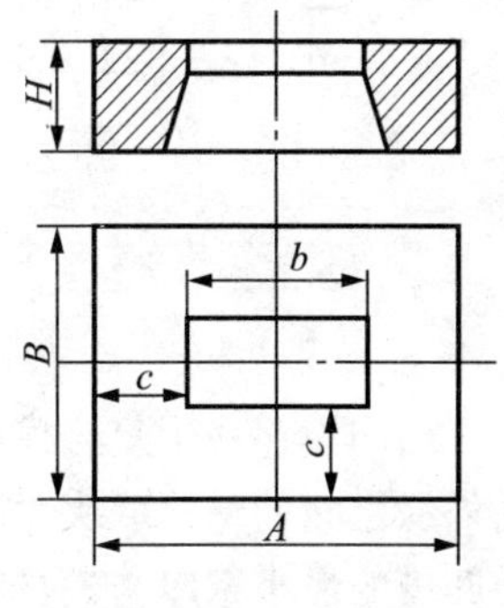

图 2-42　凹模的外形尺寸

凹模厚度

$$H=Kb \tag{2-26}$$

凹模壁厚

$$c=(1.5\sim2)H \tag{2-27}$$

所以，凹模的长度 $A=b+2c$；宽度 $B=a+2c$ (2-28)

公式 2-26、2-27、2-28 中：

H——凹模厚度；

K——厚度系数，查表 2-17；

b——工件长度尺寸；

c——凹模壁厚。

表 2-17 凹模厚度系数 K

b	制品材料厚度 t（mm）		
	≤1	>1～3	>3～6
≤50	0.3～0.4	0.35～0.5	0.45～0.60
>50～100	0.2～0.3	0.22～0.35	0.30～0.45
>100～200	0.15～0.2	0.18～0.22	0.22～0.30
>200	0.1～0.15	0.12～0.18	0.15～0.22

对于多孔凹模刃口与刃口之间的距离，应满足强度要求，可按复合模的凸凹模最小壁厚进行设计。

此外，凹模用螺钉和销钉固定时，螺孔与销孔之间的距离，螺钉孔或销孔距凹模刃口边缘的距离、螺孔或销孔至凹模边缘之间的距离均不应过小，以防降低强度。一般螺孔与销孔之间，螺孔或销孔与凹模刃口之间的距离应大于两倍孔径值，其最小许用值可参考有关资料。

3）凹模的固定方法。

凹模常用的固定方法如图 2-43 所示。图 a 用螺钉、销钉固定在下模座上。图 b、c 采用 H7/r6 配合方式直接压入固定板中，其中图 c 常用于硬质合金模。图 d 是小批或快换凹模。

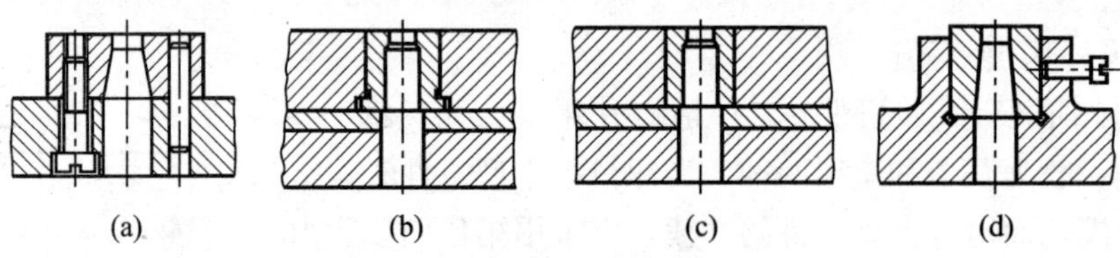

图 2-43 凹模的固定方法

（3）凸凹模。

凸凹模存在于复合模中，是复合模的工作零件。凸凹模工作面的内、外缘均为刃口，内外缘之间的壁厚取决于冲裁件的尺寸。因此从强度方法考虑，其壁厚应受最小值限制。凸凹模的最小壁厚与模具结构有关：当模具采用正装结构时，内孔不积存废料，胀力小，最小壁厚可以小些；当模具为倒装结构时，若内孔为直筒形刃口形式，且采用下漏料方式，则内孔积存废料，胀力大，故最小壁厚应大些，表 2-18 列举了部分最小壁厚值，设计时可查阅手册。

表 2-18　　倒装复合模凸凹模的最小壁厚　　(mm)

产品厚度	0.1	0.15	0.2	0.4	0.5	0.6	0.7	0.8	0.9
最小壁厚	0.8	1	1.2	1.4	1.6	1.8	2.0	2.3	2.5
产品厚度	1	1.2	1.4	1.5	1.6	1.8	2	2.2	2.4
最小壁厚	2.7	3.2	3.6	3.8	4	4.4	4.9	5.2	5.6

(4) 凸模与凹模的镶拼结构。

1) 镶接与拼接（见图 2-44）。

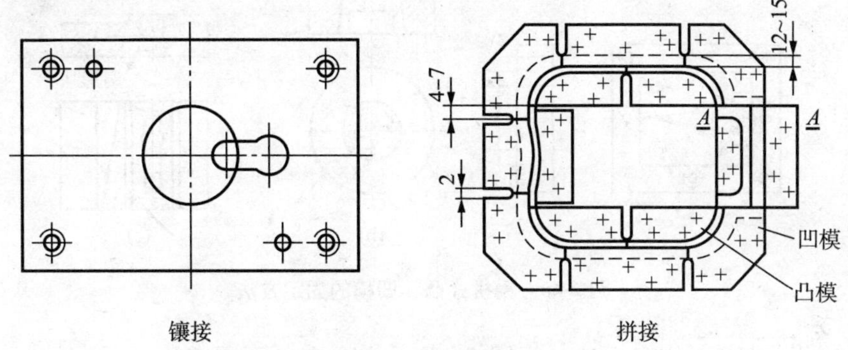

图 2-44　镶接与拼接

镶接常用于局部易损的结构，拼接常用于形状复杂或大型模具。

2) 镶拼结构设计的一般原则（见图 2-45）：

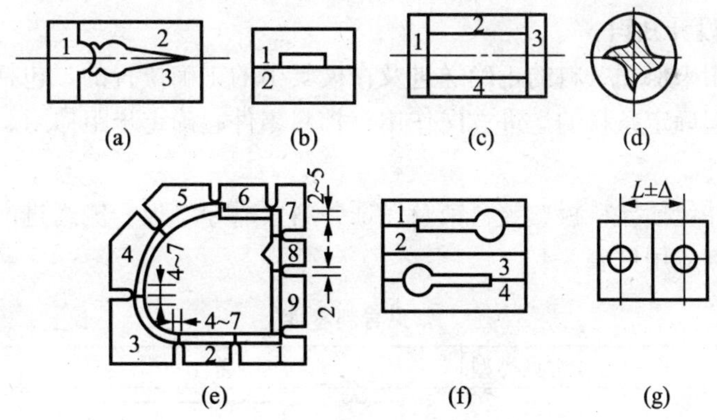

图 2-45　镶拼结构设计

①便于加工制造，减少钳工工作量。提高模具加工精度的具体办法是：

a. 尽量将形状复杂的内形加工分割后变为外形加工，以便于机械加工和成形磨削；同时拼块断面可以做得均匀，以减少热处理变形，提高模具制造精度。

b. 沿对称轴线分割，形状、尺寸相同的分块可以一同磨削加工，如图 2-45a、c、d 所示。

c. 沿转角、尖角分割。拼块角度应大于等于 90°，如图 2-45a、b、c 所示。

d. 圆弧单独做成一块，拼接线应在离圆弧与直线的切点 4～7mm 的直线处；大弧线、长直线可以分为几块，拼接线应与刃口垂直。

②便于维修、更换与调整。

a. 比较薄弱或易磨损的局部凸出或凹进部分，单独做成一块，如图 2-45e 中的拼块 8。

b. 拼块之间可以通过增减垫片或磨削接合面的方法调整间隙或中心距，如图 2-46f、g 所示。

③满足冲裁工艺要求。凸模与凹模的拼接线应错开 3～5mm，以免产生冲裁毛刺。

3）镶拼式凸、凹模的固定方法（见图 2-46）。

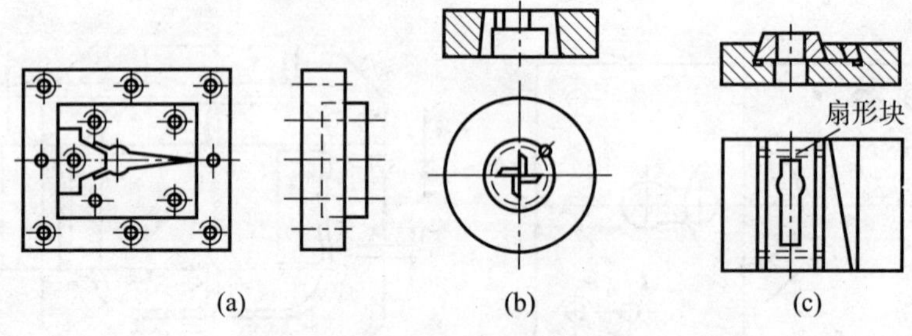

图 2-46　镶拼式凸、凹模的固定方法

镶拼式凸、凹模的固定方法（见图 2-46），主要有平面固定法（图 a）、压入固定法（图 b）和嵌入固定法（图 c）。平面式固定法是将拼块用螺钉和销钉直接固定在固定板上，主要用于大型模具；压入式固定法是将各拼块以过盈关系压入固定板孔或槽内，常用于结构简单的小型拼块的固定；嵌入式固定法是将各拼块嵌入固定板内定位（一般需有调节块压紧），然后采用螺钉紧固，主要用于中小型凸凹模镶拼结构的固定。

2. 定位零件设计知识

定位零件是用来保证条料的正确送进及在模具中的正确位置的，包括导料和挡料两类零件。导料零件起确定条料的送进方向作用；挡料零件起确定步距作用。

（1）导料零件。

常见导料零件包括导料板、导料销及保证条料紧靠导料板一侧送进的侧压装置，其具体结构形式、特点应用见表 2-19。

表 2-19　常见导料零件

零件名称	导料方式	常见类型	应用场合	
导料板	两块导料板分别置于条料的两侧	整体式		与刚性卸料板配合使用，常用于简单模和级进模
		分开式		与刚性卸料板、弹性卸料均可配合，应用较广

续前表

零件名称	导料方式	常见类型	应用场合	
导料销	两个导料销同时使用，且位于条料的一侧，通常前后送料导料销位于左侧；左右送料位于后侧	固定式	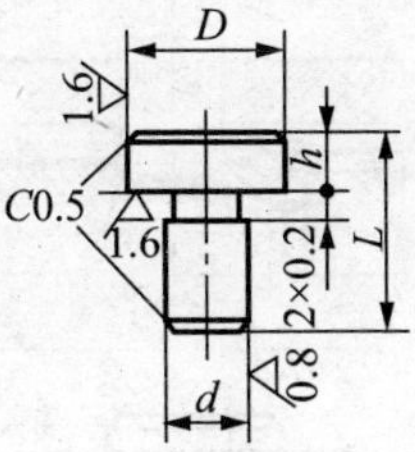 D　1.6　h　C0.5　1.6　L　2×0.2　0.8　d	应用灵活广泛，常用于简单模和复合模中
		活动式	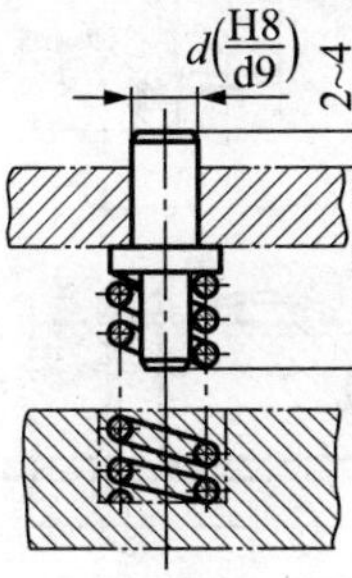 $d\left(\frac{H8}{d9}\right)$　2~4　L	
侧压装置	常位于一侧的导料板中，以保证条料在送进过程中始终与另一侧的导料板贴合	簧片式	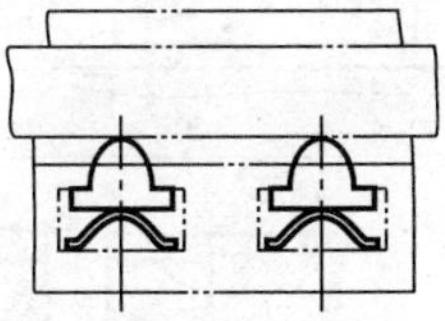	结构简单，侧压力小，用于薄料
		弹簧式	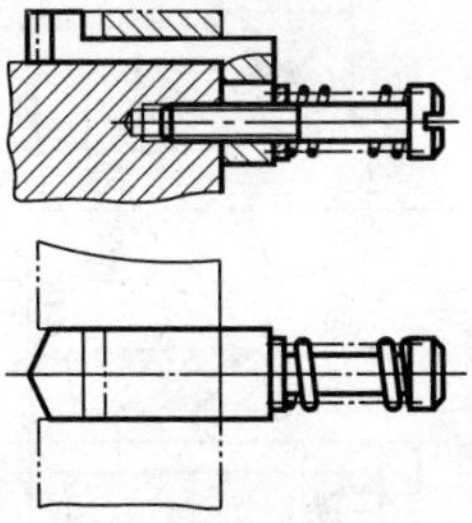	侧压力较大，可用于厚料
		压板式	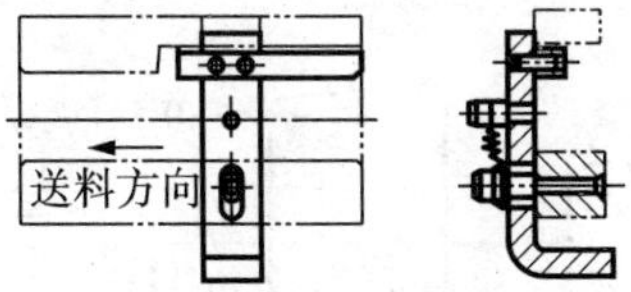 送料方向	侧压力大而且均匀，常用于单侧刃的级进模中

导料板通常选用 Q233 或 Q255 钢制造，导向面及上、下表面的表面粗糙度应达到 $Ra1.6\sim0.8\mu m$

(2) 挡料零件。

挡料零件为挡料销，送料时挡料销抵住条料的搭边或冲裁件的轮廓，起定位作用。挡料销分固定挡料销、活动挡料销和始用挡料销三类。具体结构形式见表 2-20。

表 2-20　　挡料零件

形式	简图	特点及适用范围
圆柱头固定挡料销	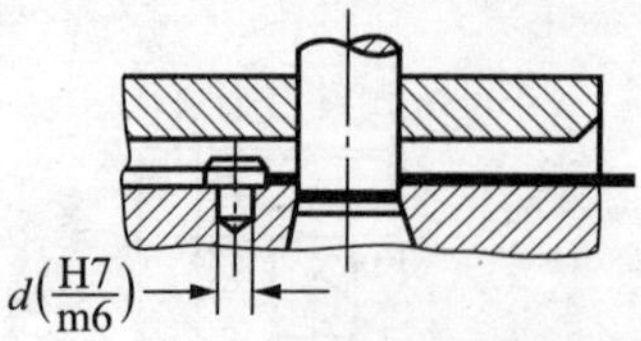 $d\left(\frac{H7}{m6}\right)$	结构简单，制造方便，固定部分和工作部分直径差需较大，才不至于削弱凹模刃口强度，一般装在凹模上，应用广泛。
钩形头固定挡料销	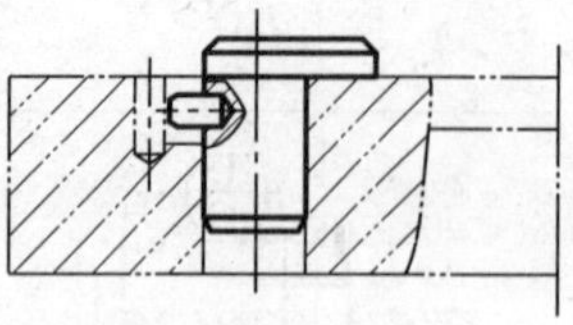	制造较圆柱头难，安装时需防转，但其固定孔较凹模刃口更远，故刃口强度不会削弱。
回带式活动挡料销	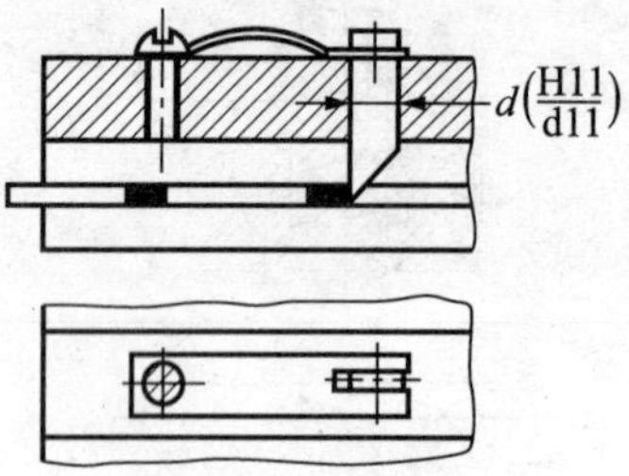 $d\left(\frac{H11}{d11}\right)$	此挡料销需装在固定卸料板上，操作烦琐，生产效率低。常用于窄形零件。
弹压式活动挡料销	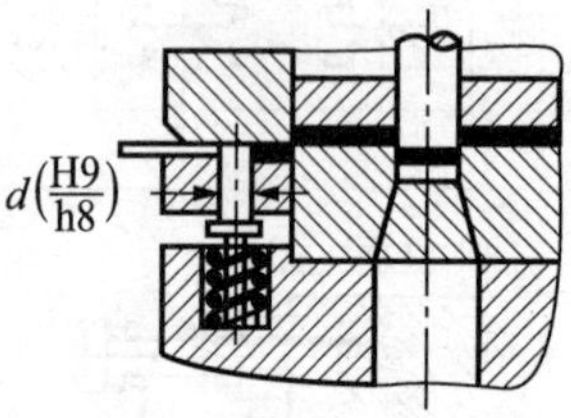 $d\left(\frac{H9}{h8}\right)$	此挡料销安装在弹性卸料板上，合模时挡料销被压入卸料板内，所以无需在凹模上开避让孔，常用于复合模中。
始用挡料销	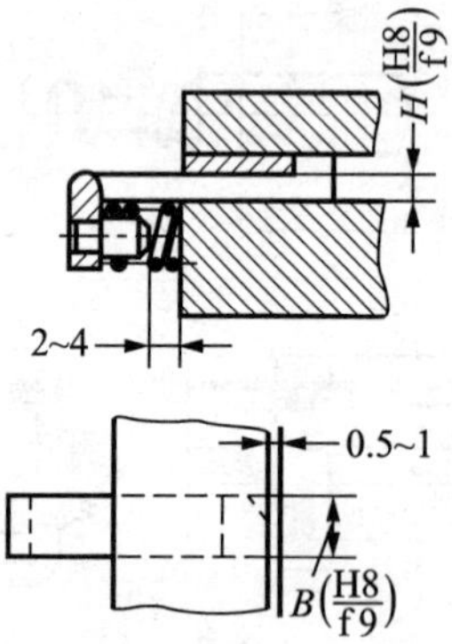 $H\left(\frac{H8}{f9}\right)$ 2~4 0.5~1 $B\left(\frac{H8}{f9}\right)$	仅在每个条料的第一次冲裁时使用，常用于级进模中。

（3）侧刃。

侧刃在条料侧边冲切一定形状缺口以确定步距，见图 2-47。用侧刃限定步距准确可靠，能保证较高的送料精度和生产率，其缺点是增加了材料消耗和冲裁力。

侧刃用于送料精度和生产率要求较高、不能采用上述挡料形式、工位数较多的级进模以及冲裁件侧边需冲出一定形状，由侧刃一同完成的场合。

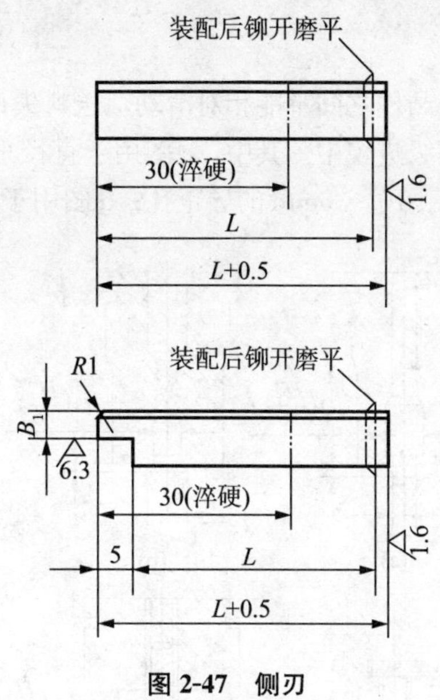

图 2-47　侧刃

1）结构分类。

侧刃按照工作端面形状分为平直形和台阶形，台阶形多用于冲裁 1mm 以上较厚的材料。冲裁前凸出部分先进入凹模导向，可以避免侧压力对侧刃的损坏。

侧刃按照工作断面的形状可分为长方形侧刃、成形侧刃和尖角侧刃，见图 2-48。长方形侧刃结构简单，制造方便，但刃口尖角磨损后，在条料被冲去的一边会产生毛刺，影响送料精度；成形侧刃产生的毛刺位于条料侧边凹进处，可克服上述缺点，但制造较难，冲裁废料较多。对于尖角侧刃，其优点是节约材料，但每一进距需把条料往后拉，以后端定距，操作不如前者方便。

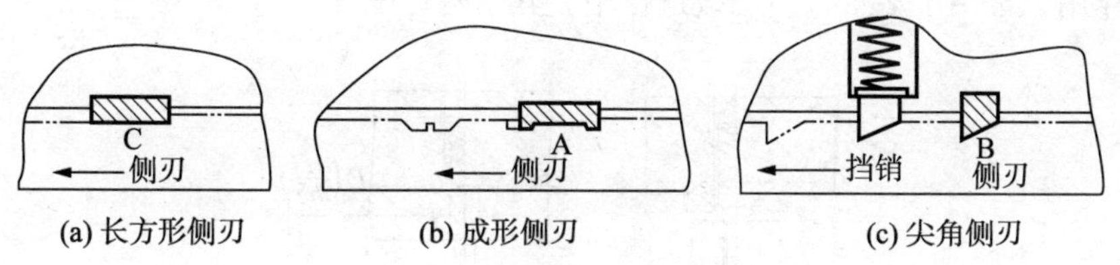

(a) 长方形侧刃　(b) 成形侧刃　(c) 尖角侧刃

图 2-48　侧刃工作情况类型

2）设计要点。

侧刃凸模及其凹模按冲孔模的设计原则，凹模按侧刃凸模配制，取单面间隙。侧刃长度 s 原则上等于送料步距，但对长方形侧刃和侧刃与导正销兼用的模具，其长度 s=步距公称尺寸+(0.05～0.10)mm，侧刃断面宽度 B=6～10mm。侧刃制造公差，一般取 0.02mm。

(4) 导正销。

导正销在冲裁中，先进入已冲孔中，导正条料位置，保证孔与外形的位置，消除送料误差。主要用于级进模。导正销可分为固定式和活动式。

1）导正销的结构。

①固定式。

导正销固定在凸模上，与凸模之间不能相对滑动，送料失误时易发生事故。其常见结构见图 2-49，常用于工位数少的级进模中。其中，a 图用于直径小于 6mm 的导正孔；b 图用于小于 10mm 的导正孔；c 图用于 10～30mm 的导正孔；d 图用于 20～50mm 的导正孔场合。

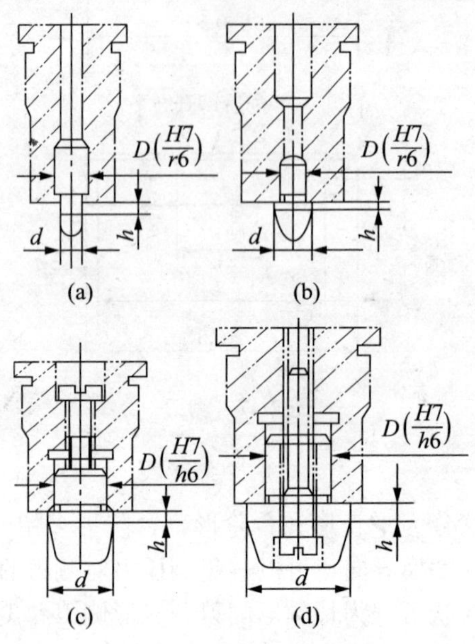

图 2-49　固定式导正销

②活动式。

导正销装于凸模或固定板上，与凸模之间能相对滑动，送料失误时导正销能缩回，可起到保护作用，常用于多工位自动级进模中。其结构见图 2-50。

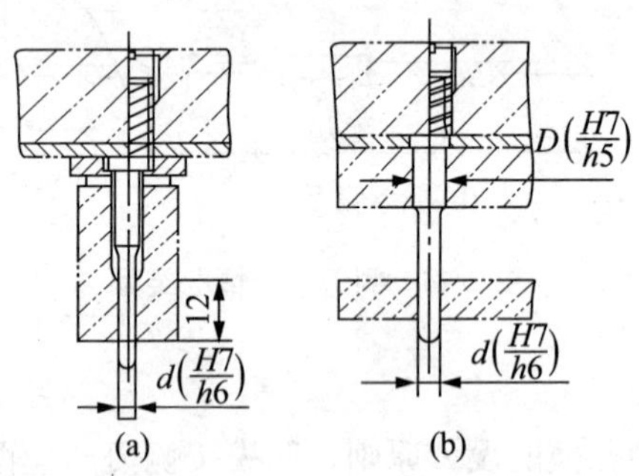

图 2-50　活动式导正销

2）导正销的设计要点。

导正销由导入和定位两部分组成，导入部分一般用圆弧或圆锥过渡，定位部分为圆柱面。定位部分的直径根据孔的直径设计，考虑到冲孔后材料弹性变形收缩，导正销直径比冲孔凸模直径小 0.04～0.2mm。此外，冲孔凸模、导正销及挡料销之间的相互位置关系见图 2-51，应满足以下计算公式。

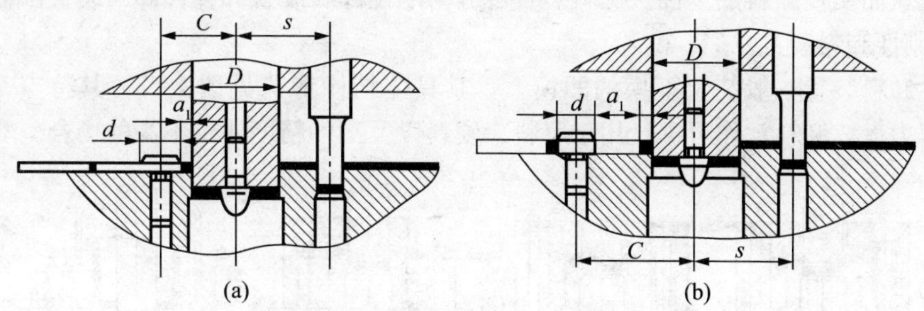

图 2-51　导正销与挡料销的关系

按图 2-51a 方式定位时，$c=D/2+a_1+d/2+0.1$　(2-29)

按图 2-51b 方式定位时，$c=3D/2+a_1-d/2-0.1$　(2-30)

公式 2-29、2-30 中：

0.1mm——导正销往后拉或往前推的活动余量，当没有导正销时，0.1mm 的余量不用考虑；

c——导正销与挡料销的中心距；

D——落料凸模尺寸；

a_1——搭边值；

d——挡料销头部直径。

（5）定位板和定位钉。

定位板和定位钉是挡住坯料或工序件的周边保证其正确定位的板状零件或销。定位板或定位钉是用于单个坯料的定位装置。图 2-52a、b、c 所示为以坯料外轮廓定位的定位板或定位钉，图 2-52d、e、f、g 为以坯料内孔定位的定位钉和定位板。

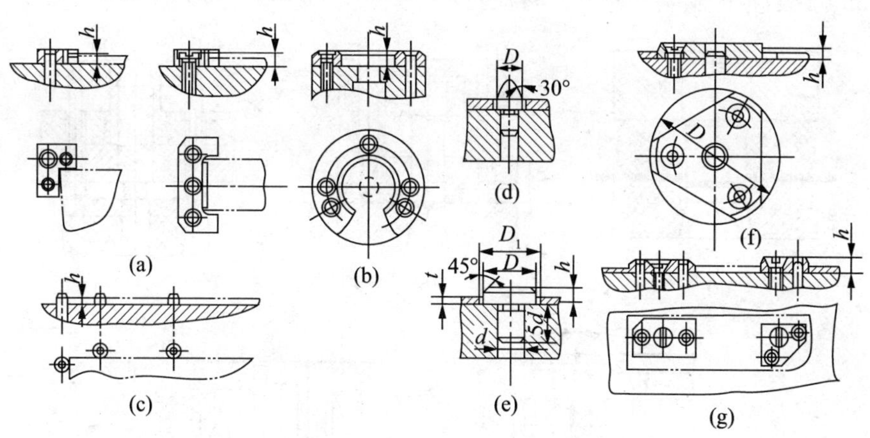

图 2-52　定位板和定位钉

3. 卸料与出件装置设计知识

（1）卸料装置。

卸料装置分刚性卸料装置、弹性卸料装置和废料切刀三种。其中卸料装置是指用于卸掉卡箍在凸模上或凸凹模上的冲裁件或废料的板件；废料切刀是在冲压过程中将废料切断成数块，从而实现卸料的零件。卸料装置可分为刚性卸料装置和弹性卸料装置两种。

1）刚性卸料装置。

刚性卸料装置一般装于下模的凹模上，其具体结构形式见图 2-53，其特点是结构简单，卸料力大，卸料动作可靠，用于厚料、硬料以及工件精度要求不高的场合。

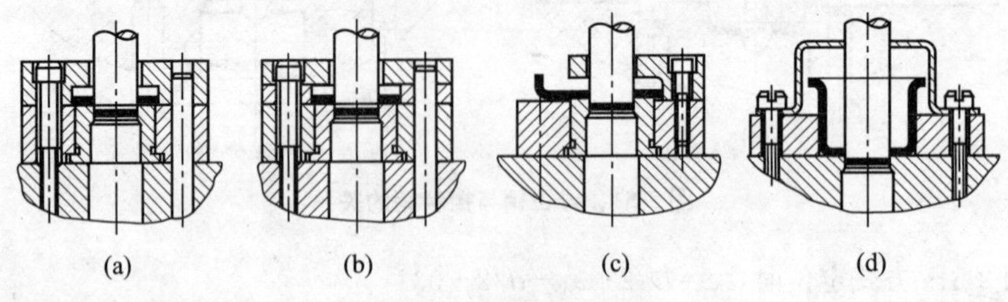

图 2-53　刚性卸料装置

卸料板孔与凸模之间的单边间隙一般为 0.1～0.5mm，若兼作导板，两者之间的配合关系为 H7/h6。卸料板一般采用 Q235 制造，兼作导板时宜用 45 钢制造。

一般情况下，卸料板的外形尺寸与凹模周界相同，卸料板的厚度取（0.8～1）凹模高度。

2）弹性卸料装置。

弹性卸料装置一般由卸料板、卸料螺钉和弹性元件组成，其常见结构形式见图 2-54，弹性卸料装置卸料力较小，卸料动作平稳，在冲裁时能够实现先压料后冲裁，故生产零件的切断面质量和平直度好，用于软料、薄料以及冲件质量要求较高的场合。

弹性卸料装置的卸料板孔与凸模之间的单边间隙一般为 0.1～0.2mm，若兼作导板，卸料板孔与凸模之间的配合关系为 H7/h6。弹性卸料板在自由状态下应高出凸模刃口面 0.5～1mm。卸料板的材料同刚性卸料板。

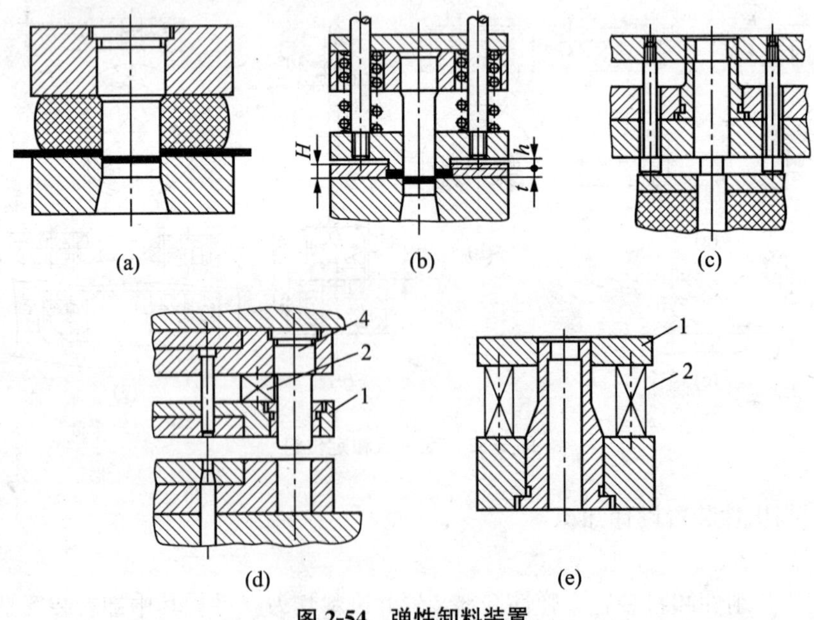

图 2-54　弹性卸料装置

一般情况下，卸料板的外形尺寸与凹模周界相同，卸料板的厚度取 10～15mm。

3）废料切刀。

废料切刀装于下模，冲裁时凹模向下压废料于切刀刀刃上，把废料切成几段，逐次排出模外，其结构形式见图 2-55。由于废料切刀是靠破坏周边废料的方式来去除废料的，所以其主要用于带凸缘拉深件的切边模中，有时也用于大型件（使用板状毛坯）的倒装式落料模中。

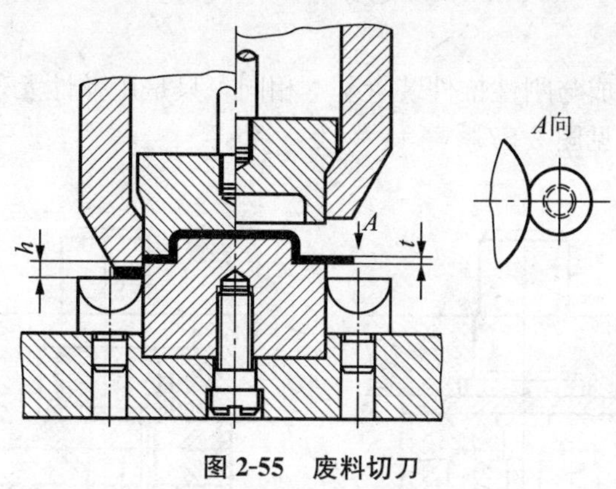

图 2-55 废料切刀

废料切刀的数量视零件的形状尺寸为 2～4 个均布，为保护凹模刃口不被废料切刀损坏，废料切刀与凸模刃口的高度差 h 一般为 3 倍料厚。

(2) 出件装置。

出件装置一般是为了解决取出卡在凹模洞口内的材料而设置的，其主要有刚性出件装置与弹性出件装置两种，其中若出件方向与冲压方向相同，则工件便从凹模（装于上模）内由上而下推出，此种出件装置常称为推件器；若出件方向与冲压方向相反，则工件便从凹模（装于下模）内由下而上被顶出，这种出件装置称为顶件器。

1）出件装置结构。

①刚性出件装置。

刚性出件装置一般装于上模，它是在冲压结束后上模回程时，利用压力机滑块上的打料横梁，撞击上模内的打杆与推件板（块），将凹模内的工件推出。刚性出件装置由打杆、推板、推杆和推件块组成，在凸模位置比较合适的情况下，推板和推杆可以省略。其常见形式见图 2-56。

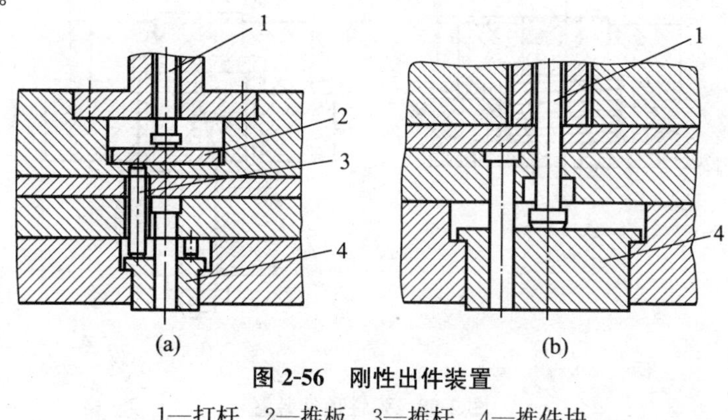

图 2-56 刚性出件装置

1—打杆 2—推板 3—推杆 4—推件块

刚性出件装置推件力大，而且工作可靠，但不起压料作用，多用于倒装式复合模及拉深模。设计时为保证推力均匀，推杆一般为2～4个均布，且长短一致。为保证凸模有足够的支撑刚度和强度，推板的形状尺寸不能过大。

推件块与凸、凹模的配合基准取决于推件块内孔或外形的复杂程度及尺寸大小，如推件块内形尺寸较小，外形形状相对简单时，取推件块与凹模为间隙配合H8/f7，推件块与凸模之间取单边间隙0.1～0.2mm，反之亦然。

②弹性推件装置。

弹性推件装置的组成与刚性推件装置基本相同，只是用弹性元件代替了刚性装置中的打杆，其常见结构形式见图2-57。

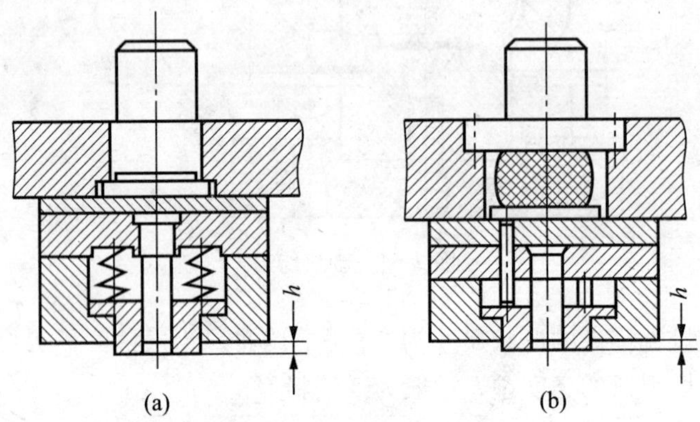

图2-57　弹性推件装置

限于弹性元件的安装空间，弹性推件装置所能提供的推件力较小，但力量均匀，推件平稳，且冲压时能起到压料作用，所以多用于薄料和平面度要求较高的场合。

设计时推件块在自由状态下应高出凹模刃口面0.2～0.5mm，其他设计要点同刚性推件装置。

③弹性顶件装置。

弹性顶件装置安装于下模，一般由弹顶器、顶杆和顶件块组成，其常见结构见图2-58。

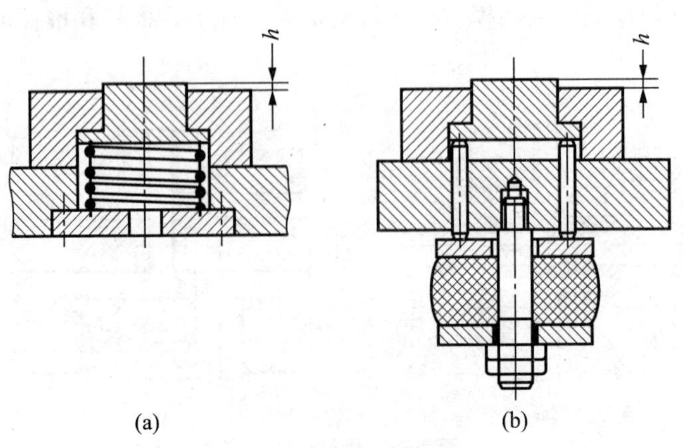

图2-58　弹性顶件装置

弹性顶件装置在冲裁过程中能够实现压料，一般用于薄料、零件平直度要求高等不适于采用推件方式的模具中。

设计时，开模状态下，顶件块应高出凹模刃口 0.2～0.5mm；合模状态下，顶件块的下表面不应与下模座贴合，应留有 5～10mm 的修模空间，顶件块与凹模之间为间隙配合 H8/f7。

2）弹性元件的选用。

适合冲裁模具的弹性元件有弹簧和橡胶两种，不管哪种弹性元件，设计时必须考虑弹力、压缩量、安装空间，其选用原则如下：

第一，满足力的要求。所选弹性元件必须能够达到零件所需的卸料力或顶（推）件力，为此，弹性元件在开模状态下就有一定的预压要求，一般情况下，预压力应等于零件所需的卸料力或顶（推）件力。

即：$F_{预}=F_{卸}$，对于弹簧 $F_{预}=F_{卸}/n$。 (2-31)

式中：$F_{预}$ 为弹性元件的预压力；$F_{卸}$ 为卸料力；n 为弹簧数量。

第二，满足弹性元件最大许用压缩量的要求。为保证弹性元件的寿命，其在工作时总压缩量不能大于所允许的最大压缩量，即

$$H_{允} \geqslant H_{总}=H_{预}+H_{工作}+H_{修模} \tag{2-32}$$

式中：$H_{允}$ 为弹性元件的允许压缩量；$H_{总}$ 为弹性元件的总压缩量；$H_{预}$ 为弹性元件的预压缩量；$H_{工作}$ 为弹性元件的工作高度；$H_{修模}$ 为凸模修模量。

第三，满足安装空间的要求：即所选弹性元件应有足够的安装空间。

①弹簧的选用步骤：

第一步，根据模具结构空间尺寸和卸料力 $F_{卸}$ 的大小，初定弹簧数目 n，算出每个弹簧应承担的卸料力 $F_{卸}/n$。

第二步，根据 $F_{预}=F_{卸}/n$ 的要求，选择弹簧规格，使所选弹簧的允许最大工作载荷 $F_{允}>F_{预}$。

第三步，根据弹簧压力与其压缩量成正比的特性，可按 $H_{预}=F_{预}H_{允}/F_{允}$ 求得弹簧的预压缩量。

第四步，检查弹簧的允许最大压缩量是否满足 $H_{允} \geqslant H_{总}=H_{预}+H_{工作}+H_{修模}$，如满足该式，说明所选弹簧合适，否则应按上述步骤重选。

第五步，确定弹簧安装高度，即 $H_{装}=H_0-H_{预}$。（$H_{装}$ 为弹簧安装高度；H_0 为弹簧自由高度，其余符号同上）

②橡胶的选用步骤：

第一步，确定橡胶垫的自由高度 H_0：根据弹性元件的选用原则，以及橡胶的最大许用压缩量 $H_{允}=(35\%\sim45\%)H_0$，预压量 $H_{预}=(10\%\sim15\%)H_0$，$H_{工作}=t+1$，修模量 $H_{修模}=5\sim10\text{mm}$，将以上各式带入 $H_{允} \geqslant H_{总}=H_{预}+H_{工作}+H_{修模}$，整理得

$$H_0=(3.5\sim4)(t+6\sim11) \tag{2-33}$$

式中：

H_0——橡胶的自由高度；

t——产品厚度。

第二步，确定橡胶垫的横截面积 A：根据上述选用橡胶的原则可知，为使橡胶满足压力的要求，则 $F_{预}=Ap\geqslant F_{卸}$。所以，橡胶垫的横截面积与卸料力及单位压力之间存有如下关系

$$A=F_{卸}/p \tag{2-34}$$

式中：

A——橡胶的横截面面积；

$F_{卸}$——卸料力；

p——橡胶产生的单位面积压力，可查阅设计手册。

第三步，确定橡胶垫的平面尺寸：常见的橡胶垫形状有圆筒形、圆柱形和矩形，可根据模具结构任选其中一种。橡胶垫的平面尺寸与橡胶垫的形状有关，可按上式确定的橡胶垫横截面积计算出平面尺寸。

第四步，校核橡胶垫的自由高度 H_0：橡胶垫的自由高度 H_0 与其直径 D 之比应在下式范围内，即

$$0.5\leqslant H_0/D\leqslant 1.5 \tag{2-35}$$

如果超过 1.5，应将橡胶分成若干层后，在其间垫以钢垫片。若小于 0.5，则应重新确定其高度。只有这样，才能保证橡胶垫正常工作。

第五步，确定橡胶垫的安装高度：

$$H_{装}=H_0-H_{预} \tag{2-36}$$

式中：$H_{装}$——橡胶安装高度。

4. 标准模架知识

标准模架由上模座、下模座、导柱、导套四个部分组成，一般标准模架不包括模柄。模架是整副模具的骨架，是连接冲模主要零件的载体。模具的全部零件都固定在它的上面，并承受冲压过程的全部载荷。模架的上模座和下模座分别与冲压设备的滑块和工作台固定。上、下模间的精确位置，由导柱、导套的导向来实现。

(1) 标准模架的分类与选用。

根据模架的导向机构摩擦性质的不同，模架分为滑动和滚动导向模架两大类。每类模架中，由于导柱的安装位置和导柱数量不同，又分为多种模架形式。冲模滑动导向模架有对角导柱模架（见图 2-59a）、后侧导柱模架（见图 2-59b）、后侧导柱窄型模架（见图 2-59c）、中间导柱模架（见图 2-59d）、中间导柱圆形模架（见图 2-59e）、四导柱模架（见图 2-59f）；冲模滚动导向模架有对角导柱模架、中间导柱模架、四导柱模架、后侧导柱模架。滑动导向模架的导柱、导套结构简单，加工、装配方便，应用最广泛（各类模架的主要特点和应用场合见表 2-21）；滚动导向模架在导套内镶有成行的滚珠，导柱通过滚珠与导套实现有微量过盈的无间隙配合，（一般过盈量为 0.01～0.02mm），因此，这种滚动模架导向精度高，使用寿命长，运动平稳。

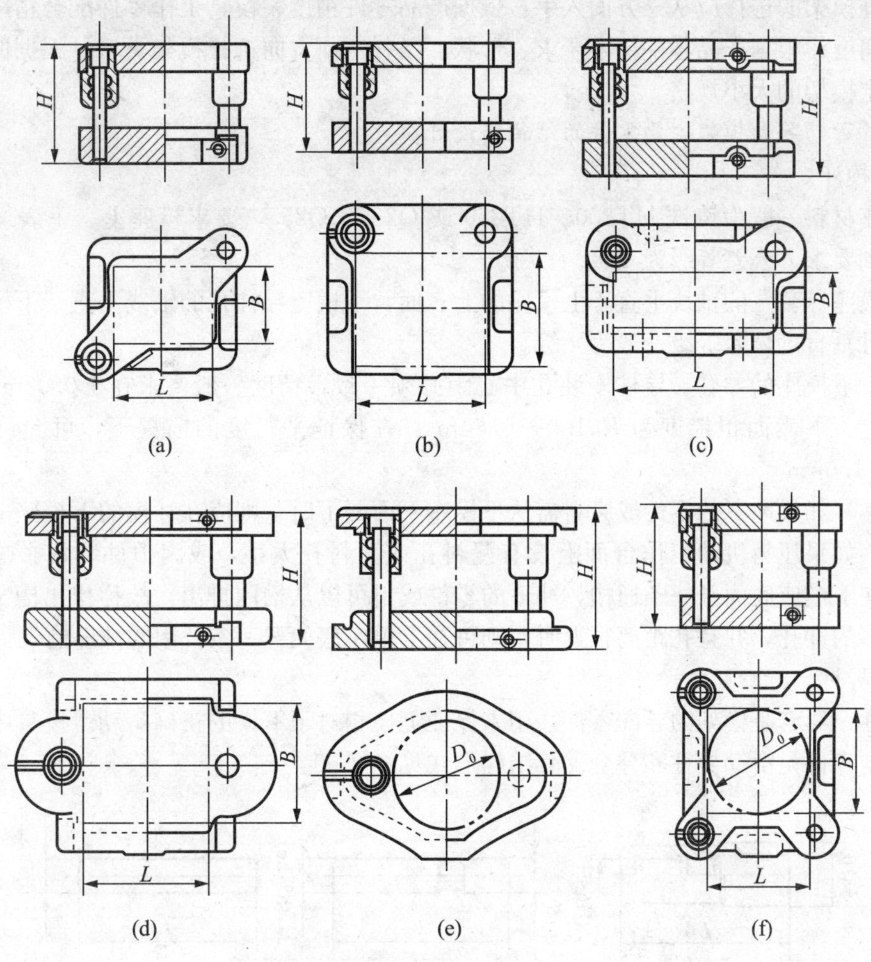

图 2-59　标准模架

表 2-21　　滑动导向模架的主要形式、特点及应用

类别	模架形式	主要特点	应用场合
滑动导向模架	滑动导向对角导柱模架	在凹模面积的对角线上，装有一个前导柱和一个后导柱，其有效区在毛坯进给方向的导套间。受力平衡，上模座在导柱上运动平稳。	适用纵向和横向送料，使用面宽，常用于级进模和复合模。
	滑动导向后侧导柱模架	两导柱、导套分别装于上、下模座后侧，凹模面积是导套前的有效区域。可用于冲压较宽条料。送料及操作方便。由于导柱、导套装在一侧，会因偏心载荷产生力矩，上模座在导柱上运动不够平稳。	可纵向、横向送料。主要适用于一般精度要求的冲模，不适于大型模具。
	滑动导向中间导柱模架	在模架的左、右中心线上装有两个不同尺寸的导柱，其凹模面积是导套间的有效区域，具有导向精度高，上模座在导柱上运动平稳等特点。	仅能纵向送料，常用于弯曲模和复合模。
	滑动导向四角导柱模架	模架的四个角上分别装有导柱。模架受力平衡，导向精度高。	用于大型冲件，精度很高的冲模，以及大批量生产的自动冲压生产线上的冲模。

标准模架的选择应从三方面入手：依据产品零件精度、模具工作零件配合精度高低确定模架精度；根据产品零件精度要求、形状、条料送料方向选择模架类型；根据凹模周界尺寸确定模架的大小规格。

(2) 滑动导向模架主要零件的结构和设计要点。

1) 模座。

模座材料一般为铸铁 HT200、HT250 或 Q235、Q255，要求模座上、下表面的平行度应达到要求，公差等级为 4 级。

上模座导套孔的轴线垂直于上模座的上表面，下模座导柱孔的轴线垂直于下模座的下表面，且垂直度公差等级一般为 4 级。

上、下模座的导套、导柱安装孔中心距必须一致，精度一般要求在±0.02mm 以下。模座的上、下表面粗糙度为 $Ra1.6 \sim 0.8\mu m$，在保证平行度的前提下，可允许降低为 $Ra3.2 \sim 1.6\mu m$。

通常，如果冲下的零件或废料需从下模座下面漏下时，则应在冲模的下模座上开一个漏料孔。如果压力机的工作台面上没有漏料孔或漏料孔太小，或因顶件装置影响无法排料，可在下模座底面开一条通槽，冲下的零件或料可以从槽内排出，故称排出槽。若冲模上有较多的冲孔，并且孔距离很近时，则可在下模座底面开一条公用的排出槽。

2) 导柱、导套。

导柱、导套是模架的导向零件，用来保证上模相对于下模的正确运动。模具中应用最广的导向零件是滑动导柱和导套。其结构形式见图 2-60。

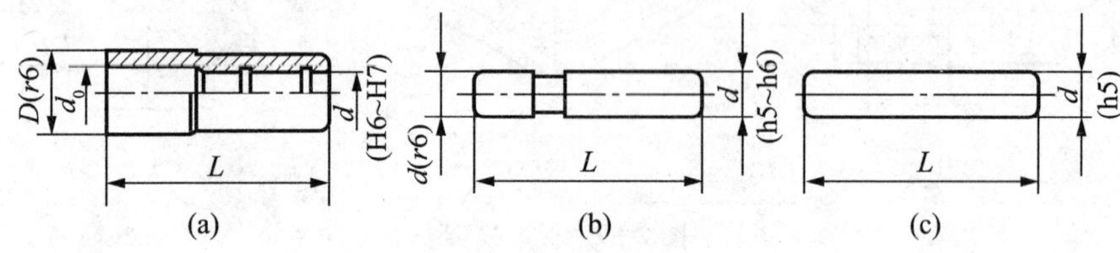

图 2-60 导柱与导套

①导套。

导套内孔开有油槽（见图 2-60a），导套与导柱配合关系为间隙配合（H7/h6、H6/h5），导套与上模座之间配合关系为过盈配合（H7/r6），由于过盈配合装配时孔有缩小的现象，所以 D 尺寸在设计加工时放大 0.5～1mm。

②导柱。

导柱有 A、B 两种结构，B 型导柱如图 2-60b 所示，导柱两端基本尺寸相同，但公差不同。一端为与导套的间隙配合（H7/h6），另一端为与下模座的过盈配合（H7/r6）。

A 型导柱如图 2-60c 所示，其只有一个尺寸，加工方便，但与上模座之间的过盈配合改为基轴制，配合关系为 R7/h6。

导柱直径一般为 16～60mm，长度在 90～320mm 之间。选择导柱长度时，应考虑模具闭合高度的要求，即保证冲模在最低工作位置（即闭合状态）。导柱的上端面与上模座上平面之间的距离应为 10～15mm，以保证凸、凹模经多次刃磨而使模具闭合高度变小后，导柱也不会影响模具正常工作；而下模座下平面与导柱压入端的端面之间的距离不应小于 2～3mm，以保证下模座在压力机工作台上的安装固定；导套的上端面与上模座上平面之间的距离应大于 2～3mm，以便排气和出油，如图 2-61 所示。

导柱、导套一般选用 20 钢制造。为了增强表面硬度和耐磨性，应进行表面渗碳处理，渗碳层厚为 0.8～1.2mm，渗碳后的淬火硬度为 58～62HRC。

导柱的外表面和导套的内表面，淬硬后进行磨削，其表面粗糙度应不大于 $Ra0.8\mu m$（一般为 $Ra0.2$～$0.1\mu m$），其余部分为 $Ra1.6\mu m$。

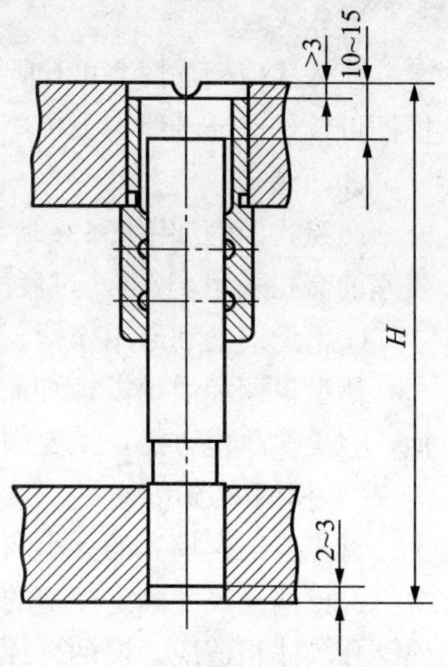

图 2-61　导柱导套的配合

5. 连接与固定零件知识

模具的连接与固定零件有模柄、固定板、垫板、销钉、螺钉等。这些零件大多有国家标准，设计时可按国家标准选用。

（1）模柄。

模柄的作用是将上模固定在压力机的滑块上并保证模具的压力中心与模柄中心线重合。

常用于 1000kN 以下的中小型模具上。

1）类型及应用场合。

①旋入式。

旋入式模柄如图 2-62a 所示，模柄与上模座通过螺纹连接，为防止松动，常用防转螺钉紧固。这种模柄装拆方便，但模柄轴线与上模座的垂直度较差，多用于有导柱的小型冲模。

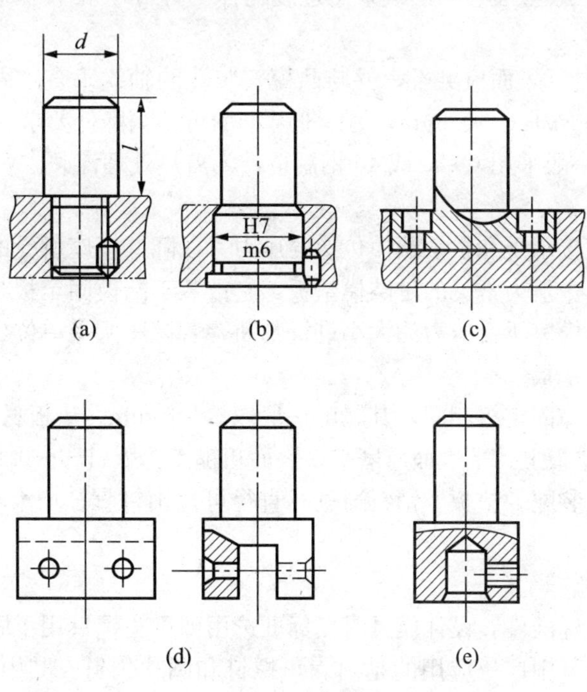

图 2-62　模柄结构

②压入式。

压入式模柄如图 2-62b 所示，它与模座孔采用过渡配合 H7/m6，并加销钉防转。这种模柄可较好保证轴线与上模座的垂直度。适用于各种中、小型冲模，生产中最常用。

③凸缘式。

凸缘式模柄如图 2-62c 所示，用 3～4 个螺钉固定在上模座的窝孔内，模柄的凸缘与上模座的窝孔采用 H7/js6 过渡配合。多用于较大型的模具。

④槽型模柄和通用模柄。

槽型模柄和通用模柄如图 2-62d、e 所示，均用于直接固定凸模，也称为带模座的模柄，它更换凸模方便，主要用于简单模。

2）模柄的选用。

首先应根据模具的大小及零件精度等方面的要求，确定模柄的类型，然后根据所选压力机的模柄孔尺寸确定模柄的规格。选择模柄时应注意模柄安装直径 d 和长度 L 应与滑块模柄孔尺寸相适应。模柄直径可取与模柄孔相等，采用间隙配合 H11/d11，模柄长度应小于模柄孔深度 5～10mm。

（2）固定板。

固定板将凸模或凹模按一定相对位置压入固定后，作为一个整体安装在上模座或下模座的板件上。模具中最常见的是凸模固定板，固定板分为圆形固定板和矩形固定板两种，主要用于固定小型的凸模和凹模。

固定板的设计应注意以下几点：

1）凸模固定板的厚度一般取凹模厚度的 0.6～0.8 倍，其平面尺寸可与凹模、卸料板外形尺寸相同，但还应考虑紧固螺钉及销钉的位置。

2）固定板上的凸模安装孔与凸模采用过渡配合 H7/m6，凸模压装后端面要与固定板一起磨平。

3）固定板的上、下表面应磨平，并与凸模安装孔的轴线垂直。固定板基面和压装配合面的表面粗糙度为 Ra1.6～0.8μm，另一非基准面可适当降低要求。

4）固定板材料一般采用 Q235 或 45 钢制造，无需热处理淬硬。

（3）垫板。

垫板的作用是直接承受和扩散凸模传递的压力，以降低模座所受的单位压力，防止模座被局部压陷。模具中最为常见的是凸模垫板，它被装于凸模固定板与模座之间。模具是否加装垫板，要根据模座所受压力的大小进行判断，若模座所受单位压力大于模座材料的许用压应力，则需加垫板。

垫板外形尺寸可与固定板相同，其厚度一般取 3～10mm。垫板材料为 45 钢，淬火硬度为 43～48HRC。垫板上、下表面应磨平，表面粗糙度为 Ra1.6～0.8μm，以保证平行度要求。为了便于模具装配，垫板上销钉通过孔直径可比销钉直径增大 0.3～0.5mm。螺钉通过孔也类似。

（4）螺钉与销钉。

螺钉与销钉都是标准件，设计模具时按标准选用即可。螺钉用于固定模具零件，而销钉则起定位作用。模具中广泛应用的是内六角螺钉和圆柱销钉，其中 M6～M12mm 的螺钉和 ϕ4～ϕ10mm 的销钉最为常用。

在模具设计中，选用螺钉、销钉时应注意以下几点：

1）螺钉要均匀布置，尽量置于被固定件的外形轮廓附近。当被固定件为圆形时，一般采用3～4个螺钉，当为矩形时，一般采用4～6个。销钉一般都用两个，且尽量远距离错开布置，以保证定位可靠。螺钉的大小应根据凹模厚度选用。

2）螺钉之间、螺钉与销钉之间的距离，螺钉、销钉距刃口及外边缘的距离，均不应过小，以防降低强度。

3）内六角螺钉通过孔及其螺钉装配尺寸应合理，其具体数值可由相关资料查得。

4）圆柱销孔的形式及其装配尺寸可参考相关资料。连接件的销孔应配合加工，以保证位置精度，销钉孔与销钉采用H7/m6或H7/n6过渡配合。

5）弹压卸料板上的卸料螺钉，用于连接卸料板，主要承受拉应力。根据卸料螺钉的头部形状，也可分为内六角和圆柱头两种。圆形卸料板常用3个卸料螺钉，矩形卸料板一般用4或6个卸料螺钉。由于弹压卸料板在装配后应保持水平，故卸料螺钉的长度L应控制在一定的公差范围内，装配时要选用同一长度的螺钉，卸料螺钉孔的装配尺寸见相关资料。

6. 垫片冲裁模具零部件设计

（1）垫片冲裁模具凸、凹模的结构设计。

1）垫片冲裁模具凸模的设计。

垫片形状较复杂，在局部有突出和凹入部分，所以冲裁凸模的形状适合做成直通型，以便于线切割的加工，凸模的固定采用凸模固定板，两者之间为过渡配合关系，并在凸模头部采用穿横销吊装的结构。凸模长度需在绘制模具装配图时具体确定。凸模与凸模固定板结构如图2-63所示。

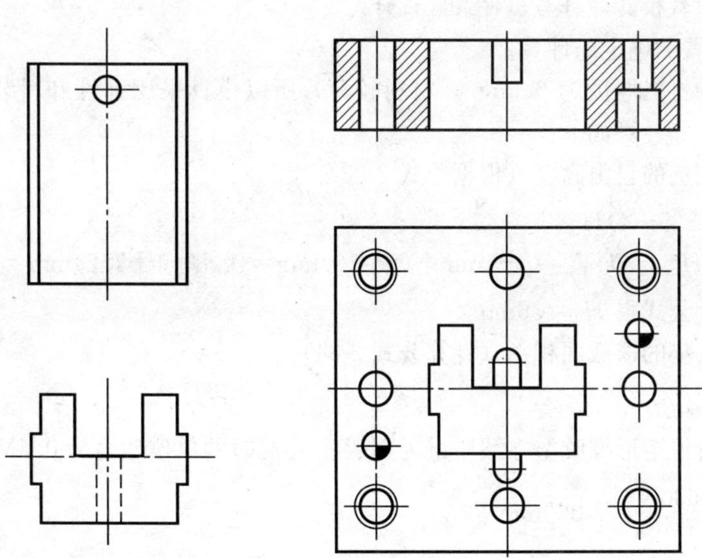

图2-63　凸模与凸模固定板

2）垫片冲裁模具凹模的设计。

凹模采用直刃口结构，根据零件的料厚查设计手册得其直刃口高度为5mm，厚度系数k=0.33；根据零件刃口形状，决定凹模的外形采用矩形，上面布置四道紧固螺钉（M8）和两个销钉（$\phi 8$）完成凹模与其他零件的连接。根据公式 2-26、2-27、2-28 计算可得：

凹模高度 $H=Kb=0.33\times 50\text{mm}=16.5\text{mm}\approx 17\text{mm}$

凹模壁厚 $C=(1.5\sim 2)H=1.8\times 17\text{mm}\approx 30\text{mm}$

所以凹模的总长为 $L=(50+2\times 30)\text{mm}=110\text{mm}$，凹模的宽度为 $B=(40+2\times 30)\text{mm}=100\text{mm}$。其简图见图 2-64。

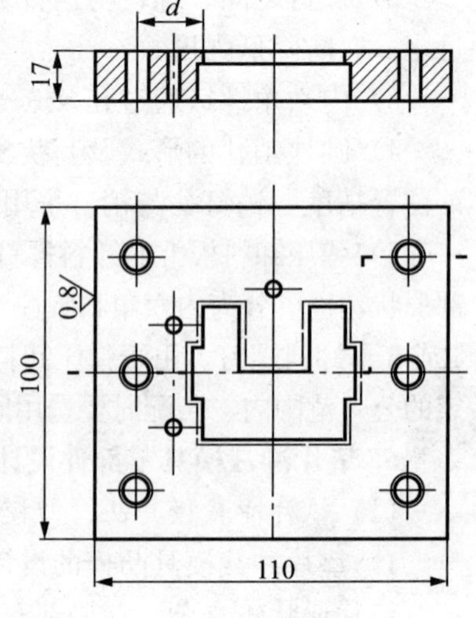

图 2-64　垫片凹模简图

检查螺孔与销孔之间、螺孔销孔与凹模刃口之间以及螺孔销孔距凹模外壁之间的距离是否满足最小距离要求：

设螺孔中心距凹模外边缘的距离为 15mm（查表最小值为 12mm），则可计算螺孔与销孔之间的距离为：$a=(100-2\times 15-2\times 8)/2=32\text{mm}$，大于查表所得最小值 5mm，销孔中心到刃口的距离为 $d=55-15-25=15\text{mm}$，大于查表所得最小值 14mm，所以现在所布螺钉孔与销钉孔的位置基本合理。

(2) 垫片冲裁模具定位零件的设计。

垫片冲裁模具为一简单落料模，材料厚度较薄，应采用弹性卸料装置，定位元件选用导料销和固定挡料销配合使用，直接安装于凸模上即可。

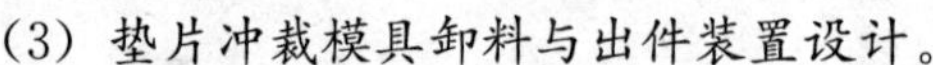
(3) 垫片冲裁模具卸料与出件装置设计。

1）卸料装置的确定与计算。

由于垫片的材料厚度为 0.8mm，材料较薄，所以模具采用弹性卸料装置，弹性元件选用橡胶，其尺寸计算如下：

①确定橡胶垫的自由高度（根据公式 2-33）：

$H_0=(3.5\sim 4)H_{工}$

$H_{工}=H_{工作}+H_{修模}=t+1\text{mm}+(5\sim 10)\text{mm}=(0.8+1+7.2)\text{mm}=9\text{mm}$

由以上两个公式得 $H_0=36\text{mm}$。

②确定橡胶垫的横截面积 A（计算公式 2-34）：

$A=F_{卸}/p$

查设计手册得矩形橡胶垫在预压量为 10%～15%时的单位压力为 0.5MPa，所以

$$A=\frac{3\ 630\text{N}}{0.5\text{MPa}}\approx 7\ 260\text{mm}^2$$

③确定橡胶垫的平面尺寸，根据零件的形状特点，橡胶垫的外形应为矩形，中间开有矩形孔以避让凸模。结合零件的具体尺寸，橡胶垫中间的避让孔尺寸为 45mm×55mm，外形暂定一边长为 110mm，则另一边长 b 为

$$b\times 110-45\times 55=A$$

$$b=\frac{7\ 260+45\times 55}{110}\text{mm}\approx 89\text{mm}$$

④校核橡胶垫的自由高度 H_0（根据公式 2-35、2-36）：

$$\frac{H_0}{a}=\frac{36}{110-55}=0.65$$

橡胶垫的高径比在 0.5～1.5 之间，所以选用的橡胶垫规格合理。橡胶的装模高度约为 0.85×36mm=30.6mm，取整，装模高度为 30mm。

卸料板外形尺寸同凹模外形尺寸（110mm×100mm），厚度取 8mm，并用四个卸料螺钉将其和橡胶固定于上模。

2）出件装置设计。

垫片冲裁模具为一简单落料模具，选择下出件方式出件。

（4）垫片冲裁模具标准模架及连接固定件的设计。

由前计算已知，垫片冲裁模具凹模的外形尺寸为 110mm×100mm，为了操作方便模具采用后置导柱模架，根据以上计算结果，可查得模架规格为：上模座 125mm×100mm×30mm，下模座 125mm×100mm×35mm，导柱 22mm×130mm，导套 22mm×80mm×28mm。

初选压力机为 J23-16，模具中模柄采用压入式模柄，根据设备上模柄孔尺寸，选用规格为 A30×73 的模柄。

模具中上模采用垫板以保护上模座，垫板的外形尺寸同凹模周界，厚度取 8mm。凸模的固定采用了凸模固定板，其外形尺寸也为凹模的周界尺寸，厚度取 27mm。

根据模具的尺寸，选用 M8 的螺钉和 $\phi8$ 的销钉，卸料螺钉也为 M8。

五、垫片冲裁模具设计图的绘制

1. 模具设计图的绘制知识

（1）装配图的绘制。

装配图应清楚表达各零件之间的相互装配关系及固定连接方式。模具总装图的一般布置情况如图 2-65 所示。

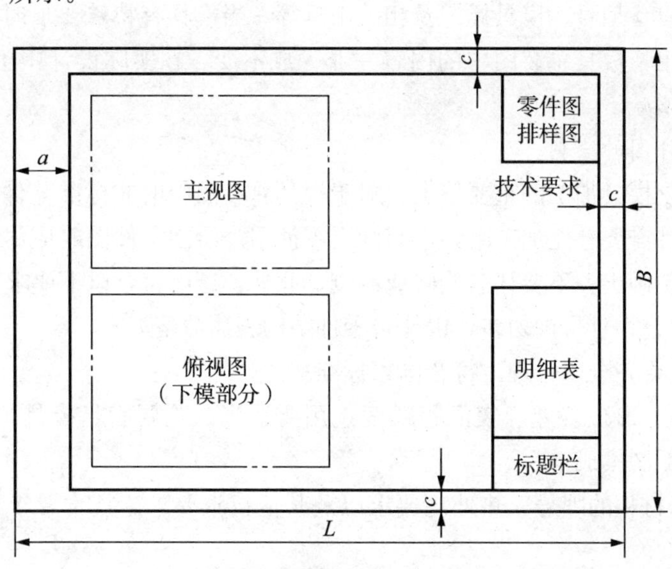

图 2-65　冲裁模具装配图的布置

1）主视图。

主视图是模具总装图的主体部分，一般应画上、下模合模状态的剖视图。主视图中应标注模具闭合高度尺寸，条料和工件剖切面应涂黑，以使图面更清晰。

2）俯视图。

俯视图一般反映模具下模的上平面。对于对称零件也可以一半表示上模的上平面，一半表示下模的上平面。非对称零件如果需要，上、下模俯视图可分别画出。它们均俯视可见部分。有时为了了解模具零件之间的位置关系，对未见部分用虚线表示。俯视图与主视图的中心线重合，并标注前后、左右平面轮廓尺寸。下模俯视图中的排样图轮廓线用双点画线表示。

3）侧视图、局部视图和仰视图。

这些视图一般情况下不要求画出。只有当模具结构过于复杂，仅用上述主、俯视图难以表达清楚时，才有必要画出。

4）零件图。

零件图是经模具冲裁后所得冲件的形状和尺寸图。零件图应严格按比例画出，其方向应与冲裁方向一致，同时要注明零件的名称、材料、厚度及有关技术要求。

5）排样图。

对于落料模、含有落料的级进模和复合模，必须绘制排样图。排样图的绘制方向应与操作时的送料方向一致。

6）标题栏和明细表。

标题栏和明细表应放在总图的右下角，总装图的所有零件（含标准件）都要详细地填写在明细表中。

7）技术要求。

技术要求中一般仅简要注明对本模具的使用、装配等要求和应注意的事项，例如冲压力的大小、所选设备型号、模具标记及相关工具等。当模具有特殊要求时，应详细注明有关内容。应当指出，模具总装图中的内容并非一成不变，在实际设计中可根据具体情况，允许做出相应的增减。

(2) 模具零件图的绘制。

模具零件图是模具加工的重要依据，对于模具总装图中的非标准零件，均需绘制零件图。有些标准零件需要补充加工时，也需画出零件图。绘制零件图时应尽量按该零件在总装图中的装配方位画出，不要任意旋转或颠倒，此外，还应符合以下要求：

1）视图要完整，且易少勿多，以能将零件结构表达清楚为限。

2）尺寸标注要齐全、合理，符合国家标准。

3）制造公差、形位公差、表面粗糙度选用要适当，既要满足模具加工质量的要求，又要考虑尽量降低制模成本。

4）注明所用材料的牌号、热处理要求以及其他技术要求。技术要求通常放在标题栏的上方。

5）对于总装图中有相关尺寸的零件，应尽量一块标注尺寸和公差，以防出错。

2. 垫片冲裁模具的装配图和零件图的绘制

（1）装配图（见图 2-66）。

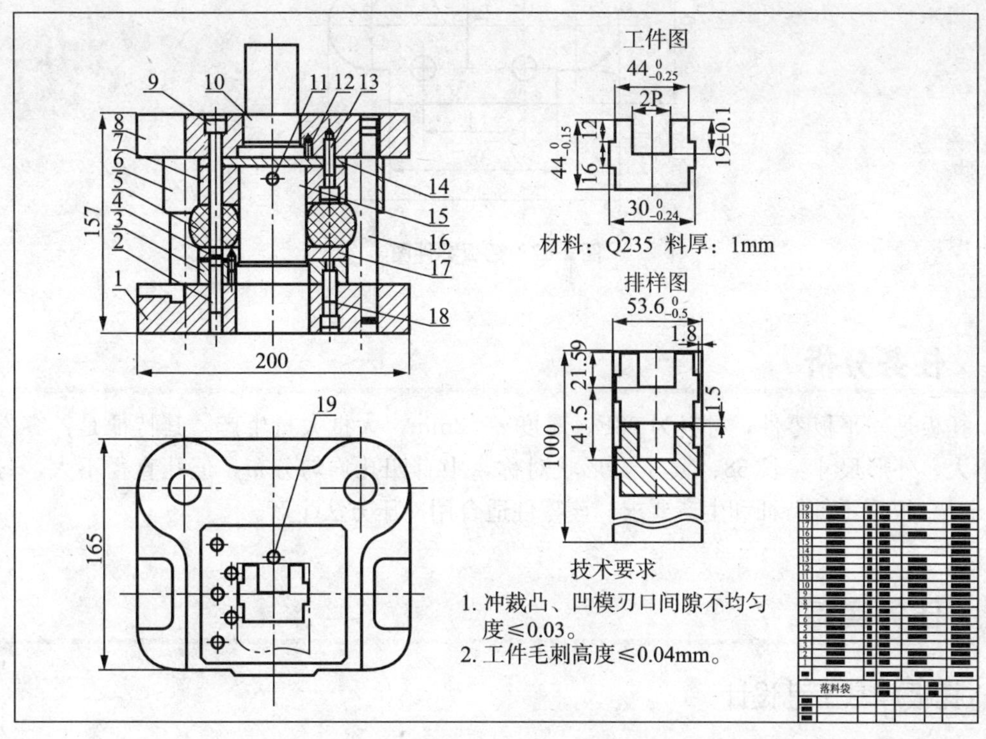

图 2-66　垫片冲裁模具装配图

（2）零件图。

由于采用的是凸凹模配作，凹模为基准件，刃口按照计算的刃口尺寸标注；凸模为配作件，刃口只标注公称尺寸，在技术要求上注明“保证最小双面间隙值为 0.072mm”。具体零件图由于篇幅限制，不再画出。

任务二　托板冲裁工艺与模具设计

任务介绍

有一机器零件托板，见图 2-67，材料为 08F，$t=2$mm，大批大量生产，设计其冲压工艺与模具。

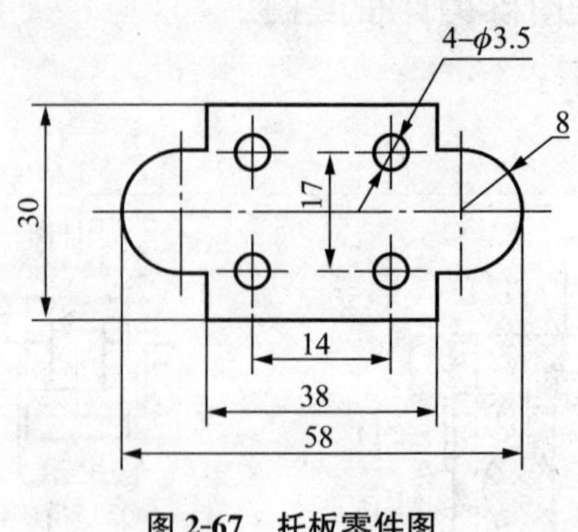

图 2-67　托板零件图

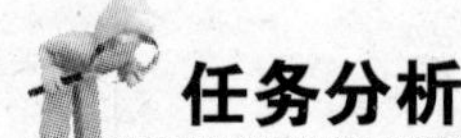

任务分析

托板是一平板零件，材料为 08F，厚度 $t=2$mm，大批大量生产。其特征是：零件尺寸不大，外形尺寸：长 58、宽 30，形状对称，中有四孔均匀分布，但孔直径不大，只有 3.5mm。根据零件特征和生产要求，该零件适合用冲压方法生产。

任务实施

一、托板冲裁工艺设计

1. 托板工艺分析

(1) 材料：08F 钢板是优质碳素结构钢，具有良好的可冲压性能。

(2) 工件结构形状：冲裁件内、外形应尽量避免有尖锐清角，为提高模具寿命，建议将所有 90°清角改为 $R1$ 的圆角。

(3) 尺寸精度：零件图上所有尺寸均未标注公差，属自由尺寸，可按 IT14 级确定工件尺寸的公差。经查公差表，各尺寸公差为：

$58_{-0.74}^{0}$、$38_{-0.62}^{0}$、$30_{-0.52}^{0}$、$16_{-0.44}^{0}$、14 ± 0.22、17 ± 0.22、$\phi3.5_{0}^{+0.3}$。

结论：可以冲裁。

2. 托板冲裁工艺方案

托板尺寸精度要求不高，形状不大，但工件产量较大，根据材料较厚（2mm）的特点，为保证孔位精度，冲模有较高的生产率，其工艺方案有三个：

方案一：采用单工序生产，需要一副冲孔模具和一副落料模具；

方案二：采用工序集中的方式生产，用一副落料冲孔复合模具生产；

方案三：采用工序集中的方式生产，用一副冲孔落料级进模具生产。

三个方案比较：方案一生产要两副单工序模具，模具结构简单，但模具投入大；方案二只要一副模具就可生产，生产效率高，产品精度高，但模具结构复杂；方案三也只要一副模具就可生产，生产效率高，但模具结构复杂。根据托板的生产要求，决定实行工序集中的工艺方案生产，可选择方案二或方案三，采用方案二时，由于孔边距小，最小为 4.7，凸凹模强度差，所以选择方案三生产，采取利用导正销、刚性卸料装置、自然漏料方式的级进冲裁模结构形式。

二、托板冲裁模具设计的工艺计算

1. 计算条料尺寸及确定步距

根据零件形状，为保证产品质量，采用有废料直排排样，查设计手册，两工件间搭边值为 2，侧边搭边值 $a=2$。级进模进料步距为 32mm。

(1) 条料宽度。

条料宽度按相应的公式计算：

$$B=(D+2a)-\Delta \quad 查表 \quad \Delta=0.6$$

$$B=(58+2\times2)-0.6=62-0.6=61.4$$

(2) 条料长度的确定。

根据排样方式和条料宽度，条料长度有两种：1 500 和 1 000，比较其材料利用率：

条料长 1 500 时一张板能生产的产品数量为：

$$\frac{1\,500}{32}\times\frac{1\,000}{62}=736$$

条料长 1 000 时一张板能生产的产品数量为：

$$\frac{1\,500}{62}\times\frac{1\,000}{32}=744$$

根据计算结果，托板的生产条料长度应该为 1 000，画出排样图，见图 2-68。

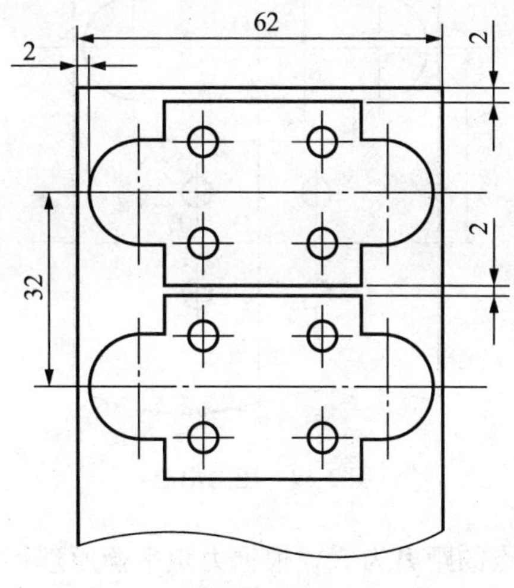

图 2-68　排样图

2. 计算总冲压力和初选设备

由于冲模采用刚性卸料装置和自然漏料方式，故总的冲压力为：

$$F_{总}=F_1+F_2+F_t$$

式中：F_1——落料时的冲裁力；

F_2——冲孔时的冲裁力。

按冲裁力计算公式计算落料时的冲裁力：

$F_1 = KLt\tau$　查表　$\tau = 300\text{MPa}$

$F_1 = 1.3\times[2\times(58-16)+2\times(30-16)+16\pi]\times2\times300/1\,000(\text{kN})$
$\approx 126.55(\text{kN})$

按冲裁力计算公式计算冲孔时的冲裁力：

$F_2 = 1.3\times4\pi\times3.5\times2\times300/1\,000(\text{kN})\approx34.3(\text{kN})$

计算推料力 F_t：

$F_t = nKtF$　取 $n=3$，查表 $K_t=0.055$

$F_t = 3\times0.055\times(126+34)\approx26.5(\text{kN})$

计算总冲压力 $F_总$：

$F_总 = F_1+F_2+F_t = 126.55+34.5+26.5 = 187.5(\text{kN})$

根据 $F_总$，初选设备型号为开式压力机 J23－25

3. 确定压力中心

分析图 2-69，因为工件图形对称，故落料时 F_1 的压力中心在 O_1 点；冲孔时 F_2 的压力中心在 O_2 点。

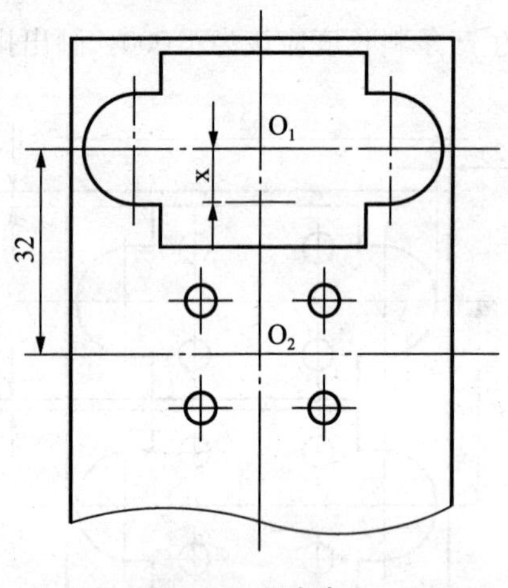

图 2-69　压力中心

设冲模压力中心离 O_1 点的距离为 X，根据力矩平衡原理得：

$F_1X = (32-X)F_2$

由此算得 $X=7\text{mm}$

4. 冲模刃口尺寸的计算

刃口尺寸的计算方法及演算过程同任务一，不再赘述，仅将计算结果列于表 2-22 中。

在冲模刃口尺寸计算时需要注意：在计算工件外形时，应以凹模为基准，凸模尺寸按相应的凹模实际尺寸配制，保证双面间隙为0.25～0.36mm。为了保证$R8$与尺寸为16的轮廓线相切，$R8$的凹模尺寸，取16的凹模尺寸的一半，公差也取一半。

在计算冲孔模刃口尺寸时，应以凸模为基准，凹模尺寸按凸模实际尺寸配制，保证双面间隙为0.25～0.36mm。

表2-22　　冲模刃口尺寸

冲裁性质	工件尺寸	计算公式	凹模尺寸标注	凸模尺寸标注
落料	$580_{-0.74}^{0}$ $380_{-0.62}^{0}$ $300_{-0.52}^{0}$ $160_{-0.44}^{0}$ $R8$	凹模计算 $D_d=(D_{max}-x\Delta)^{+\delta_d}_{0}$ $\delta_d=0.25\Delta$	$57.60^{+0.18}_{0}$ $37.70^{+0.16}_{0}$ $29.70^{+0.13}_{0}$ $16.8^{+0.11}_{0}$ $R7.9^{+0.06}_{0}$	凸模尺寸按凹模实际尺寸配置，保证双边间隙0.25～0.36mm
冲孔	$\phi3.5^{+0.3}_{0}$	凸模计算 $d_p=(d_{min}+x\Delta)_{-\delta_p}^{0}$ $\delta_p=0.25\Delta$	凹模尺寸按凸模刃口实际尺寸配置，保证双边间隙0.25～0.36mm	$3.65_{-0.08}^{0}$

中心距尺寸：$L14=14\pm0.44/8=14\pm0.055$

$L17=17\pm0.44/8=17\pm0.055$

注：在计算模具中心距尺寸时，制造偏差值取工件公差的1/8。

三、托板冲裁模具各主要零件结构尺寸的确定

1. 凹模外形尺寸的确定

(1) 凹模厚度H的确定。

根据公式2-26，$H=Kb$，查表2-17得$K=0.22\sim0.35$，取$K=0.35$，则$H=58\times0.35=20.3$为保证凹模强度，取凹模厚度$H=25$mm。

(2) 确定凹模长度L和宽度B。

凹模长度L的确定：

$L=b+2c$ （c根据设计资料计算取34）$=58+2\times34=126$mm

凹模宽度B的确定：

$B=$ 步距＋工件宽＋$2c$ （取：步距＝32；工件宽＝30；$c=34$）

$B=32+30+2\times34=130$mm

凹模板尺寸为$L\times B\times H=126\times130\times25$

2. 凸模长度L_1的确定

凸模长度计算为：

$$L_1=h_1+h_2+h_3+Y$$

其中，导料板厚 $h_1=8$；卸料板厚 $h_2=12$；凸模固定板厚 $h_3=18$；凸模修磨量 $Y=18$，则

$$L_1=8+12+18+18=56\text{mm}$$

四、托板冲裁模具结构的设计

按已确定的模具形式及参数，从冷冲模标准中选取标准模架。绘制模具总装图，如图 2-70 所示。按模具标准，选取所需的标准件，查清标准件代号及标记，写在总装图明细表内，见表 2-23。并将各零件标出统一代号。

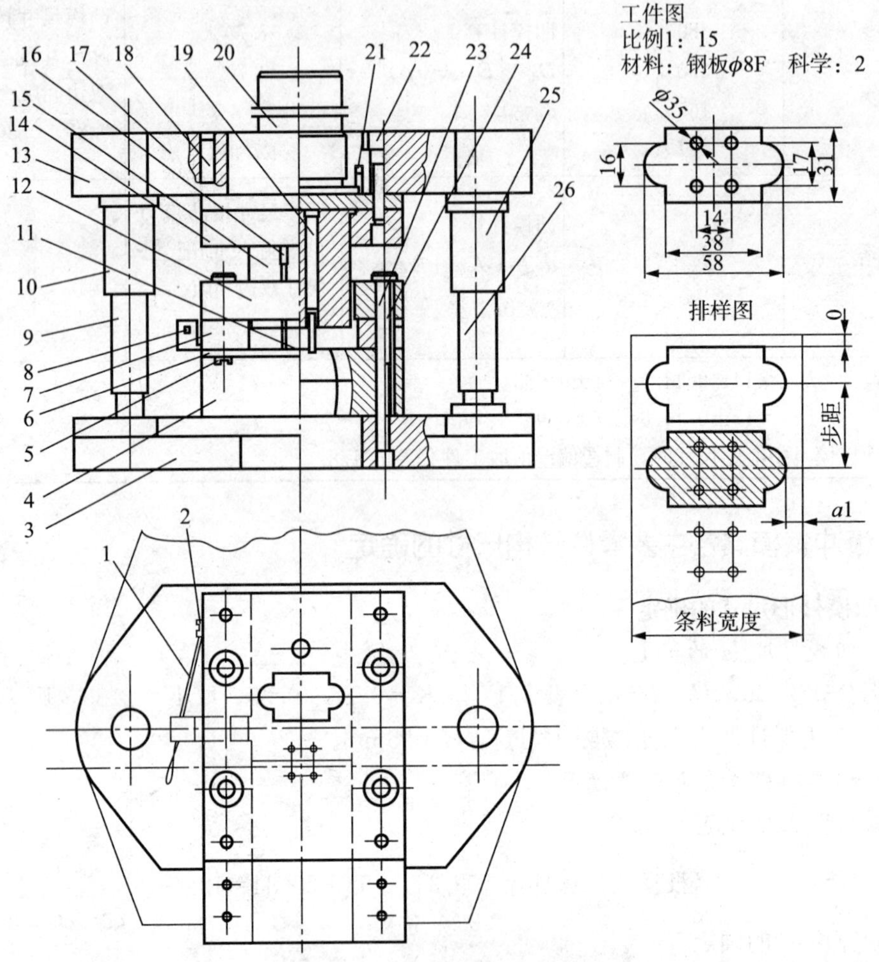

图 2-70　单排冲孔落料连续模

1—簧片　2—螺钉　3—下模座　4—凹模　5—螺钉　6—承导料　7—导料板　8—始用挡料销　9、26—导柱　10、25—导套　11—挡料钉　12—卸料板　13—上模座　14—凸模固定板　15—落料凸模　16—冲孔凸模　17—垫板　18—圆柱销　19—导正销　20—模柄　21—防转销　22—内六角螺钉　23—圆柱销　24—螺钉

表 2-23　　零件明细表

序号	名称	数量	材料	热处理	标准件代号	备注	页次
1	簧片	1	65Mn				
2	螺钉	1	45	40～45HRC			
3	下模座	1	HT200				
4	凹模	1	T10A	58～62HRC			
5	螺钉	4	45	40～45HRC			
6	承导料	1	45				
7	导料板	2	45	40～45HRC			
8	始用挡料销	1	45				
9	导柱	2	20	渗碳 56～60HRC			
10	导套	2	20	渗碳 58～62HRC			
11	挡料钉	1	45				
12	卸料板	1	Q235(A3)				
13	上模座	1	HT200				
14	凸模固定板	1	45				
15	落料凸模	1	T8A	56～60HRC			
16	冲孔凸模	1	T8A	56～60HRC			
17	垫板	1	45	40～45HRC			
18	定位销	1	45	40～45HRC			
19	导正销	1	45	40～45HRC			
20	模柄	1	Q235(A5)				
21	防转销	1	45	40～45HRC			
22	内六角螺钉 M12×70	10	45	40～45HRC			
23	圆柱销 12n6×100	6	45	40～45HRC			
24	内六角螺钉 M12×70	1	45	40～45HRC			

五、托板冲裁模具非标准零件的设计

本任务只设计落料凸模、凹模、凸模固定板和卸料板四个零件，其余零件的设计过程略，零件图见图 2-71 至图 2-74。

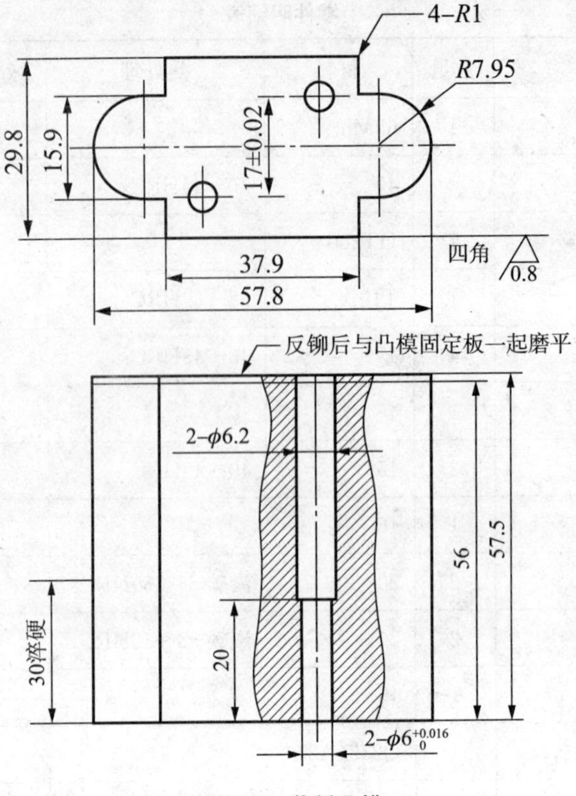

图 2-71　落料凸模

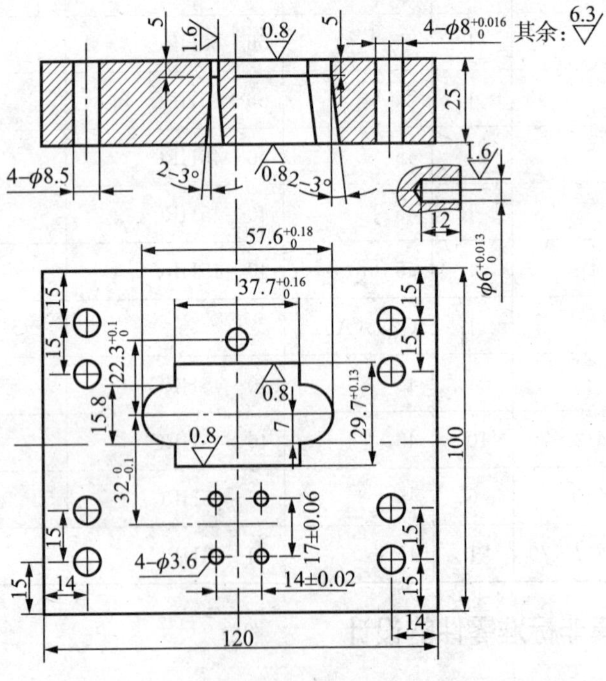

图 2-72　落料凹模

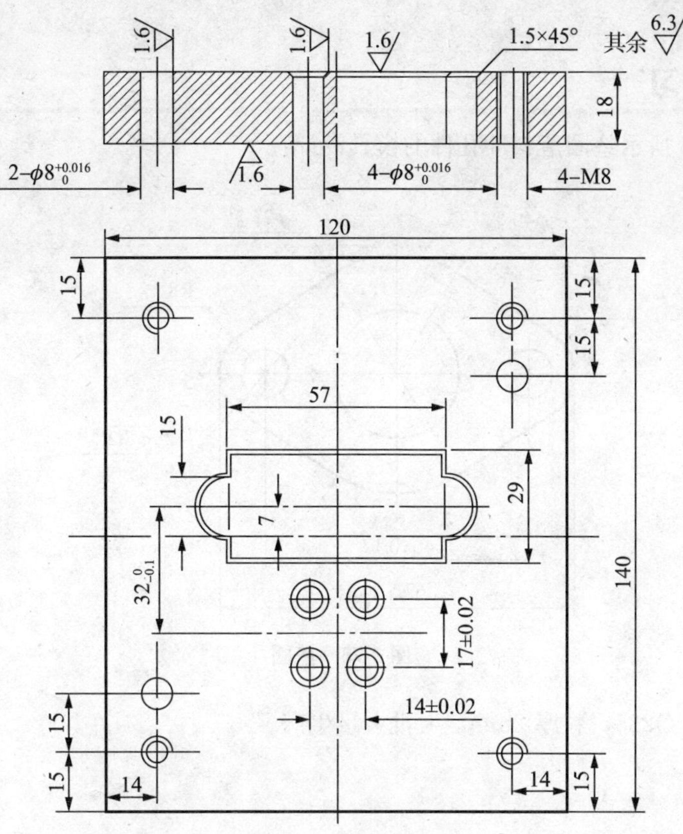

图 2-73　凸模固定板

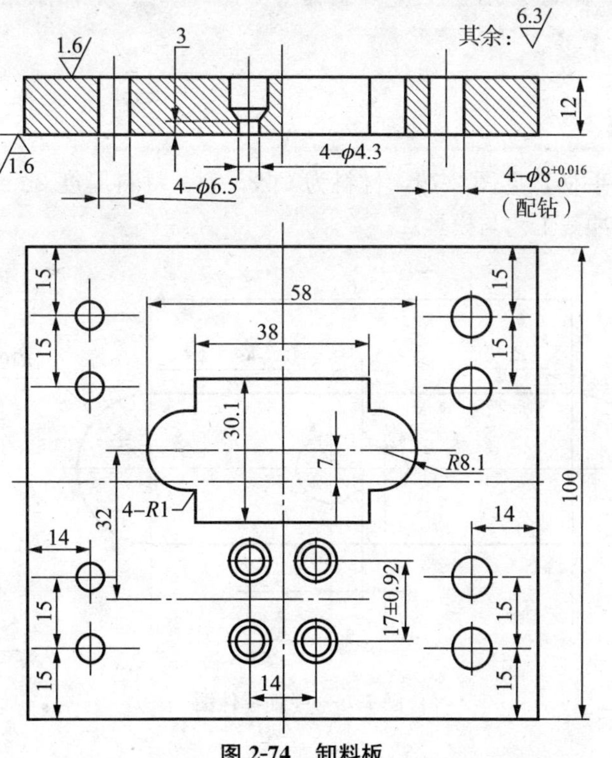

图 2-74　卸料板

综合练习

完成图 2-75 所示垫圈落料冲孔件的模具设计：

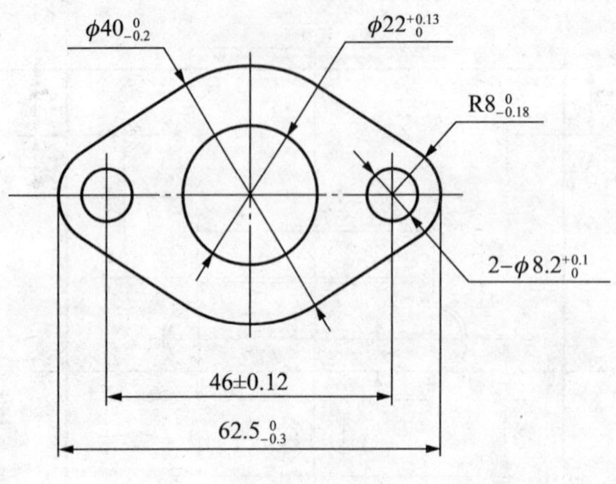

图 2-75　垫圈

已知：材料 Q235，料厚 2mm，大批大量生产。

任务三　手柄冲裁工艺与模具设计

任务介绍

有一仪表零件手柄，见图 2-76，材料为 Q235 钢，材料厚度 2mm，生产批量为大批量，设计该零件的冲裁工艺与模具。

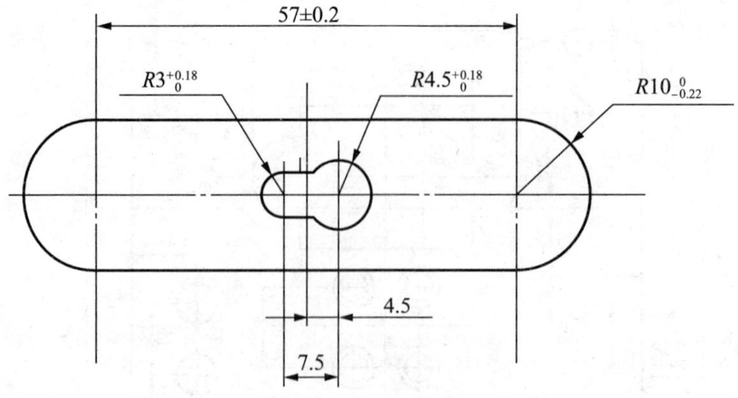

图 2-76　手柄零件图

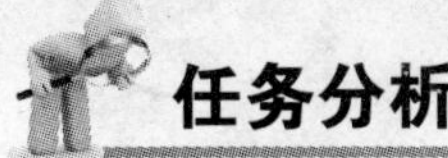

任务分析

手柄为仪表零件，由 Q235 材料制造，厚度为 2mm，中有一异形孔起安装作用，零件受力不大，生产批量大。根据其特征，手柄可以冲裁成形。

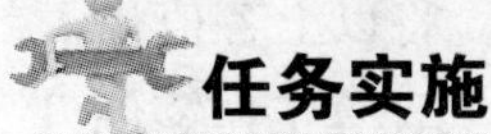

任务实施

一、手柄冲裁工艺设计

1. 工艺分析

（1）材料分析。

Q235 为普通碳素结构钢，具有较好的冲裁成形性能。

（2）结构分析。

零件结构简单对称，无尖角，对冲裁加工较为有利。零件中部有一异形孔，孔的最小尺寸为 6mm，满足冲裁最小孔径的要求。另外，经计算异形孔的最小孔边距为 5.5mm，满足冲裁件最小孔边距的要求。所以，该零件的结构满足冲裁的要求。

（3）精度分析。

零件上有 4 个尺寸标注了公差要求，由公差表查得其公差要求都属 IT13，所以普通冲裁可以达到零件的精度要求。对于未注公差尺寸按 IT14 精度等级查补。

由以上分析可知，该零件可以用普通冲裁的加工方法制得。

2. 工艺方案

手柄为一落料冲孔件，可提出的加工方案如下：

方案一：先落料，后冲孔。采用两套单工序模生产。

方案二：落料—冲孔复合冲压，采用复合模生产。

方案三：冲孔—落料连续冲压，采用级进模生产。

方案一模具结构简单，但需两道工序、两副模具，生产效率低，零件精度较差，在生产批量较大的情况下不适用。方案二只需一副模具，冲压件的形位精度和尺寸精度易保证，且生产效率高。尽管模具结构较方案一复杂，但由于零件的几何形状较简单，模具制造并不困难。方案三也只需一副模具，生产效率也很高，但与方案二比生产的零件精度稍差。欲保证冲压件的形位精度，需在模具上设置导正销导正，模具制造、装配较复合模略复杂。

所以，比较三个方案采用方案二生产更合适。现对复合模中凸凹模的壁厚进行校核，当材料厚度为 2mm 时，可查得凸凹模最小壁厚为 4.9mm，现零件上的最小孔边距为 5.5mm，所以可以采用复合模生产，即采用方案二。

二、手柄冲裁模具设计工艺计算

1. 刃口尺寸计算

根据零件形状特点，刃口尺寸计算采用分开制造法。

（1）落料件尺寸的基本计算公式为：

$$D_A=(D_{max}-X\Delta)^{+\delta_A}_{0}$$

$$D_T=(D_A-Z_{min})^{0}_{-\delta_T}=(D_{max}-X\Delta-Z_{min})^{0}_{-\delta_T}$$

根据尺寸 $R10^{0}_{-0.22}$mm，可查得凸、凹模最小间隙 $Z_{min}=0.246$mm，最大间隙 $Z_{max}=0.360$mm，凸模制造公差 $\delta_T=0.02$mm，凹模制造公差 $\delta_A=0.03$mm。将以上各值代入 $\delta_T+\delta_A\leqslant Z_{max}-Z_{min}$ 校验是否成立，经校验，不等式成立，所以可按上式计算工作零件刃口尺寸。

即

$$D_{A1}=(10-0.75\times0.22)^{+0.03}_{0}\text{mm}=9.835^{+0.030}_{0}\text{mm}$$

$$D_{T1}=(9.835-0.246)^{0}_{-0.02}\text{mm}=9.712^{0}_{-0.020}\text{mm}$$

（2）冲孔的基本公式为：

$$d_T=(d_{min}+X\Delta)^{0}_{-\delta_T}$$

$$d_A=(d_{min}+X\Delta+Z_{min})^{+\delta_A}_{0}$$

1）根据尺寸 $R4.5^{+0.18}_{0}$mm，查得其凸模制造公差 $\delta_T=0.02$mm，凹模制造公差 $\delta_A=0.02$mm。经验算，满足不等式 $\delta_T+\delta_A\leqslant Z_{max}-Z_{min}$，因该尺寸为单边磨损尺寸，所以计算时冲裁间隙减半，得：

$$d_{T1}=(4.5+0.75\times0.18)^{0}_{-0.02}\text{mm}=4.65^{0}_{-0.02}\text{mm}$$

$$d_{A1}=(4.65+0.246/2)^{+0.02}_{0}\text{mm}=4.76^{+0.02}_{0}\text{mm}$$

2）尺寸 $R3^{+0.18}_{0}$ mm，查得其凸模制造公差 $\delta_T=0.02$mm，凹模制造公差 $\delta_A=0.02$mm。经验算，满足不等式 $\delta_T+\delta_A\leqslant Z_{max}-Z_{min}$，因该尺寸为单边磨损尺寸，所以计算时冲裁间隙减半，得：

$$d_{T1}=(3+0.75\times0.18)^{0}_{-0.02}\text{mm}=3.14^{0}_{-0.02}\text{mm}$$

$$d_{A1}=(3.14+0.246/2)^{+0.02}_{0}\text{mm}=3.26^{+0.02}_{0}\text{mm}$$

（3）中心距：

1）尺寸 57±0.2mm 的计算：

$$L=(57\pm0.2/4)\text{mm}=57\pm0.05\text{mm}$$

2）尺寸 7.5±0.12mm 的计算：

$$L=(7.5\pm0.12/4)\text{mm}=7.5\pm0.03\text{mm}$$

3）尺寸 4.5±0.12mm 的计算：

$$L=(4.5\pm0.12/4)\text{mm}=4.5\pm0.03\text{mm}$$

2. 排样计算

分析零件形状，应采用单直排的排样方式，零件可能的排样方式有图 2-77 所示两种。

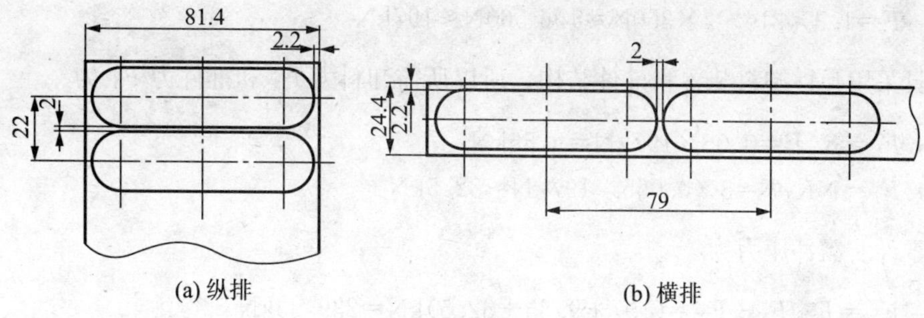

图 2-77 手柄排样方案

比较方案 a 和方案 b，方案 b 所裁条料宽度过窄，剪板时容易造成条料的变形和卷曲，所以应采用方案 a。现选用 1 500mm×1 000mm 的钢板，则需计算采用不同的裁剪方式时，每张板料能出的零件总个数。

(1) 裁成宽 81.4mm、长 1 000mm 的条料，则一张板材能出的零件总个数为：

$$\left[\frac{1\,500}{81.4}\right]\times\left[\frac{1\,000}{22}\right]=18\times45=810$$

(2) 裁成宽 81.4mm、长 1 500mm 的条料，则一张板材能出的零件总个数为：

$$\left[\frac{1\,000}{81.4}\right]\times\left[\frac{1\,500}{22}\right]=12\times68=816$$

比较以上两种裁剪方法，应采用第 2 种裁剪方式，即裁为宽 81.4mm、长 1 500mm 的条料。其具体排样图如图 2-78 所示。

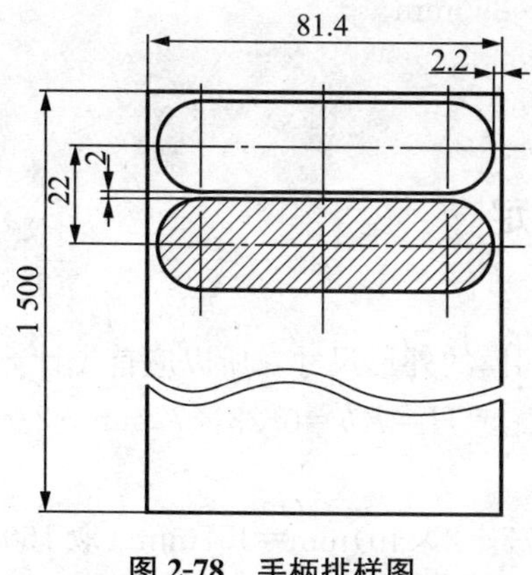

图 2-78 手柄排样图

3. 冲压力计算

冲裁力的基本计算公式为：

$$F=KLT\tau$$

零件的周长为 216mm，材料厚度为 2mm，Q235 钢的抗剪强度取 350MPa，则冲裁该零件所需冲裁力为

$$F=1.3\times216\times2\times350\text{N}=196\ 560\text{N}\approx197\text{kN}$$

模具采用弹性卸料装置和推件结构，所以所需卸料力 F_X 和推件力 F_T 为

$$F_X=K_XF=0.05\times197\text{kN}=9.85\text{kN}$$

$$F_T=NK_TF=3\times0.055\times197\text{kN}\approx32.5\text{kN}$$

则零件所需冲压力为

$$F_{总}=F+F_X+F_T=(197+9.85+32.5)\text{kN}=239.35\text{kN}$$

初选设备为开式压力机 J23－35。

4. 压力中心计算

零件外形为对称件，中间的异形孔虽然左右不对称，但孔的尺寸很小，左右两边圆弧各自的压力中心距零件中心线的距离差距很小，所以该零件的压力中心可近似认为就是零件外形中心线的交点。

5. 冲压设备的选用

根据冲压力的大小，选取开式压力机 JH23－35，其主要技术参数如下：

公称压力：350kN

滑块行程：80mm

最大闭合高度：280mm

闭合高度调节量：60mm

滑块中心线到床身距离：205mm

工作台尺寸：380mm×610mm

工作台孔尺寸：200mm×290mm

模柄孔尺寸：ϕ50mm×70mm

垫板厚度：60mm

三、模具零部件结构的确定

1. 标准模架的选用

标准模架的选用依据为凹模的外形尺寸，所以应首先计算凹模周界的大小。由凹模高度和壁厚的计算公式得凹模高度 $H=Kb=0.28\times77\text{mm}\approx22\text{mm}$，凹模壁厚 $C=(1.5\sim2)H=1.8\times22\text{mm}\approx40\text{mm}$。

所以，凹模的总长 $L=(77+2\times40)\text{mm}=157\text{mm}$（取 160mm），凹模的宽度 $B=(20+2\times40)\text{mm}\approx100\text{mm}$。

模具采用后置导柱模架，根据以上计算结果，可查得模架规格为上模座 160mm×125mm×35mm，下模座 160mm×125mm×40mm，导柱 25mm×150mm，导套 25mm×85mm×33mm。

2. 卸料装置中弹性元件的计算

模具采用弹性卸料装置，弹性元件选用橡胶，其尺寸计算如下：

（1）确定橡胶的自由高度 H_0：

$$H_0=(3.5\sim4)H_{工}$$

$$H_{工}=H_{工作}+H_{修模}=t+1+(5\sim10)=(2+1+7)\text{mm}=10\text{mm}$$

由以上两个公式，取 $H_0=40\text{mm}$。

（2）确定橡胶的横截面积 A：

$$A=F_X/p$$

查得矩形橡胶在预压量为10%～15%时的单位压力为0.6MPa，所以

$$A=\frac{9\ 850\text{N}}{0.6\text{MPa}}\approx16\ 417\text{mm}^2$$

（3）确定橡胶的平面尺寸：

根据零件的形状特点，橡胶垫的外形应为矩形，中间开有矩形孔以避让凸模。结合零件的具体尺寸，橡胶垫中间的避让孔尺寸为82mm×25mm，外形暂定一边长为160mm，则另一边长 b 为

$$b\times160-82\times25=A$$

$$b=\frac{16\ 417+82\times25}{160}\text{mm}\approx115\text{mm}$$

（4）校核橡胶的自由高度 H_0：

为满足橡胶垫的高径比要求，将橡胶垫分割成四块装入模具中，其最大外形尺寸为80mm，所以

$$\frac{H_0}{D}=\frac{40}{80}=0.5$$

橡胶垫的高径比在0.5～1.5之间，所以选用的橡胶垫规格合理。橡胶的装模高度约为0.85×40mm＝34mm。

3. 其他零部件结构

凸模由凸模固定板固定，两者采用过渡配合关系。模柄采用凸缘式模柄，根据设备上模柄孔尺寸，选用规格A50×100的模柄。

四、模具装配图

模具装配图如图2-79所示。

五、模具非标准零件图

模具中上模座、下模座、推件块、凸凹模固定板、卸料板、凸模固定板、垫板、凹模、凸模、凸凹模的零件图如图2-80～图2-89所示。

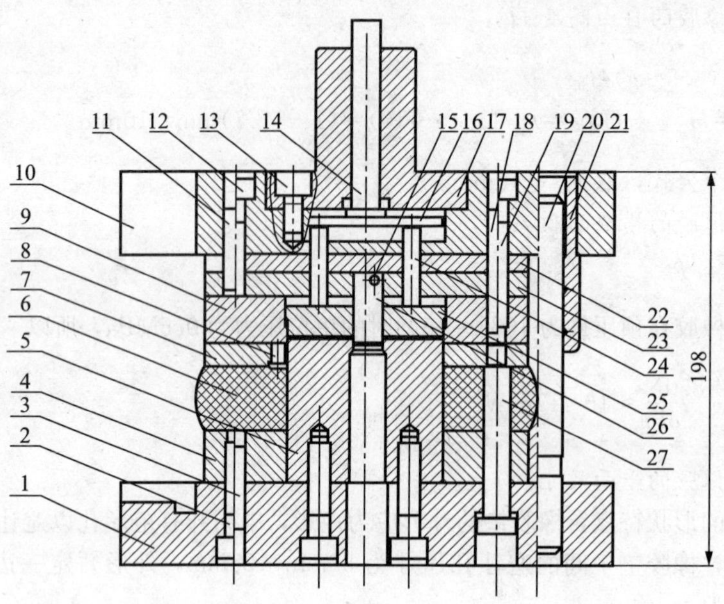

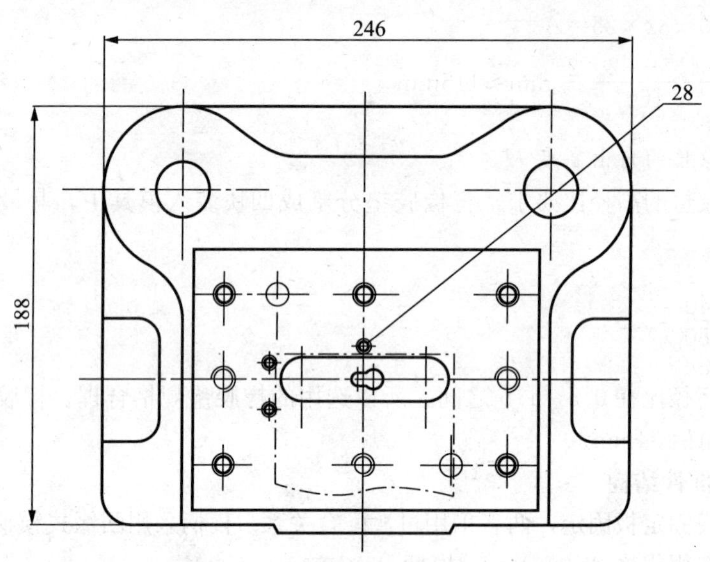

图 2-79　装配图

1—下模座　2、12、13、19—螺钉　3、11、18—销钉
4—凸凹模固定板　5—凸凹模　6—橡胶　7—卸料板
8—导料销　9—凹模　10—上模座　14—打杆　15—横销
16—推板　17—模柄　20—导柱　21—导套　22—垫板
23—凸模固定板　24—推杆　25—推件块　26—凸模
27—卸料螺钉　28—挡料销

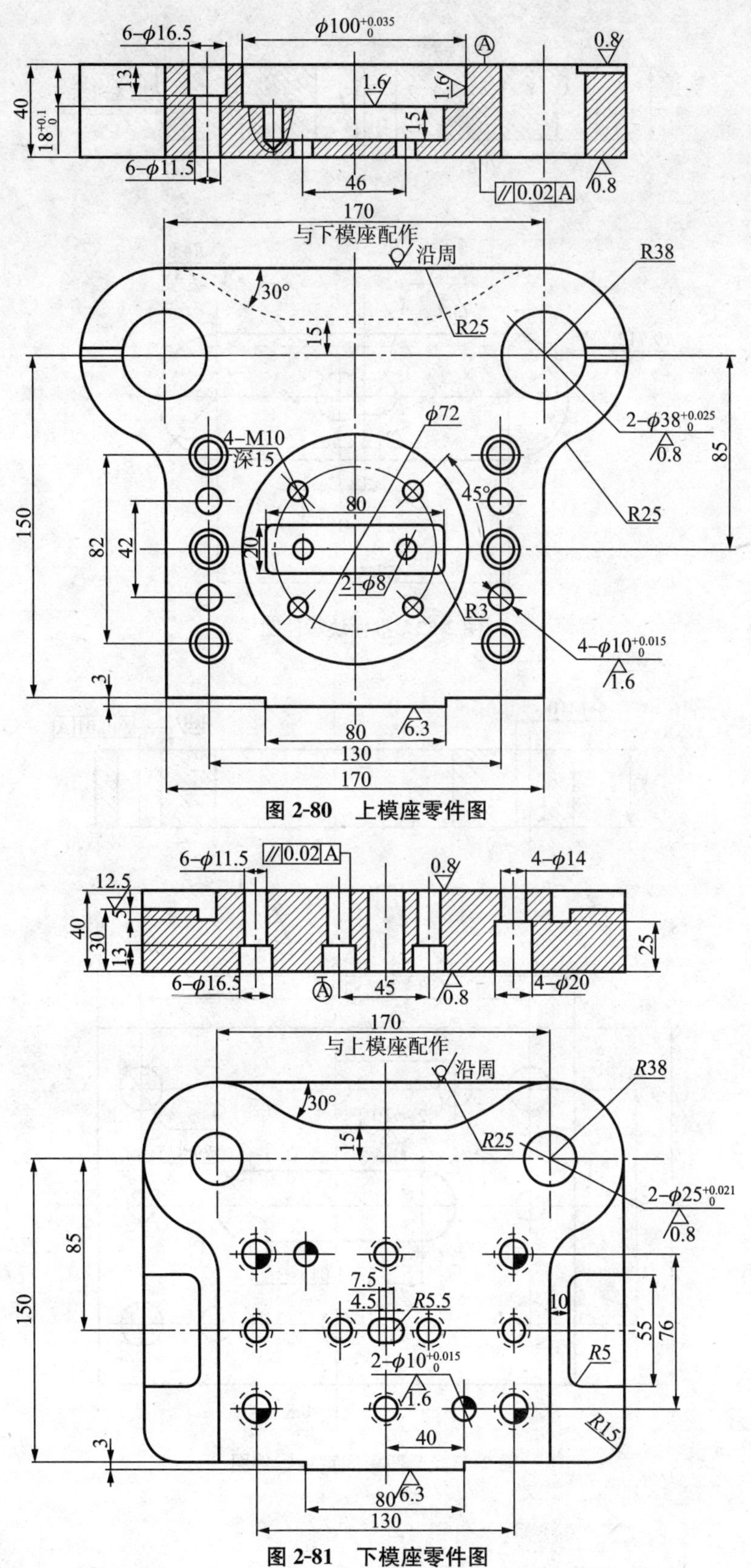

图 2-80　上模座零件图

图 2-81　下模座零件图

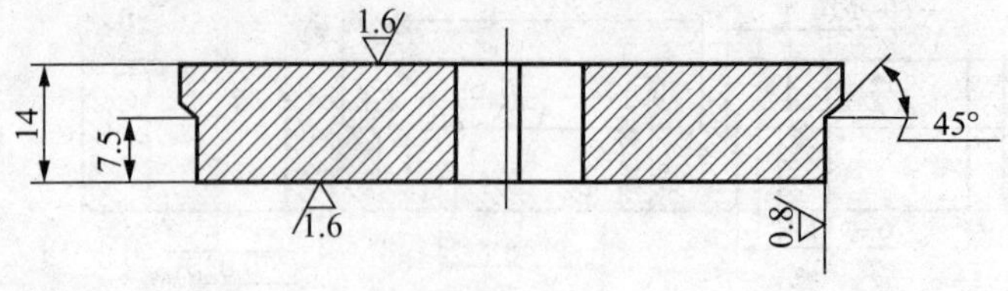

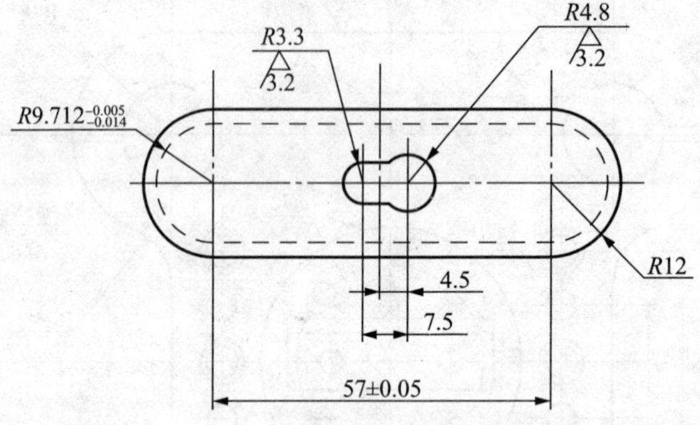

图 2-82　推件块零件图

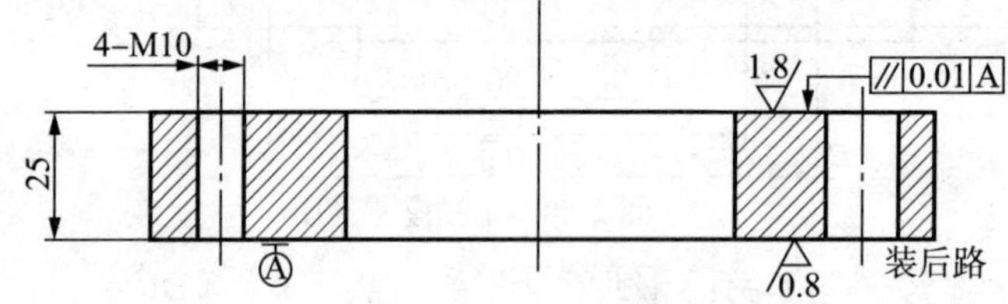

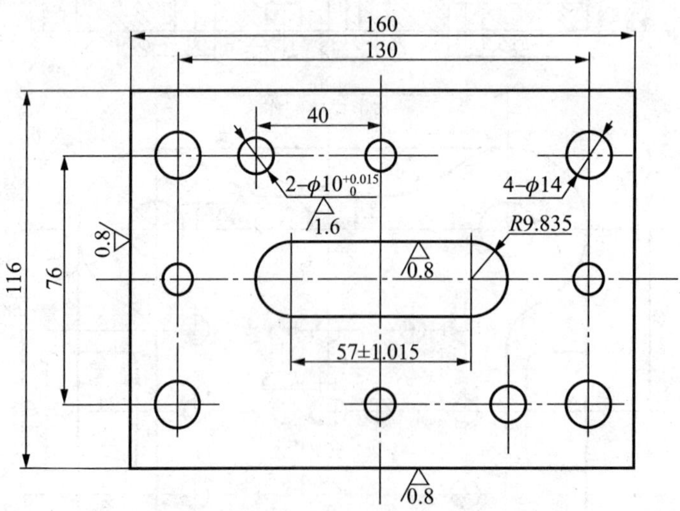

图 2-83　凸凹模固定板零件图

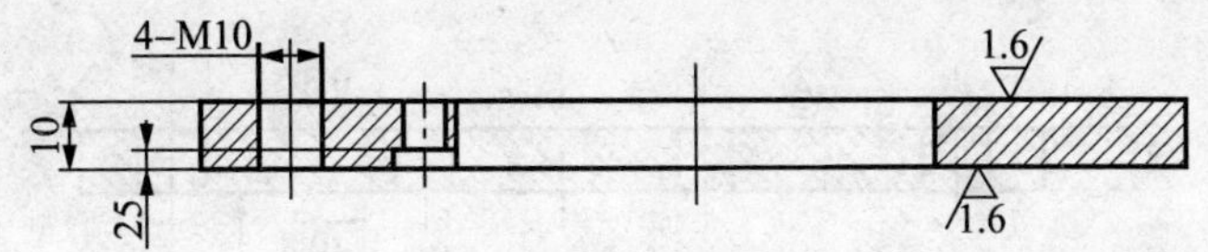

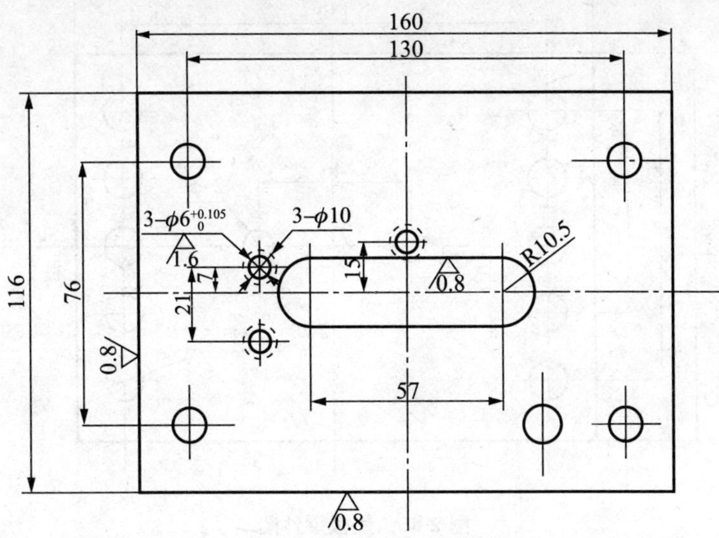

图 2-84　卸料板零件图

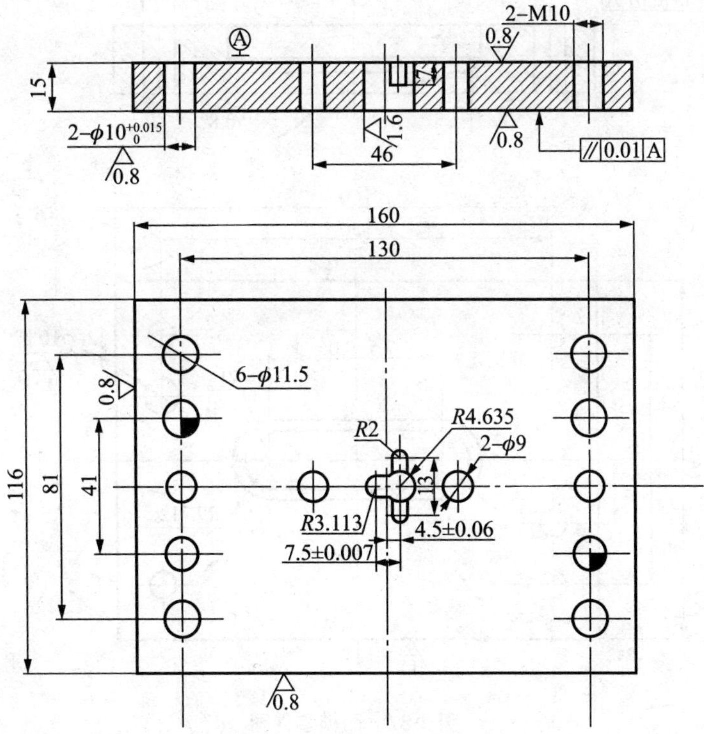

图 2-85　凸模固定板零件图

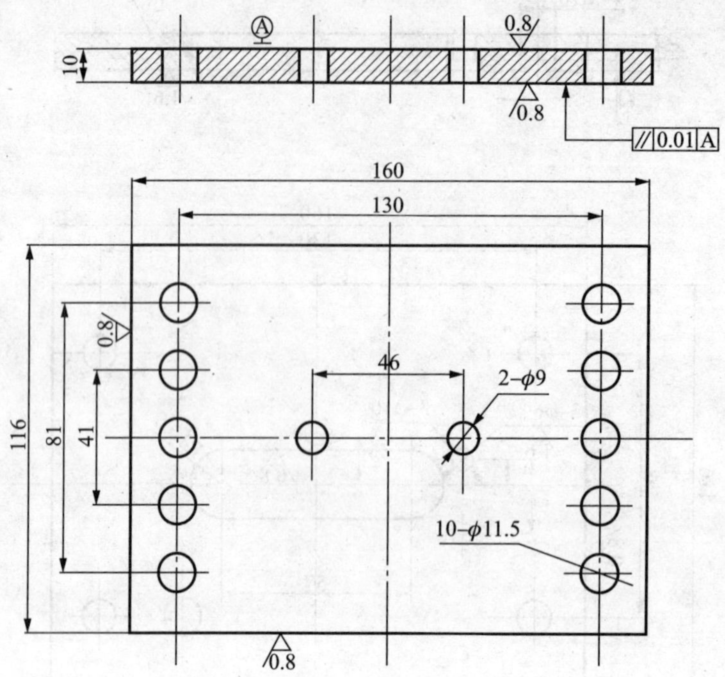

图 2-86　垫板零件图

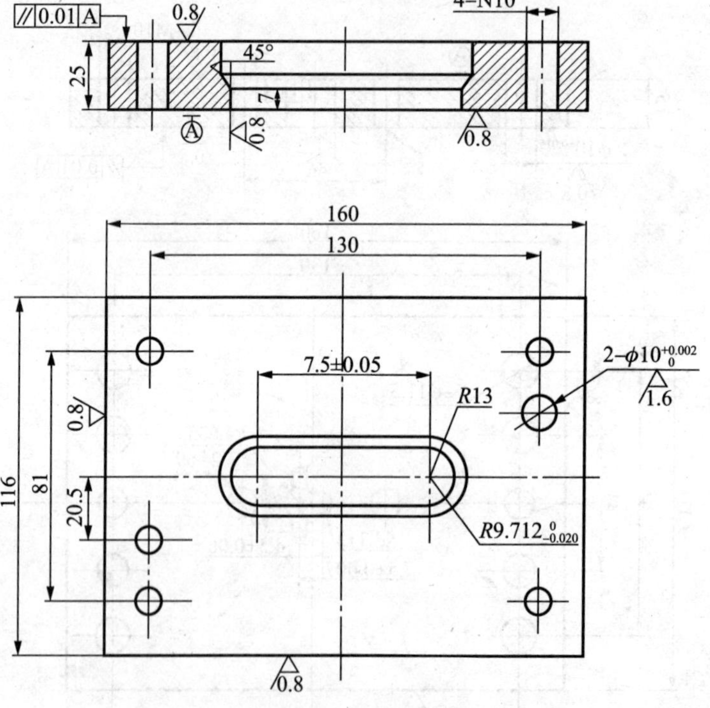

图 2-87　凹模零件图

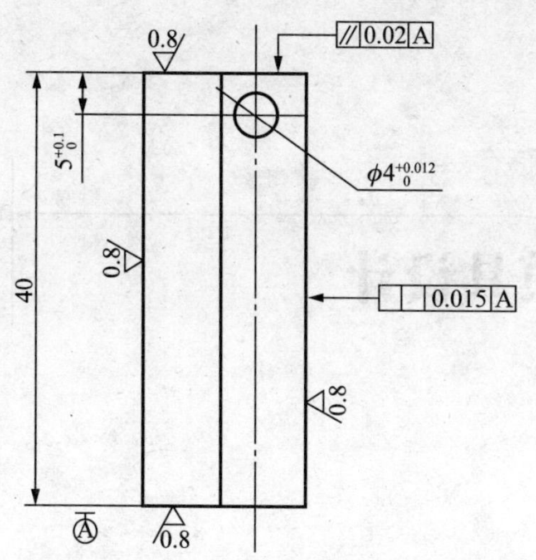

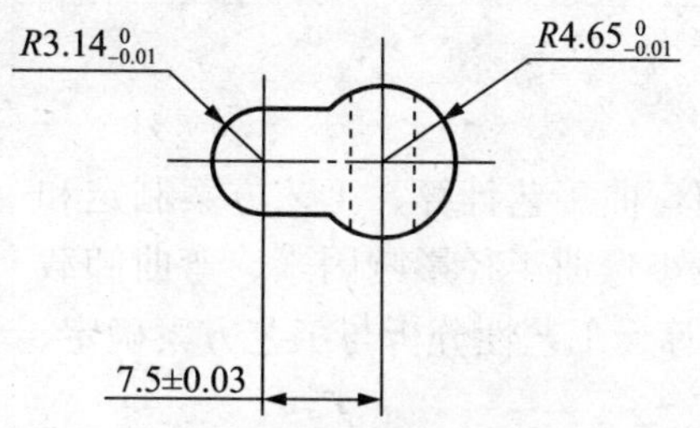

图 2-88　凸模零件图

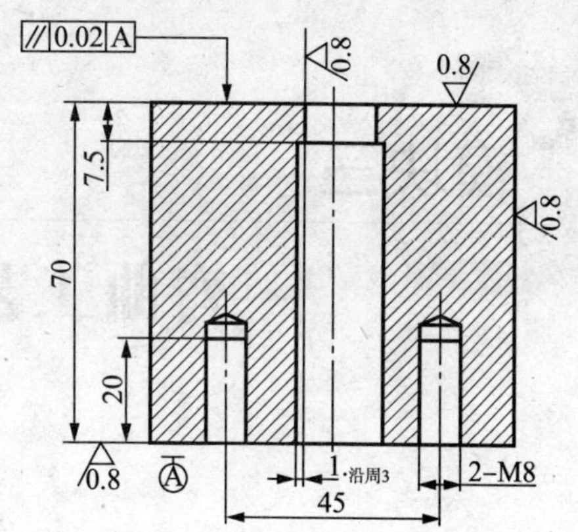

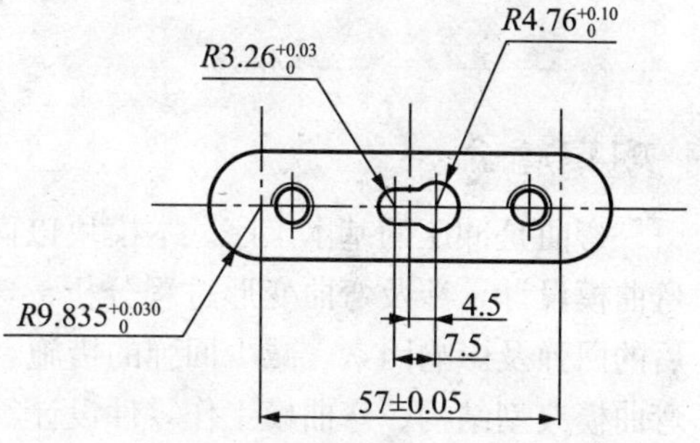

图 2-89　凸凹模零件图

综合练习

电极板冲孔模设计

零件名称：电极板

生产批量：4 000 件/年

材料：紫铜（硬）

料厚：5mm

产品零件图：见图 2-90。

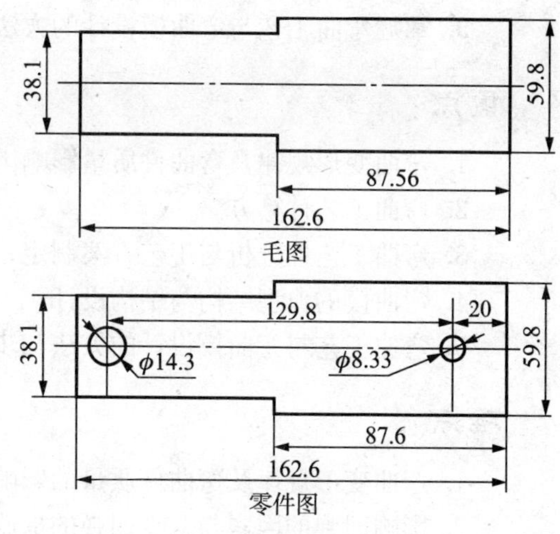

图 2-90　电极板

模块三 弯曲工艺与模具设计

内容简介：

弯曲是冲压的基本工序。本模块以两个任务介绍弯曲工艺计算、工艺方案制定和弯曲模设计，涉及弯曲变形过程分析、弯曲半径及最小弯曲半径影响因素、弯曲卸载后的回弹及影响因素、减少回弹的措施、坯料尺寸计算、工艺性分析与工艺方案确定、弯曲模典型结构、弯曲模工作零件设计等。

学习目的与要求：

1. 了解弯曲变形规律及弯曲件质量的影响因素；
2. 掌握弯曲工艺计算方法；
3. 掌握弯曲工艺性分析与工艺设计方法；
4. 认识弯曲模的典型结构及特点，掌握弯曲模工作零件的设计方法；
5. 掌握弯曲工艺与弯曲模设计的方法和步骤。

重点：

1. 弯曲变形规律及弯曲件质量影响因素；
2. 弯曲工艺计算方法；
3. 弯曲工艺性分析与工艺方案制定；
4. 弯曲模的典型结构与结构设计；
5. 弯曲工艺与弯曲模设计的方法和步骤。

难点：

1. 弯曲变形规律及弯曲件质量的影响因素；
2. 影响回弹的因素与减少回弹的措施；
3. 弯曲工艺计算；
4. 弯曲模的典型结构与弯曲模工作零件的设计。

相关知识

一、弯曲的概念与应用

弯曲是将板料、型材、管材或棒料等按设计要求弯成一定的角度和一定的曲率，形成所需形状零件的冲压工序。它属于成形工序，是冲压基本工序之一，在冲压零件生产中应用较普遍，图 3-1 是用弯曲方法加工的一些典型零件。

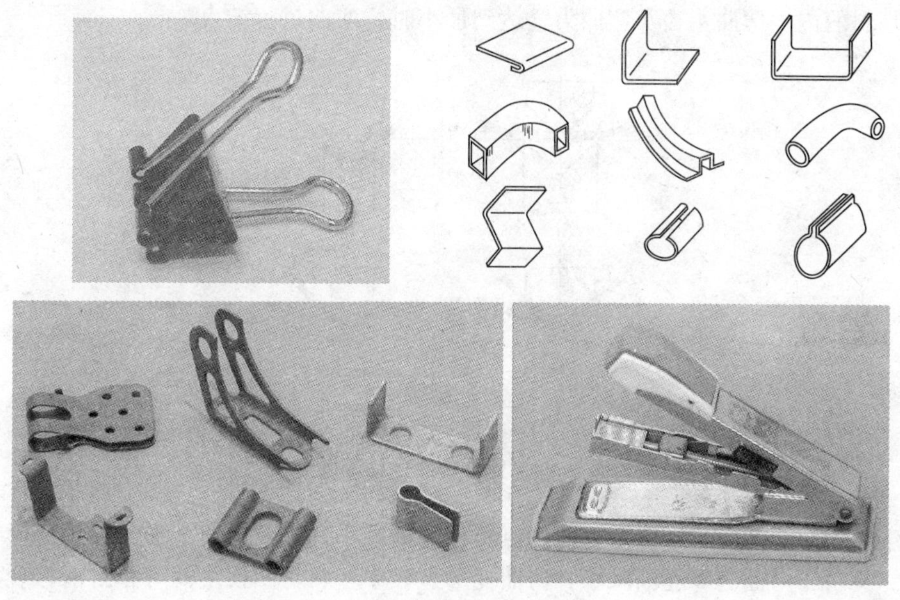

图 3-1　弯曲典型零件

生产过程中常用弯曲方法包括在压力机上用模具弯曲成形，也可以用专用弯曲机进行折弯、滚弯或拉弯，如图 3-2 所示。

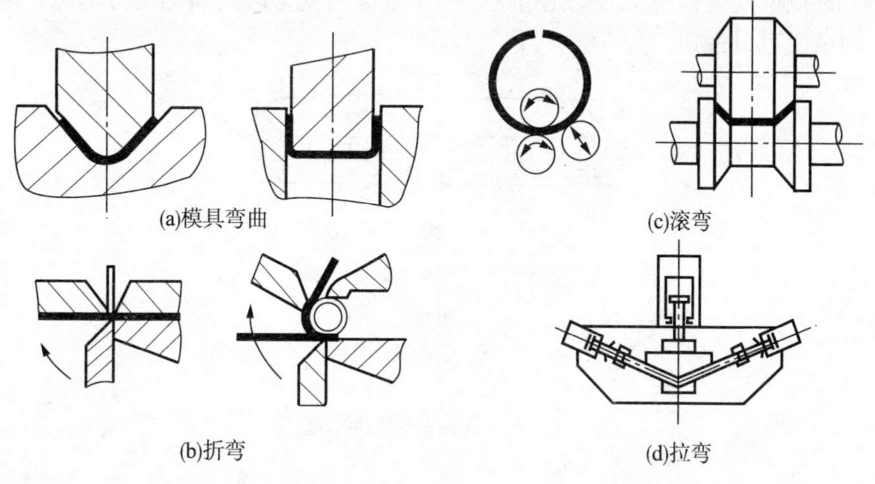

图 3-2　弯曲方法

二、弯曲的变形分析与弯曲件的主要质量问题

1. 弯曲变形过程

V形件的弯曲，是坯料弯曲中最基本的一种，下面以V形件的弯曲为例，介绍其弯曲变形过程。

V形件的弯曲见图3-3，在开始弯曲时，坯料的弯曲内侧半径大于凸模的圆角半径。随着凸模的下压，坯料的直边与凹模V形表面逐渐靠紧，弯曲内侧半径逐渐减小，即$r_0>r_1>r_2>r$，同时弯曲力臂也逐渐减小，即$l_0>l_1>l_2>l_k$。当凸模、坯料与凹模三者完全压合，坯料的内侧弯曲半径及弯曲力臂达到最小时，弯曲过程结束。

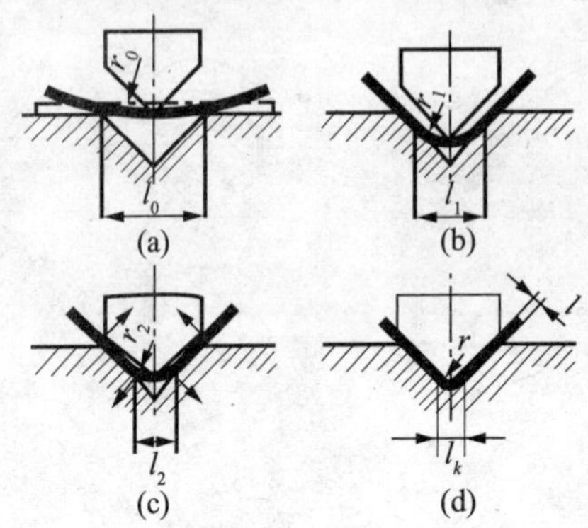

图3-3　V形件弯曲过程示意图

由于坯料在弯曲变形过程中弯曲内侧半径逐渐减小，因此弯曲变形部分的变形程度逐渐增加。又由于弯曲力臂逐渐减小，弯曲变形过程中坯料与凹模之间有相对滑移现象。凸模、坯料与凹模三者完全压合后，如果再增加一定的压力，对弯曲件施压，则称为校正弯曲。没有这一过程的弯曲，称为自由弯曲。

2. 弯曲变形特点分析

在弯曲前的坯料侧面用机械刻线或照相腐蚀的方法画出网格，见图3-4，观察弯曲变形后位于工件侧壁的坐标网格的变化情况，就可以分析变形时坯料的受力情况，从坯料弯曲变形后的情况可以发现：

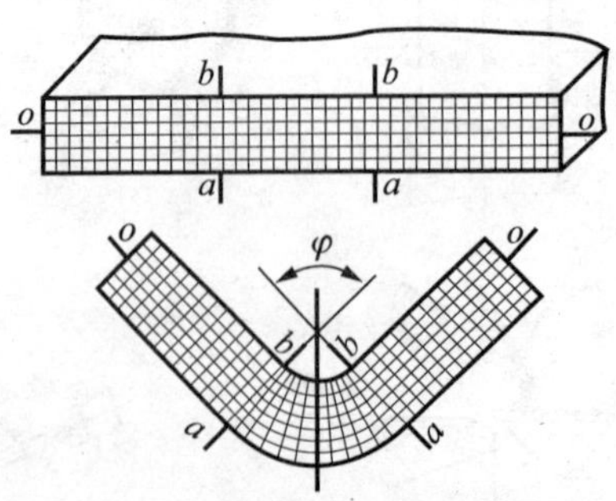

图3-4　坯料弯曲前后的网格变化

(1) 变形区的位置。

弯曲变形主要发生在弯曲带中心角范围内，中心角以外基本上不变形。若弯曲后工件如图 3-5 所示，则反映弯曲变形区的弯曲带中心角为 φ，而弯曲后工件的角度为 α，两者的关系为 $\varphi=180°-\alpha$。

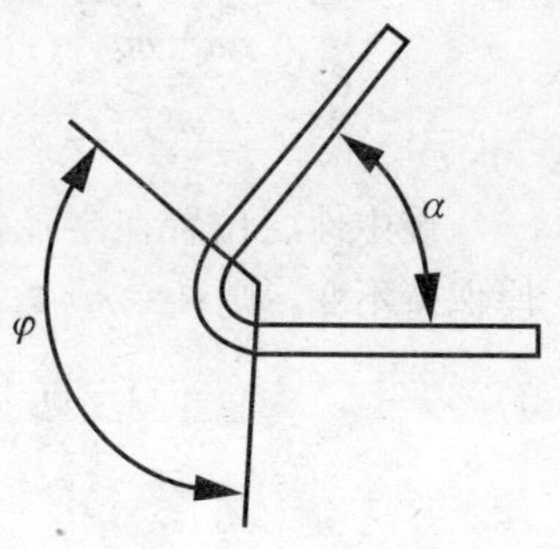

图 3-5　弯曲变形区

(2) 变形区变形的特点。

1）长度方向：网格内正方形变成了扇形，靠近凹模的外侧长度伸长，靠近凸模的内侧长度缩短，说明在长度方向上内侧材料受压，外侧材料受拉。由内外表面到坯料中心，其缩短和伸长的程度逐渐变小。在缩短和伸长的两个变形区之间，必然有一层金属，它的长度在变形前后没有变化，这层金属称为中性层。

2）厚度方向：由于内层长度方向缩短，因此厚度应增加，但由于凸模紧压坯料，厚度方向增加不易。外侧长度伸长，厚度要变薄。因为增厚量小于变薄量，因此材料厚度在弯曲变形区内有变薄现象，从而使在弹性变形时位于坯料厚度中间的中性层发生内移。弯曲变形程度越大，弯曲区变薄越严重，中性层的内移量越大。值得注意的是，弯曲时的厚度变薄不仅会影响零件的质量，而且在多数情况下会导致弯曲区长度的增加。

3）宽度方向：内层材料受压缩，宽度应增加。外层材料受拉伸，宽度要减小。这种变形情况根据坯料的宽度不同分为两种情况：在宽板（坯料宽度与厚度之比 $b/t>3$）弯曲时，材料在宽度方向的变形会受到相邻金属的限制，横断面几乎不变，基本保持为矩形；而在窄板（$b/t\leqslant3$）弯曲时，宽度方向变形几乎不受约束，断面变成了内宽外窄的扇形。图 3-6 所示为两种情况下的断面变化情况。由于窄板弯曲时变形区断面发生畸变，因此当弯曲件的侧面尺寸有一定要求或要和其他零件配合时，需要增加后续辅助工序。对于一般的坯料弯曲来说，大部分属宽板弯曲。

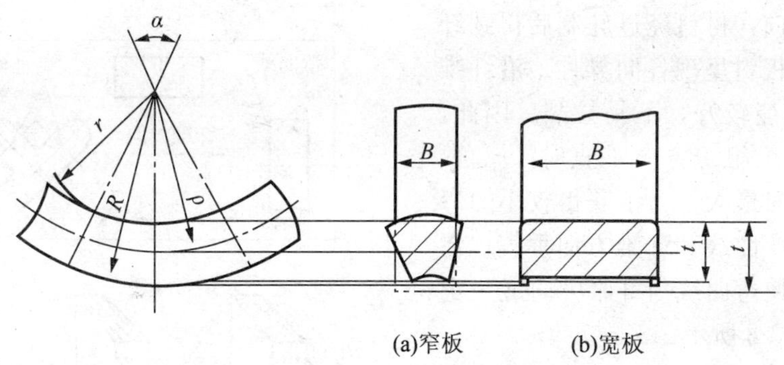

图 3-6　弯曲变形区的横截面变化情况

3. 弯曲件的主要质量问题

(1) 弯裂与最小相对弯曲半径。

1）最小相对弯曲半径。

如图 3-7 所示，设弯曲件中性层的曲率半径为 ρ，弯曲带中心角为 φ，则最外层金属的

伸长率 $\delta_{外}$ 为

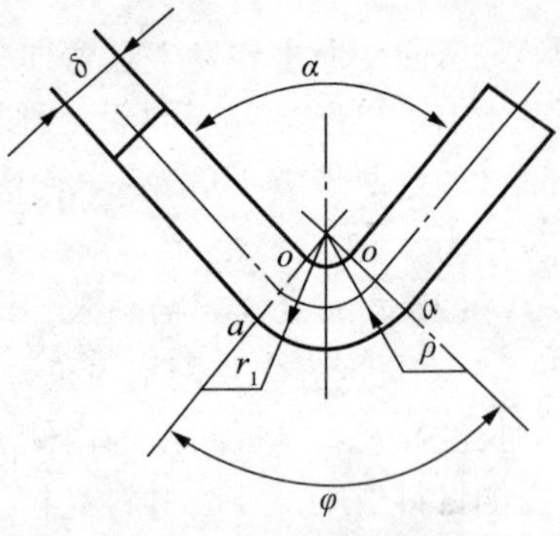

图 3-7　弯曲时的变形情况

$$\delta_{外}=\frac{\overset{\frown}{aa}-\overset{\frown}{oo}}{\overset{\frown}{oo}}=\frac{(r_1-\rho)\varphi}{\rho\varphi}=\frac{r_1-\rho}{\rho}$$

设中性层位置在半径为 $\rho=r+t/2$ 处，且弯曲后料厚保持不变，则 $r_1=r+t$，且有

$$\delta_{外}=\frac{(r+t)-(r+t/2)}{r+t/2}=\frac{t/2}{r+t/2}=\frac{1}{2\frac{r}{t}+1}$$

如将 $\delta_{外}$ 以材料的延伸率[δ]代入上式，则 r/t 转化为 $r_{\min}/t$，且有

$$\frac{r_{\min}}{t}=\frac{1-[t]}{2[t]}$$

从上式可以看出，对于一定厚度的材料，弯曲半径越小，外层材料的伸长率越大。当外边缘材料的伸长率达到并超过材料的延伸率后，就会导致弯裂。在自由弯曲保证坯料最外层纤维不发生破裂的前提下，所能获得的弯曲件内表面最小圆角半径与弯曲材料厚度的比值 $r_{\min}/t$，称为最小相对弯曲半径。

2）最小弯曲半径的影响因素。

①材料的塑性和热处理状态：材料的塑性越好，其伸长率[δ]值越大，由上式可以看出，其最小相对弯曲半径越小。

经退火的坯料塑性好，$r_{\min}$ 可小些。经冷作硬化的坯料塑性降低，$r_{\min}$ 应增大。

②坯料的边缘及表面状态：下料时坯料边缘的冷作硬化、毛刺以及坯料表面带有的划伤等缺陷，弯曲时易受到拉伸应力而破裂，使最小许可相对弯曲半径增大。为了防止弯裂，可将坯料上的大毛刺去除，小毛刺放在弯曲圆角的内侧。

③弯曲方向：材料经过轧制后得到纤维状组织，使板料呈现各向异性。沿纤维方向的力学性能较好，不易拉裂。因此，当弯曲线与纤维组织方向垂直时，$r_{\min}$ 数值最小，平行时最大。为了获得较小的弯曲半径，应使弯曲线和纤维方向垂直；在双弯曲时，应使弯曲线与纤维方向成一定的角度，如图 3-8 所示。

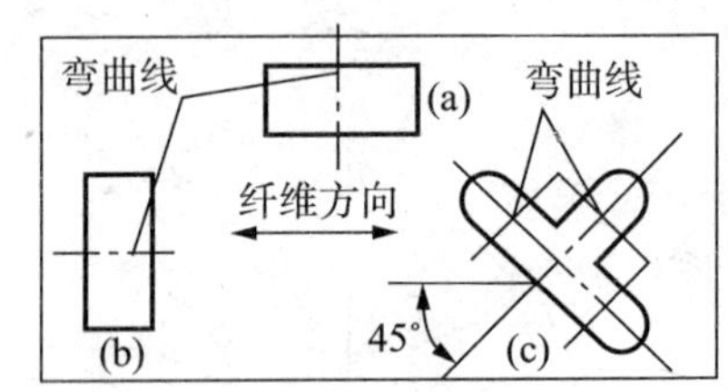

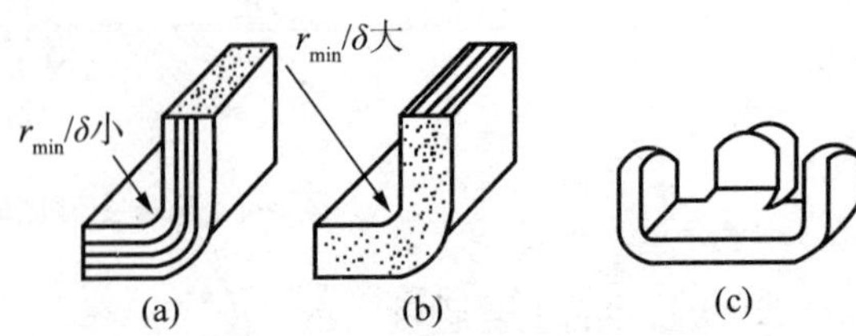

图 3-8　弯曲方向与纤维方向

④弯曲角 α：弯曲角 α 越大，最小弯曲半径 $r_{\min}$ 越小。这是因为在弯曲过程中，坯料的变形并不是仅局限在圆角变形区。由于材料的相互牵连，其变形影响到圆角附近的直边，实际上扩大了弯曲变形区范围，分散了集中在圆角部分的弯曲应变，对圆角外层纤维濒于拉裂的极限状态有所缓解，

使最小相对弯曲半径减小。α 越大，圆角中段变形程度的降低越多，所以许可的最小相对弯曲半径 r_{min} 可以越小。

3）最小弯曲半径的确定。

由于上述各种因素的综合影响十分复杂，所以最小相对弯曲半径的数值一般用试验方法确定，其具体数值可由表查得。

4）防止弯裂的措施。

在一般的情况下，不宜采用最小弯曲半径。当零件的弯曲半径小于查表所得数值时，为提高弯曲极限变形程度，防止弯裂，常采用的措施有退火、加热弯曲、消除冲裁毛刺、两次弯曲（先加大弯曲半径，退火后再按工件要求的小半径弯曲）、校正弯曲以及对较厚材料的开槽弯曲（见图 3-9）等。

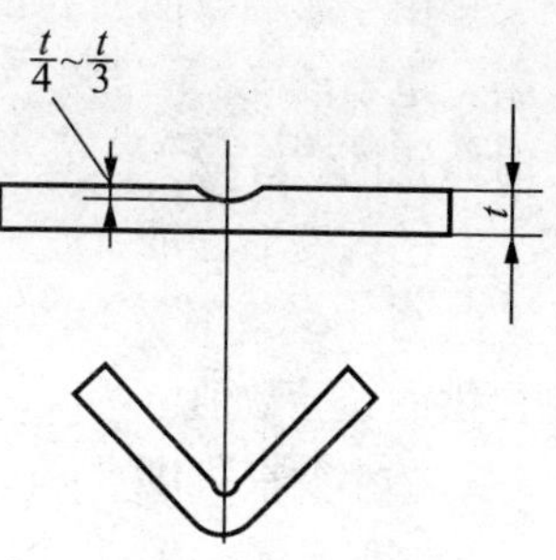

图 3-9　开槽后弯曲

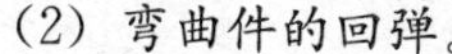
（2）弯曲件的回弹。

在材料弯曲变形结束，零件不受外力作用时，由于弹性恢复，使弯曲件的角度、弯曲件的尺寸形状与模具不一致，这种现象称为回弹，如图 3-10 所示。

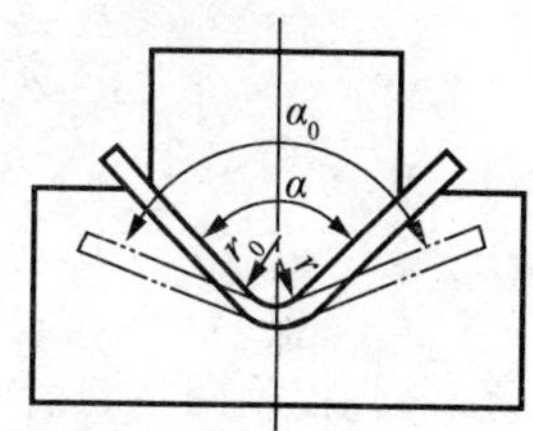

图 3-10　弯曲件的回弹

1）回弹的表现形式。

①弯曲半径增大。

卸载前坯料的内半径 r（与凸模的半径吻合），在卸载后增加到 r_0，其增量为 $\Delta r = r_0 - r$。

②弯曲角增大。

卸载前坯料的弯曲角度为 α（与凸模顶角吻合），卸载后增大到 α_0，其增量为 $\Delta\alpha = \alpha_0 - \alpha$。

2）影响回弹的因素。

①材料的力学性能。

材料的屈服点 σ_s 越大，弹性模量 E 越小，弯曲回弹越大。即 σ_s/E 的比值越大，材料的回弹值也就越大。

②相对弯曲半径。

相对弯曲半径越小，回弹值越小。相对弯曲半径 r/t 越小，则弯曲变形程度越大，其中塑性变形和弹性变形成分也同时增大。但在总变形中，弹性变形所占的比例则相应地变小，因此回弹会较小。

③弯曲件角度 α。

弯曲件角度越小，表示弯曲变形区域越大，回弹的积累越大，回弹角度也越大。

④弯曲方式。

自由弯曲与校正弯曲比较，由于校正弯曲可增加圆角处的塑性变形程度，因而有较小的回弹。

⑤模具间隙。

压制 U 形件时，模具间隙对回弹值有直接影响。间隙大，材料处于松动状态，回弹就大；间隙小材料被挤紧，回弹就小。

⑥零件形状。

零件形状复杂，一次弯曲成形角的数量越多，各部分的回弹相互牵制作用越大，弯曲中拉伸变形的成分越大，回弹就越小。

3）回弹值的大小。

由于影响弯曲回弹的因素很多，而且各因素又相互影响，因此，计算回弹角比较复杂，也不准确。一般生产中是按经验数表或按力学公式计算出回弹值作为参考，再在试模时修正的。

①大变形程度（$r/t<5$）自由弯曲时的回弹。

当$r/t<5$时，弯曲半径的回弹值不大，因此，只考虑角度的回弹，其值可查有关手册提供的经验数值。

②小变形程度（$r/t\geqslant 10$）自由弯曲时的回弹。

当时$r/t\geqslant 10$，因相对弯曲半径变大，零件不仅角度有回弹，弯曲半径也有较大的变化。这时，回弹值可按下式进行计算，然后在生产中再进行修正。

$$r_p=\frac{r}{1+3\frac{\sigma_s}{E}\frac{r}{t}}=\frac{r}{\frac{1}{r}+\frac{3\sigma_s}{Et}}$$

$$\alpha_p=\alpha-(180^\circ-\alpha)\left(\frac{r}{r_p}-1\right)$$

4）控制回弹的措施。

压弯中弯曲件回弹产生误差，很难得到合格的零件尺寸。生产中必须采取措施来控制或减小回弹，控制弯曲件回弹的措施有：

①改进零件的设计。

在变形区压加强肋或压成形边翼，增加弯曲件的刚性和成形边翼的变形程度，可以减小回弹，如图 3-11 所示。

选用弹性模量大、屈服极限小的材料，使坯料容易弯曲到位。

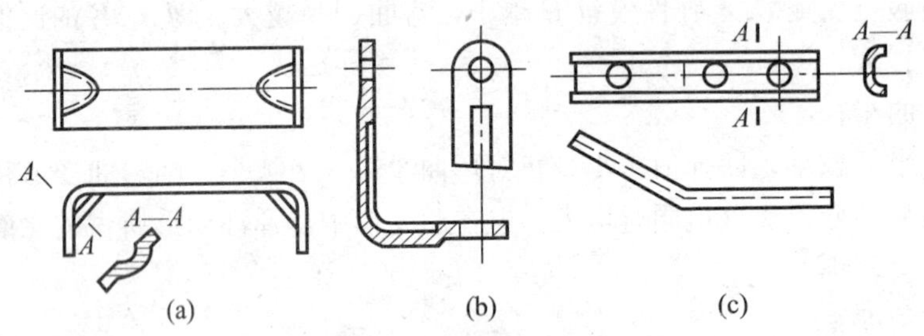

图 3-11　在零件结构上考虑减小回弹

②从工艺上采取措施用校正弯曲代替自由弯曲，对冷作硬化的硬材料须先退火，降低其屈服点σ_s，减小回弹，弯曲后再淬硬。

用拉弯法（见图 3-12）代替一般弯曲方法。采用拉弯工艺的特点是在弯曲的同时使坯料承受一定的拉应力，拉应力的数值应使弯曲变形区内各点的合成应力稍大于材料的屈服点σ_s，使整个断面都处于塑性拉伸变形范围内，内、外区应力、应变方向取得了一致，故可大大减小零件的回弹。这种措施主要用于相对弯曲半径很大的零件的成形。

③从模具结构上采取措施：弯曲 V 形件时，将凸模角度减去一个回弹角；弯曲 U 形

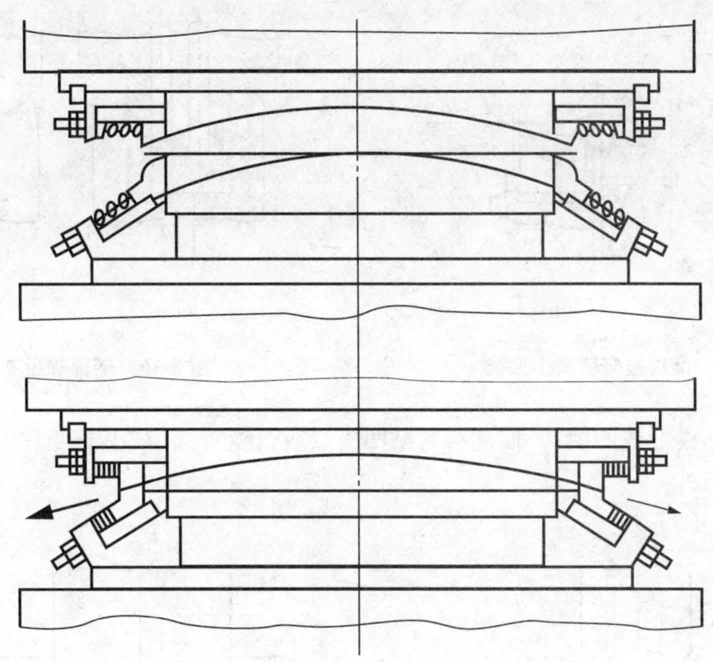

图 3-12　拉弯

件时，将凸模两侧作出等于回弹量的斜角（见图 3-13a），或将凹模底部作成弧形（见图 3-13b），利用底部向下回弹的作用，补偿两直边的向外回弹。

当被压弯的材料厚度大于 0.8mm，且塑性较好时，可将凸模做成如图 3-14 所示的形状，使凸模力集中作用在弯曲变形区，加大变形区的变形程度，改变弯曲变形区外拉内压的应力状态，使其成为三向受压的应力状态，从而减小回弹。

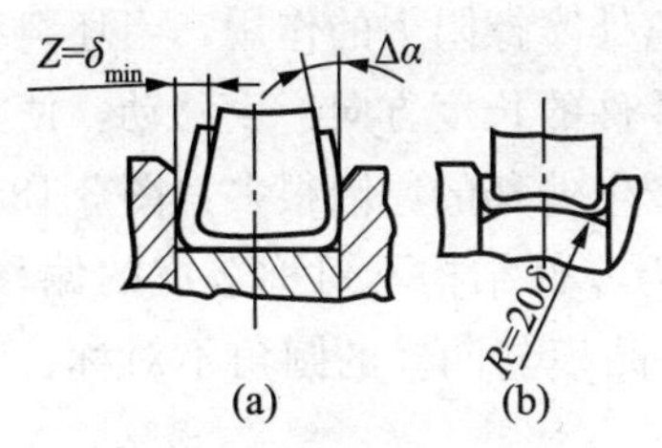

图 3-13　补偿回弹的方法

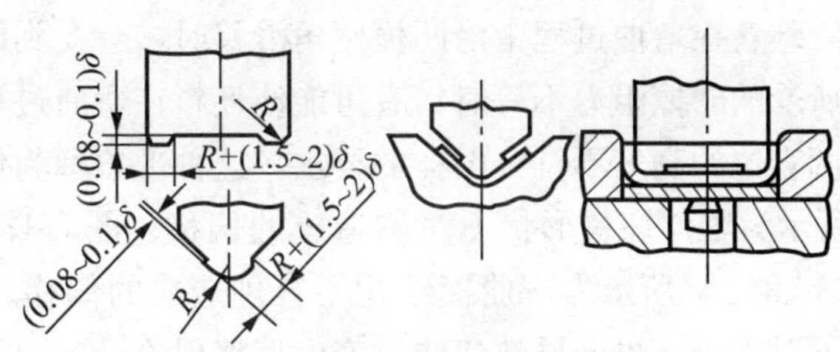

图 3-14　改变凸模形状减小回弹

对于一般材料（如 Q235、Q215、10、20、H62M 等），可增加压料力（见图 3-15a）或减小凸、凹模之间的间隙（见图 3-15b），以增加拉应变，减小回弹。

在弯曲件的端部加压，可以获得精确的弯边高度，并由于改变了变形区的应力状态，使弯曲变形区从内到外都处于压应力状态从而减小了回弹（见图 3-16）。

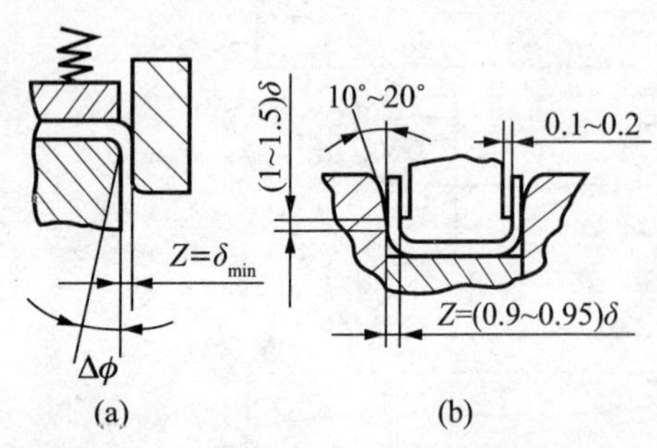

图 3-15　增加拉应变减小回弹

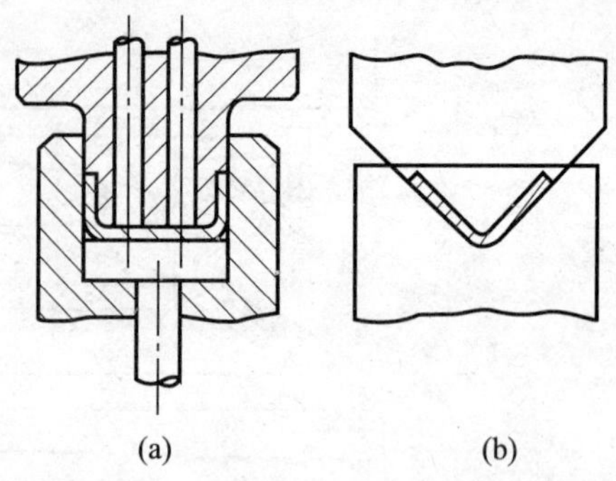

图 3-16　端部加压减小回弹

采用橡胶凸模（或凹模），使坯料紧贴凹模（或凸模），以减小非变形区对回弹的影响（见图 3-17）。

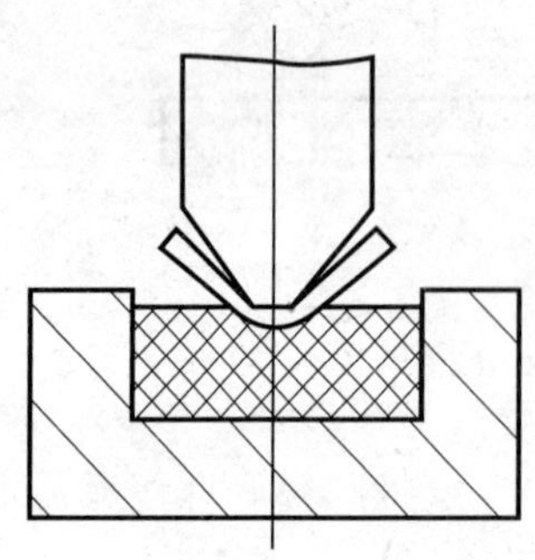

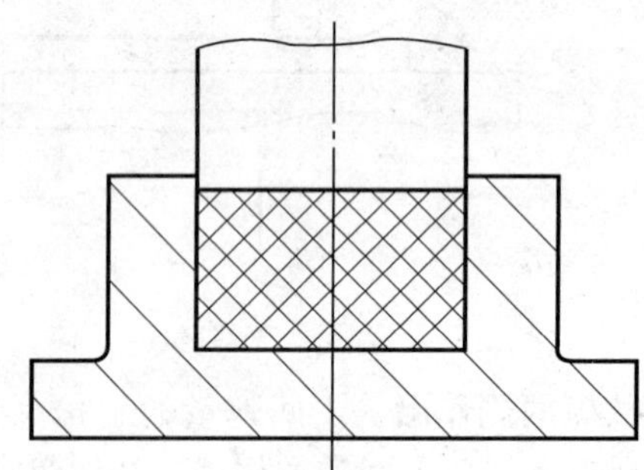

图 3-17　软凹模弯曲

（3）弯曲时的偏移。

1）偏移现象的产生。

坯料在弯曲过程中沿凹模圆角滑移时，会受到凹模圆角处摩擦阻力的作用，当坯料各边所受的摩擦阻力不等时，有可能使坯料在弯曲过程中沿零件的长度方向产生移动，使零件两直边的高度不符合图样的要求，这种现象称为偏移。产生偏移的原因很多：图 3-18a、b 所示为零件坯料形状不对称造成的偏移；图 3-18c 所示为零件结构不对称造成的偏移；图 3-18d、e 所示为弯曲模结构不合理造成的偏移。此外，凸模与凹模的圆角不对称、间隙不对称等，也会导致弯曲时产生偏移现象。

2）克服偏移的措施。

①采用压料装置，使坯料在压紧的状态下逐渐弯曲成形，从而防止坯料的滑动，而且能得到较平整的零件，如图 3-19a、b 所示。

②利用坯料上的孔或先冲出的工艺孔，用定位销插入孔内再弯曲，使坯料无法移动，如图 3-19c 所示。

③将形状不对称的弯曲件组合成对称弯曲件弯曲，然后再切开，使坯料弯曲时受力均匀，不容易产生偏移，如图 3-20 所示。

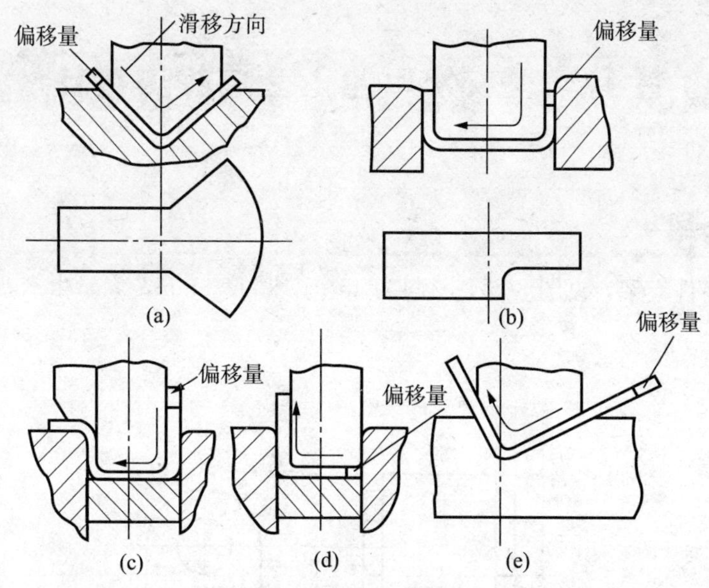

图 3-18　弯曲时的偏移现象

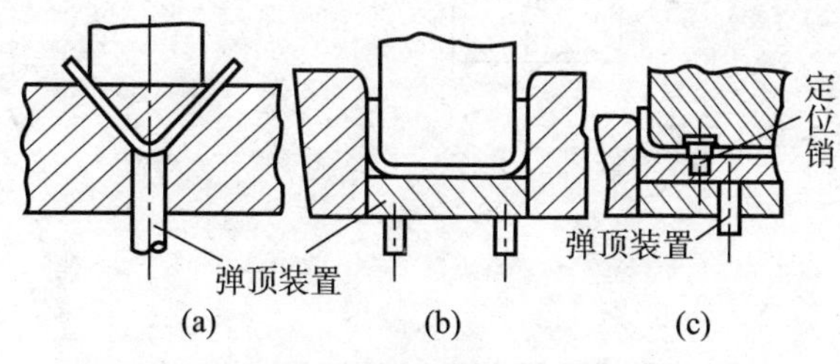

图 3-19　克服偏移的措施（一）

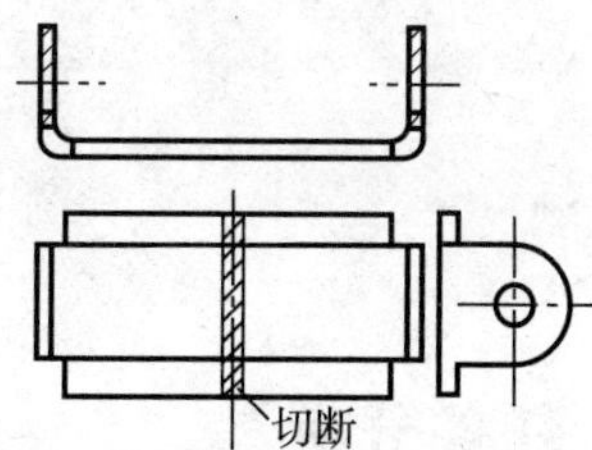

图 3-20　克服偏移的措施（二）

④模具制造准确，间隙调整一致。

（4）弯曲后的翘曲与剖面畸变。

细而长的坯料弯曲件，弯曲后纵向会产生翘曲变形（见图 3-21）。这是因为沿折弯线方向零件的刚度小，塑性弯曲时，外区（a 区）宽度方向的压应变和内区（b 区）的拉应变将得以实现，结果使折弯线翘曲，采用校正弯曲可消除这种现象。当坯料短而粗时，沿零件纵向刚度大，宽向应变被抑制，翘曲则不明显。

弯曲后工件剖面出现的变形现象叫剖面的畸变，对于窄板弯曲如前所述变为扇形；管材弯曲后的剖面畸变如图 3-22 所示。在薄壁管的弯曲中，还会出现内侧面因受压应力的作用而失稳起皱的现象。因此弯曲时管中应加填料或芯棒。

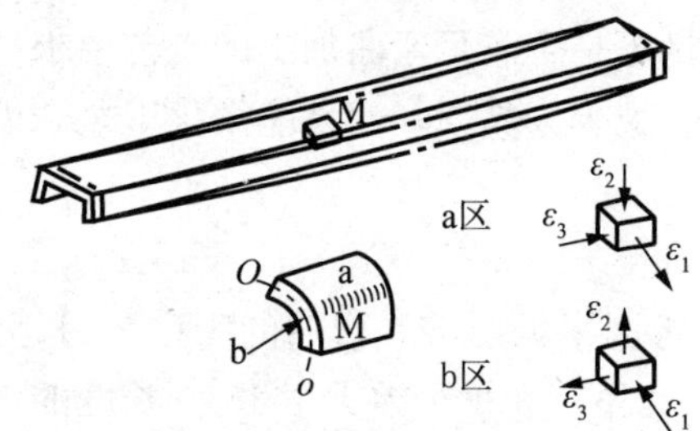

图 3-21　弯曲后的翘曲

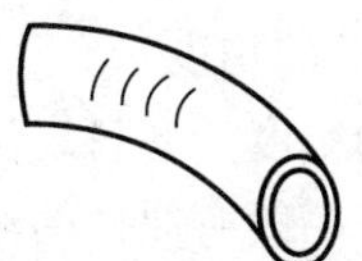

图 3-22　管材弯曲后的剖面畸变

任务一　支架弯曲工艺与模具设计

任务介绍

有一汽车零件支架，见图 3-23，材料为 45 钢，厚度 3mm，大量生产，设计其生产工艺及模具。

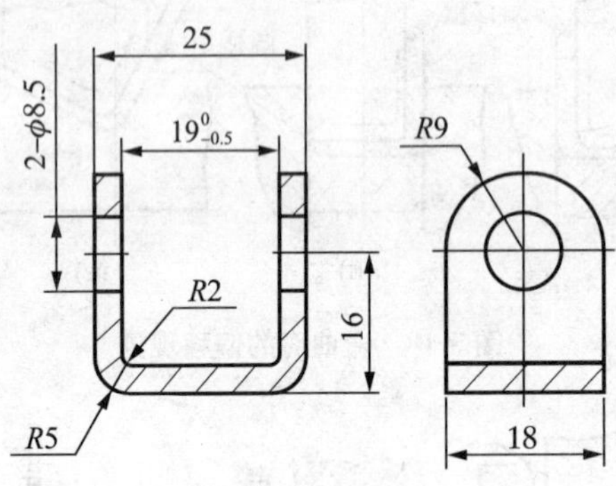

图 3-23　支架

任务分析

根据支架零件图可以看出：支架是一薄板零件，料厚仅 3mm，零件形状为 U 形，侧边与底板垂直，圆弧过渡，适合模具生产。

任务实施

一、支架弯曲工艺设计

1. 弯曲工艺设计知识介绍

弯曲工艺设计包括弯曲件的工艺性分析和弯曲工艺方案的确定两个方面。

（1）弯曲件的工艺性分析。

弯曲件的工艺性是指弯曲件的精度、材料、结构等是否满足弯曲加工的工艺要求。具有良好冲压工艺性的弯曲件，不仅能提高工件质量，减少废品率，而且能简化工艺和模具结构，降低材料消耗。

1）弯曲件的精度。

弯曲件的精度受坯料定位、偏移、翘曲和回弹等因素的影响，弯曲的工序数目越多，精度也越低。一般弯曲件的经济公差等级在 IT13 级以下，角度公差大于 15′。长度的未注公差尺寸的极限偏差见表 3-1，弯曲件角度的自由公差见表 3-2。

表 3-1　　弯曲件未注公差的长度尺寸的极限偏差

长度尺寸 L/mm		3～6	6～18	18～50	50～120	120～260	260～500
材料厚度 t/mm	≤2	±0.3	±0.4	±0.6	±0.8	±1.0	±1.5
	>2−4	±0.4	±0.6	±0.8	±1.2	±1.5	±2.0
	>4	—	±0.8	±1.0	±1.5	±2.0	±2.5

表 3-2　　弯曲件角度的自由公差

L/mm	≤6	>6～10	>10～18
$\Delta\beta$	±3°	±2.5°	±2°
L/mm	>18～30	>30～50	>50～80°
$\Delta\beta$	±1.5°	±1.25°	±1°

2）弯曲件的材料。

弯曲件的材料具有足够的塑性，屈强比小，屈服点与弹性模量的比值小，则有利于弯曲成形和工件质量的提高。如软钢、黄铜和铝等材料的弯曲成形性能好。而脆性较大的材料，如磷青铜、铍青铜、弹簧等，则最小相对弯曲半径大，回弹大，不利于成形。

3）弯曲件的结构。

弯曲件的结构，应具有良好的弯曲工艺性，这样可简化工艺过程，提高弯曲件尺寸精度。弯曲件的结构工艺性分析是根据弯曲过程的变形规律，并总结弯曲件实际生产经验提出的。通常结构上主要考虑如下几个方面：

①弯曲件的弯曲半径。

弯曲件的弯曲半径不宜过大和过小。过大因受回弹的影响，弯曲件的精度不易保证；过小时会产生拉裂，弯曲半径应大于表 3-3 所列的许可最小相对弯曲半径。否则应选用多次弯曲，并在两次弯曲之间增加中间退火工序。对厚度较厚的弯曲件可在弯曲角内侧开槽后再进行弯曲（见图 3-10）。

表 3-3　　最小相对弯曲半径 r_{min}

材料		压弯线与轧制纹向垂直	压弯线与轧制纹向平行
08F、08Al		0.2t	0.4t
10、15、Q195		0.5t	0.8t
20、Q215A、Q235A、09MnREL		0.8t	1.2t
20、30、35、40、Q255A、10Ti、13MnTi、16MnL		1.3t	1.7t
65Mn	T	2.0t	4.0t
	Y	3.0t	6.0t
1Cr18Ni9	I	0.5t	2.0t
	BI	0.3t	0.5t
	R	0.1t	0.2t
1050A、1035	Y	0.7t	1.5t
	M	0.1t	0.2t
7A04	CSY	2.0t	3.0t
	M	1.0t	1.5t
5A05、5A06、3A21	Y	2.5t	4.0t
	M	0.2t	0.3t
2A12	CZ	2.0t	3.0t
	M	0.3t	0.4t

②弯曲件形状与尺寸的对称性。

弯曲件的形状与尺寸应尽可能对称、高度也不应相差太大。当冲压不对称的弯曲件时，因受力不均匀，毛坯容易偏移（见图 3-24），尺寸不易保证。为防止毛坯的偏移，在设计模具结构时应考虑增设压料板，或增加工艺孔定位。

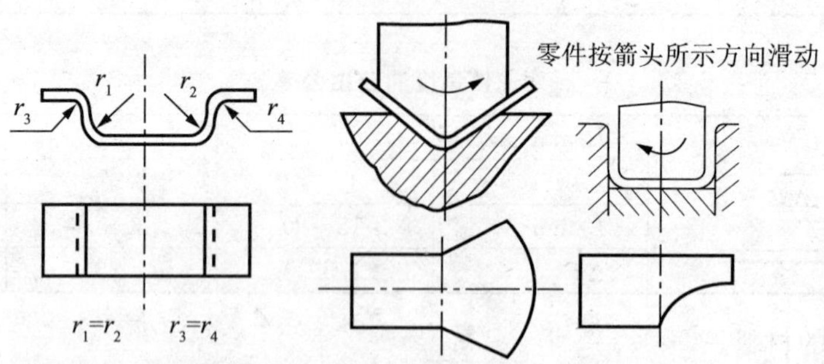

图 3-24 弯曲件形状对弯曲过程的影响

弯曲件形状应力求简单，边缘有缺口的弯曲件，若在毛坯上先将缺口冲出，弯曲时会出现叉口现象，严重时难以成形。这时必须在缺口处留有连接带，弯曲后再将连接带切除（见图 3-25）。

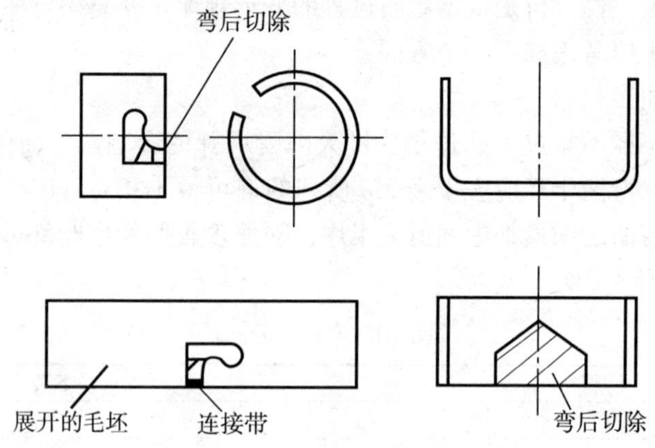

图 3-25 弯曲件边缘缺口对弯曲过程的影响

③弯曲件直边高度对弯曲的影响（见图 3-26）。

保证弯曲件直边平直的直边高度 h 不应小于 $2t$（见图 3-26a），否则需先压槽或加高直边，弯曲后切掉（见图 3-26b）。如果所弯直边带有斜线，且斜线达到变形区会造成开裂，则应改变零件的形状（见图 3-26c、d）。

④弯曲件孔边距离。

带孔的板料在弯曲时，如果孔位于弯曲变形区内，则孔的形状会发生畸变。因此，孔边到弯曲半径 r 中心的距离（见图 3-27）要满足以下关系：

当 $t<2\text{mm}$ 时，$L\geqslant t$；$t\geqslant 2\text{mm}$ 时，$L\geqslant 2t$。

⑤弯曲件尺寸的标注应考虑工艺性。

弯曲件尺寸标注不同，会影响冲压工序的安排。图 3-28a 所示的弯曲件尺寸标注，

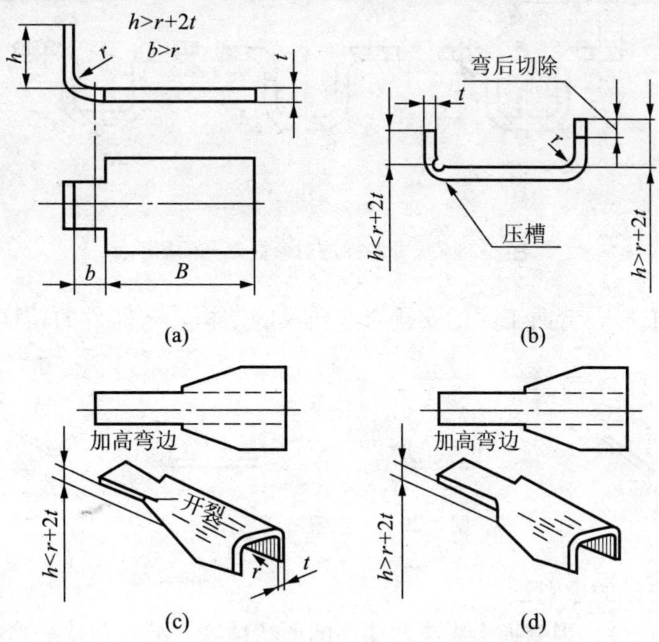

图 3-26　弯曲件直边的高度对弯曲的影响

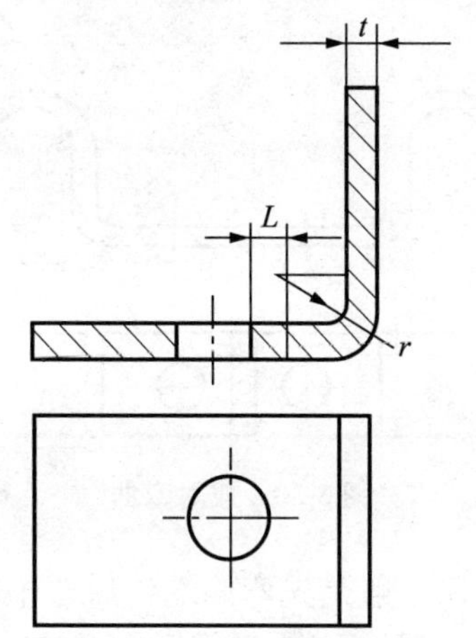

图 3-27　弯曲件的孔边距

孔的位置精度不受毛坯展开尺寸和回弹的影响，可简化冲压工艺，采用先落料冲孔，然后再弯曲成形的工艺；b、c 图所示的标注法，冲孔只能安排在弯曲工序之后进行，才能保证孔位置精度的要求。在弯曲件不存在一定的装配关系时，应考虑图 a 的标注方法。

(2) 弯曲工艺方案的确定。

弯曲工艺方案的确定主要是确定弯曲的顺序，即弯曲的工序安排。

弯曲工序安排是在工艺分析和计算后进行的工艺设计工作。形状简单的弯曲件，如 V 形件、U 形件、Z 形件等都可以一次弯曲成形，见图 3-29。形状复杂的弯曲件，一般

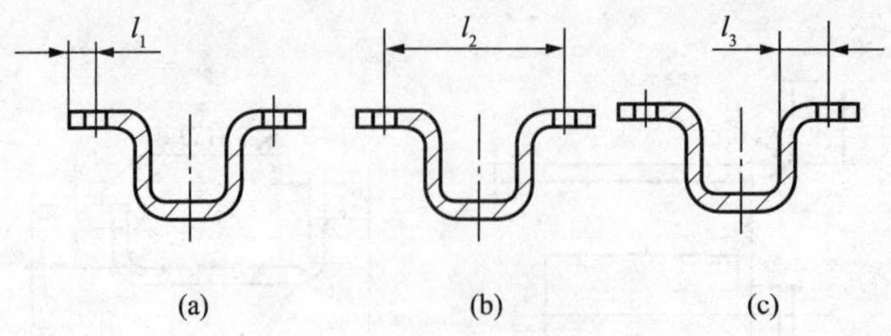

图 3-28　尺寸的标注对弯曲工艺的影响

要多次弯曲才能成形。弯曲工序的安排对弯曲模的结构、弯曲件的精度和生产批量影响很大。

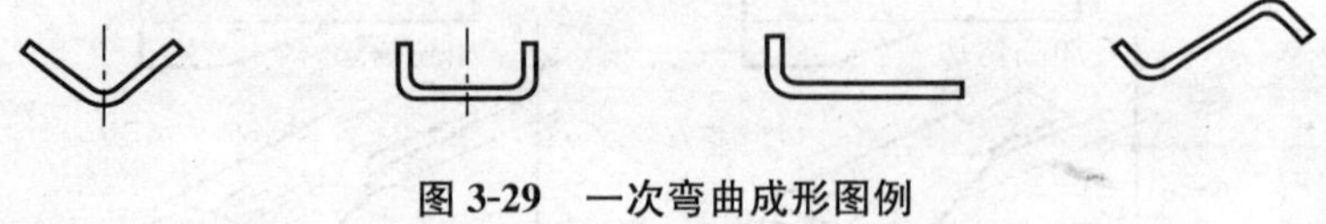

图 3-29　一次弯曲成形图例

弯曲件工序安排的原则：

1）对多角弯曲件，因变形会影响弯曲件的形状精度，故一般应先弯外角，后弯内角。前次弯曲要给后次弯曲留出可靠的定位，并保证后次弯曲不破坏前次已弯曲的形状。

2）结构不对称弯曲件，弯曲时毛坯容易发生偏移，应尽可能采用成对弯曲后，再切开的工艺方法，见图 3-30。

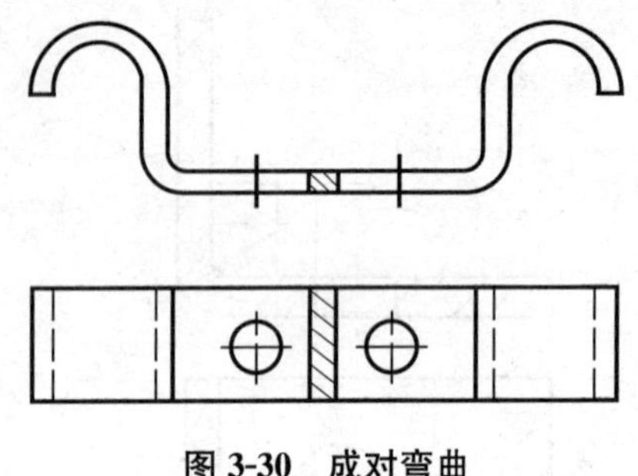

图 3-30　成对弯曲

3）需多次弯曲时，弯曲次序一般是先弯两端，后弯中间部分，前次弯曲应考虑后次弯曲有可靠的定位，后次弯曲不能影响前次已成形的形状，见图 3-31 和 3-32。

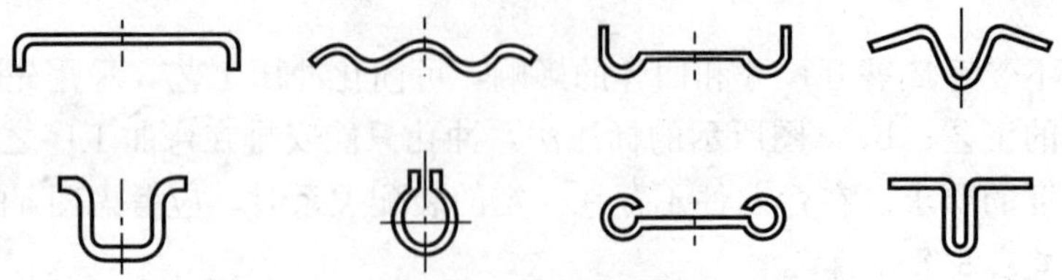

图 3-31　两次弯曲成形图例

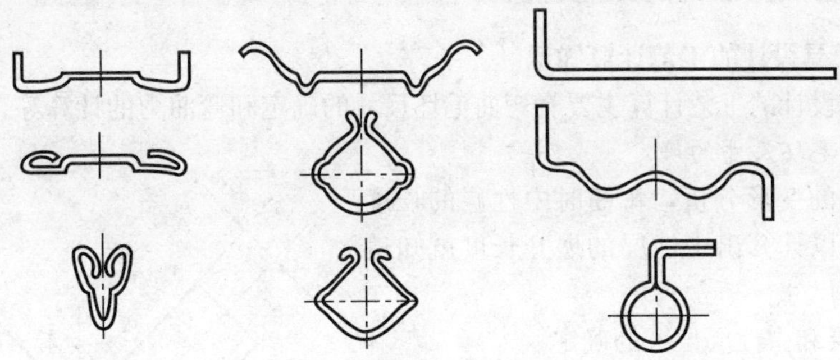

图 3-32　三次弯曲成形图例

2. 支架弯曲工艺设计

(1) 支架弯曲工艺分析。

1) 材料分析。

支架材料为 45 钢，是优质碳素结构钢，具有良好的弯曲成形性能。

2) 结构分析。

零件结构简单，左右对称，对弯曲成形较为有利。可查得此材料所允许的最小弯曲半径，$r_{min}=0.5t=1.5$mm，而零件弯曲半径 $r=2$mm>1.5mm，故不会弯裂。另外，零件上的孔位于弯曲变形区之外，所以弯曲时孔不会变形，可以先冲孔后弯曲。计算零件相对弯曲半径 $r/t=0.67<5$，卸载后弯曲件圆角半径的变化可以不予考虑，而弯曲中心角的变化需要考虑，采用校正弯曲来控制角度回弹。

3) 精度分析。

零件上只有 1 个尺寸有公差要求，由公差表查得其公差要求属于 IT14，其余未注公差尺寸也均按 IT14 选取，所以普通弯曲和冲裁即可满足零件的精度要求。

结论：由以上分析可知，该零件冲压工艺性良好，可以冲裁和弯曲。

(2) 支架弯曲工艺方案。

支架为 U 形弯曲件，该零件的生产包括落料、冲孔和弯曲三个基本工序，可有以下三种工艺方案：

方案一：先落料，后冲孔，再弯曲。采用三套单工序模生产。

方案二：落料—冲孔复合冲压，再弯曲。采用复合模和单工序弯曲模生产。

方案三：冲孔—落料连续冲压，再弯曲。采用连续模和单工序弯曲模生产。

方案一模具结构简单，但需三道工序三副模具，生产效率较低。

方案二需两副模具，且用复合模生产的冲压件形位精度和尺寸精度易保证，生产效率较高。但由于该零件的孔边距为 4.75mm，小于凸凹模允许的最小壁厚 6.7mm，故不宜采用复合冲压工序。

方案三也需两副模具，生产效率也很高，但零件的冲压精度稍差。欲保证冲压件的形位精度，需在模具上设置导正销导正，故其模具制造、安装较复合模略复杂。

通过对上述三种方案的综合分析比较，该件的冲压生产采用方案三为佳。

二、支架弯曲模具设计的工艺计算

1. 弯曲模具设计的工艺计算知识

弯曲模具设计的工艺计算主要有弯曲毛坯尺寸的确定和弯曲力的计算等。

（1）弯曲毛坯尺寸的确定。

根据弯曲的变形分析，弯曲时中性层的长度是不变的，所以计算出中性层的展开长度就知道了弯曲毛坯的尺寸。

1）中性层和中性层位置的确定。

根据中性层的定义，弯曲件的坯料长度应等于中性层的展开长度。因此，确定中性层位置是计算弯曲件弯曲部分长度的前提。坯料在塑性弯曲时，中性层发生了内移，相对弯曲半径越小，中性层内移量越大。中性层位置以曲率半径 ρ 表示（见图 3-33），通常用下列经验公式确定。

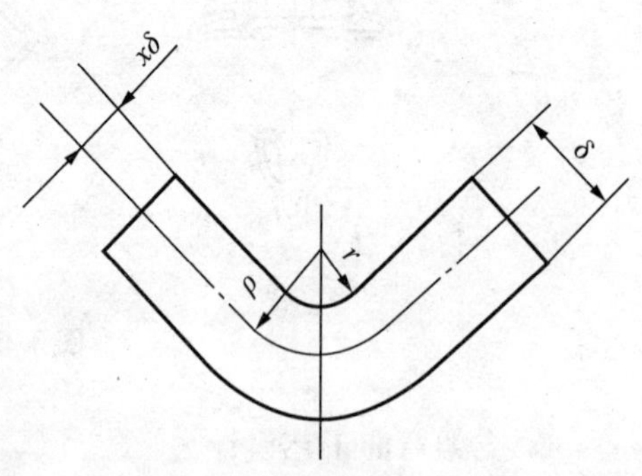

图 3-33　中性层的位置

$$\rho=r+xt \tag{3-1}$$

式中：ρ——中性层曲率半径；

x——中性层位移系数，由表 3-4 或设计手册查出；

t——材料厚度。

表 3-4　　x 系数

r/t	0.1	0.2	0.3	0.4	0.5	0.6	0.7	0.8
x	0.21	0.22	0.23	0.24	0.25	0.26	0.28	0.3

2）各类弯曲件展开尺寸的计算。

①有圆角半径的弯曲。

一般将 $r>0.5t$ 的弯曲称为有圆角半径的弯曲。由于变薄不严重，按中性层展开的原理，坯料总长度应等于弯曲件直线部分和圆弧部分长度之和（见图 3-34），即

$$L_Z=l_1+l_2+\frac{\pi\rho\varphi}{180}=l_1+l_2+\frac{\pi\varphi(r+xt)}{180} \tag{3-2}$$

公式中各符号见图 3-34。

②圆角半径很小（$r<0.5t$）的弯曲。

对于 $r<0.5t$ 的弯曲件，由于弯曲变形时不仅零件的变形圆角区产生严重变薄，而且与其相邻的直边部分也产生变薄，故应按变形前后体积不变条件确定坯料长度。通常采用设计手册中所列经验公式计算。

③铰链式弯曲件。

对于 $r=(0.6\sim3.5t)$ 的铰链件，如图 3-35 所示，通常采用推圆的方法成形，在卷圆过程中坯料增厚，中性层外移，其坯料长度 L 可按下式近似计算

$$L_Z=l+1.5\pi(r+x_1t)+r\approx l+5.7r+4.7x_1t \tag{3-3}$$

式中，x_1 为铰链件弯曲时中性层的位移系数，可由设计手册查得。

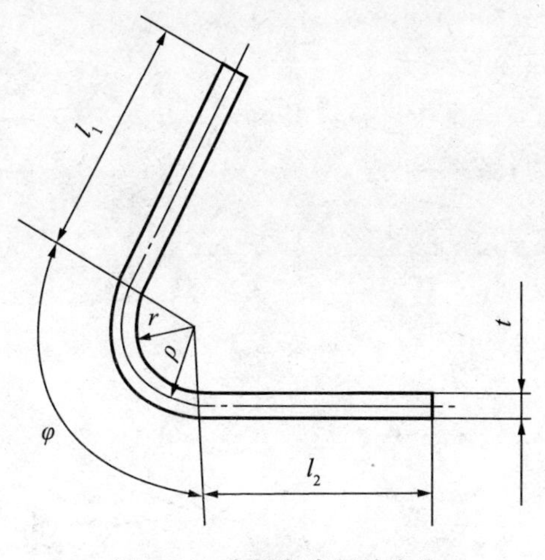

图 3-34　有圆角半径的弯曲

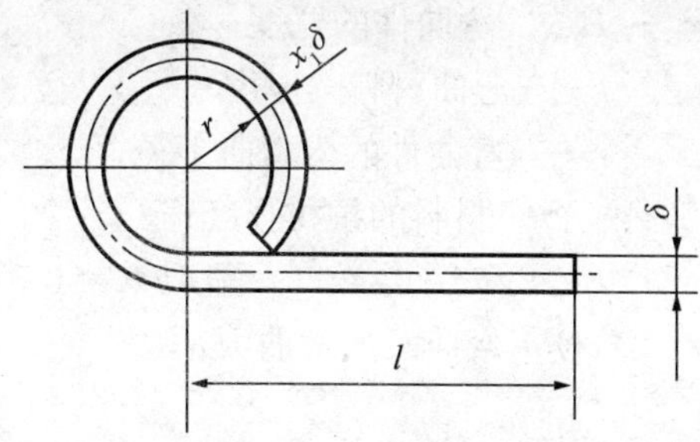

图 3-35　铰链式弯曲件

用上述公式计算时，很多因素没有考虑，因而可能产生较大的误差，所以只能用于形状比较简单，尺寸精度要求不高的弯曲件。对于形状比较复杂或精度要求较高的弯曲件，在利用上述公式初步计算坯料长度后，还需反复试弯，不断修正，才能最后确定坯料的形状和尺寸。故在生产中宜先制造弯曲模，后制造落料模。

（2）弯曲力的计算。

弯曲力是设计弯曲模和选择压力机的重要依据，特别是在弯曲坯料较厚、弯曲线较长、相对弯曲半径较小、材料强度较大，而压力机的公称压力有限的情况下，必须对弯曲力进行计算。我们已知材料弯曲时，开始是弹性弯曲，其后是变形区内外层纤维首先进入塑性状态，并逐步向板的中心扩展进行自由弯曲，最后是凸、凹模与坯料互相接触并冲击零件的校正弯曲，图 3-36 所示为各弯曲阶段弯曲力的变化曲线。弹性弯曲阶段的弯曲力较小，可以略去不计，自由弯曲阶段的弯曲力不随行程的变化而变化，校正弯曲力随行程急剧增加。

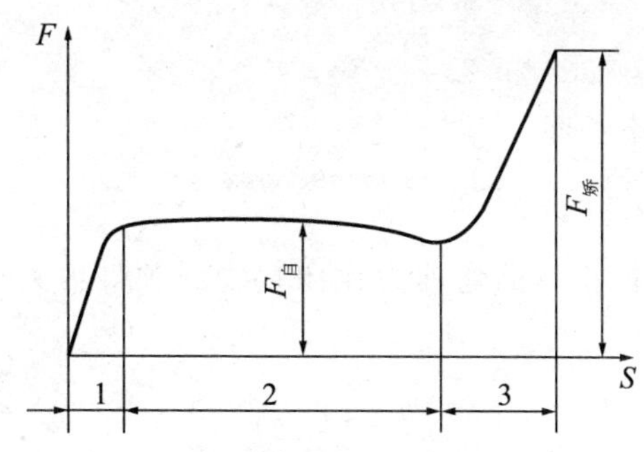

图 3-36　弯曲力的变化曲线

1—弹性弯曲阶段　2—自由弯曲阶段　3—校正弯曲阶段

1）自由弯曲的弯曲力：

V 形件弯曲力 $F_{自}=\frac{0.6KBt^2\sigma_b}{r+t}$ (3-4)

U 形件弯曲力 $F_{自}=\frac{0.7KBt^2\sigma_b}{r+t}$ (3-5)

式中：$F_{自}$——自由弯曲在冲压行程结束时的弯曲力；

B——弯曲件的宽度；

t——弯曲材料的厚度；

r——弯曲件的内弯曲半径；

σ_b——材料的抗拉强度；

K——安全系数，一般取 $K=1.3$。

2）校正弯曲时的弯曲力：

$F_{校}=Ap$ (3-6)

式中：$F_{校}$——校正弯曲应力；

A——校正部分投影面积；

p——单位面积校正力，其值见表 3-5

表 3-5　　校正弯曲时的单位压力值 p　　(MPa)

材料	材料厚度 t/mm		材料	材料厚度 t/mm	
	<3	3～10		<3	3～10
铝	30～40	50～60	25～35 钢	100～120	120～150
黄铜	60～80	80～100	钛合金	160～200	180～260
10 钢、15 钢、20 钢	80～100	100～120			

3）顶件力或压料力。

若弯曲模设有顶件装置或压料装置，其顶件力（或压料力）F_D（或 F_Y）可近似取自由弯曲力的 30%～80%，即

$F_D=(0.3\sim0.8)F_{自}$ (3-7)

4）压力机公称压力的确定。

对于有压料装置的自由弯曲

$F_{压机}\geqslant(1.2\sim1.3)(F_{自}+F_Y)$ (3-8)

对于校正弯曲，由于校正弯曲弯曲力比压料力或顶件力大得多，故 F_Y 一般可以忽略，即

$F_{压机}\geqslant(1.2\sim1.3)F_{校}$ (3-9)

2. 支架弯曲模具设计的工艺计算。

(1) 支架坯料展开长度的计算。

根据支架的零件图，其 $r=2>0.5t$，按中性层展开的原理，坯料总长度应等于弯曲件直线部分和圆弧部分长度之和，可查表 3-4 得中性层位移系数 $x=0.28$，根据公式 3-2 坯料展开长度为：

$$L_Z=(16+9-5)\times2+(25-10)+2\times[\frac{\pi\times90}{180}(2+0.28\times3)]=63.9\approx64\text{mm}$$

由于零件宽度尺寸为18mm，故毛坯尺寸应为64mm×18mm。弯曲件平面展开图见图3-37，两孔中心距为46mm。

图 3-37　支架展开图

(2) 支架弯曲力的计算。

根据任务要求，支架的弯曲属于校正弯曲，根据公式3-6和3-7，分别计算弯曲力和顶件力为（查表3-5得 $p=120$）：

$$F_{校}=Ap=25\times18\times120=54\text{kN}$$

$$F_D=(0.3\sim0.8)F_{自}=0.3\times\frac{0.7KBt^2\sigma_b}{r+t}$$

$$=0.3\times\frac{0.7\times1.3\times18\times3^2\times550}{2+3}=5\text{kN}$$

对于校正弯曲，由于校正弯曲力比顶件力大得多，故一般 F_D 可以忽略。生产中为了安全，取 $F_{压机}\geqslant1.8F_{校}=1.8\times54=97.2\text{kN}$，根据压弯力大小，初选设备为JH23－25。

三、支架弯曲模具总体设计

1. 典型弯曲模具知识介绍

常见的弯曲模结构类型有：单工序弯曲模、连续弯曲模、复合模和通用弯曲模。

(1) 单工序弯曲模。

1) V形件弯曲模。

V形件形状简单，能一次弯曲成形。V形件的弯曲方法通常有沿弯曲件的角平分线方向的V形弯曲法和垂直于一直边方向的L形弯曲法。图3-38a为简单的V形件弯曲模，其特点是结构简单、通用性好，但弯曲时坯料容易偏移，影响零件精度。图3-38b、c、d所示分别为带有定位尖、顶杆、V形顶板的模具结构，可以防止坯料滑动，提高零件精度。图3-38e所示的L形弯曲模，由于有顶板及定位销，可以有效防止弯曲时坯料的偏移。反侧压块的作用是克服上、下模之间水平方向的错移力，同时也为顶板起导向作用。

图3-39所示为V形精弯模，两块活动凹模4通过转轴5铰接，定位板3（或定位销）固定在活动凹模上。弯曲前顶杆7将转轴顶到最高位置，使两块活动凹模成一平面。在弯曲过程中坯料始终与活动凹模和定位板接触，不会产生相对滑动和偏移，因此，弯曲件表面不会损伤，其质量较高。这种结构特别适用于有精确孔位的小零件以及没有足够的定位支承面、窄长的形状复杂的零件的弯曲。

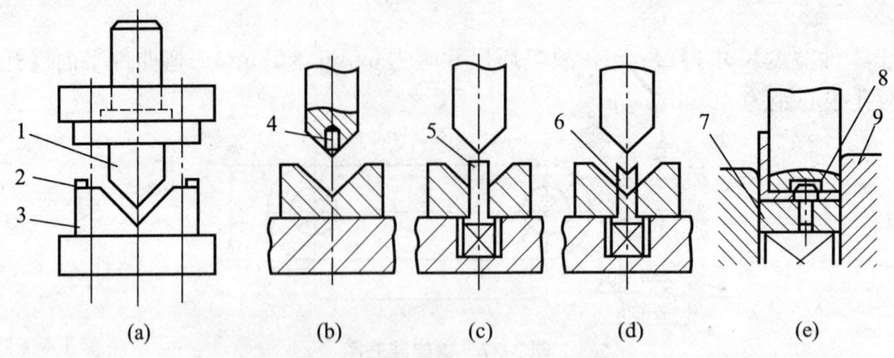

图 3-38　V 形弯曲模的一般结构形式

1—凸模　2—定位板　3—凹模　4—定位尖　5—顶杆

6—V 形顶板　7—顶板　8—顶料销　9—反侧压板

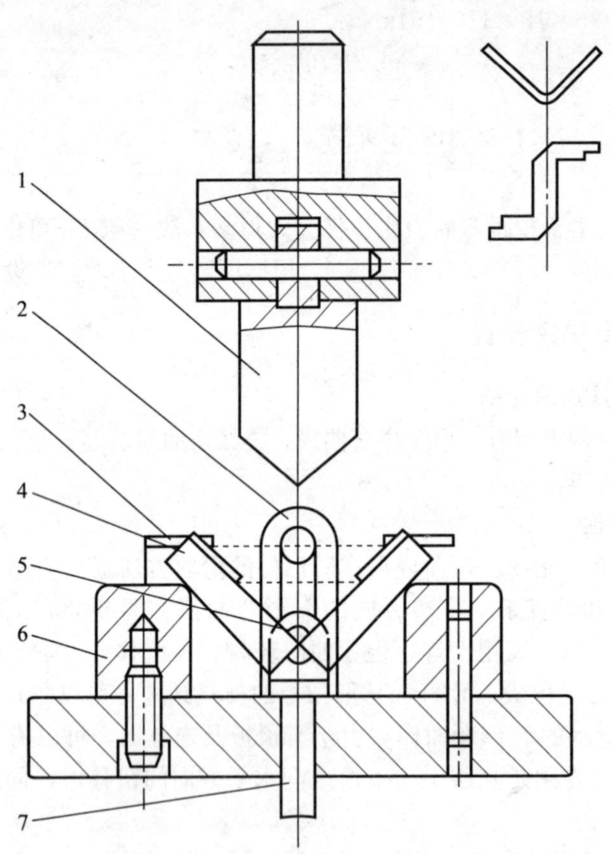

图 3-39　V 形件精弯模

1—凸模　2—支架　3—定位板　4—活动凹模

5—转轴　6—支撑板　7—顶杆

2）U 形件弯曲模。

根据弯曲件的要求，常用的 U 形弯曲模有图 3-40 所示的几种结构形式。图 3-40a 所示结构最为简单，用于底部不要求平整的弯曲件。图 3-40b 所示用于底部要求平整的弯曲件。图 3-40c 所示用于料厚公差较大而外侧尺寸要求较高的弯曲件，其凸模为活动结构，可随料厚自动调整凸模横向尺寸。图 3-40d 所示用于料厚公差较大而内侧尺寸要求较高的弯曲件，凹模两侧为活动结构，可随料厚自动调整凹模横向尺寸。图 3-40e 为 U 形精弯模，两侧的凹模活动镶块用转轴分别与顶板铰接。弯曲前顶杆将顶板顶出凹模面，同时顶板与凹模活动镶块成一平面，镶块上有定位销供工序件定位之用。弯曲时工序件与凹模活动镶块一起运动，这样就保证了两侧孔的同轴。图 3-40f 为弯曲件两侧壁厚变薄的弯曲模。

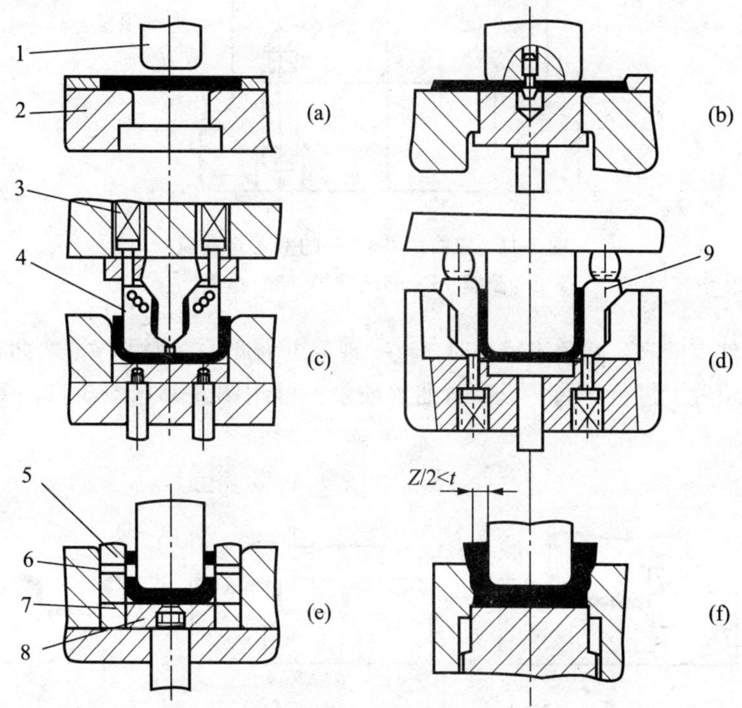

图 3-40　U 形弯曲模

1—凸模　2—凹模　3—弹簧　4—凸模活动镶块　5、9—凹模活动镶块　6—定位销　7—转轴　8—顶板

图 3-41 所示是弯曲角小于 90°的 U 形件弯曲模。压弯时凸模首先将坯料完成 U 形，当凸模继续下压时，两侧的转动凹模使坯料最后压弯成弯曲角小于 90°的 U 形件。凸模上升，弹簧使转动凹模复位，U 形件则由垂直于图面方向从凸模上卸下。

3）⊓⊔⊓形件弯曲模。

⊓⊔⊓形弯曲件可以一次弯曲成形，也可以两次弯曲成形。

图 3-42 所示为一次成形弯曲模，由图可以看出，在弯曲过程中凸模肩部妨碍了坯料的转动，使外角弯曲线位置不固定，由 B 点到 C 点，坯料通过凹模圆角的摩擦力增大，使弯曲件侧壁容易擦伤和变薄，同时弯曲件两肩部与底面不易平行（见图 3-42c）。特别是

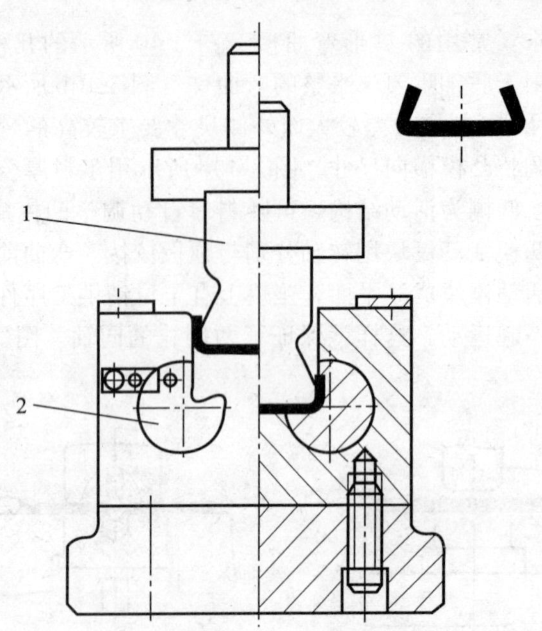

图 3-41　弯曲角小于 90°的 U 形弯曲模

1—凸模　2—转动凹模　3—弹簧

材料厚、弯曲件直壁高、圆角半径小时，这一现象更为严重。为了保证弯曲过程中仅在零件确定的弯曲位置上进行弯曲，提高弯曲件质量，可用图 3-43、图 3-44、图 3-45 所示的弯曲模。

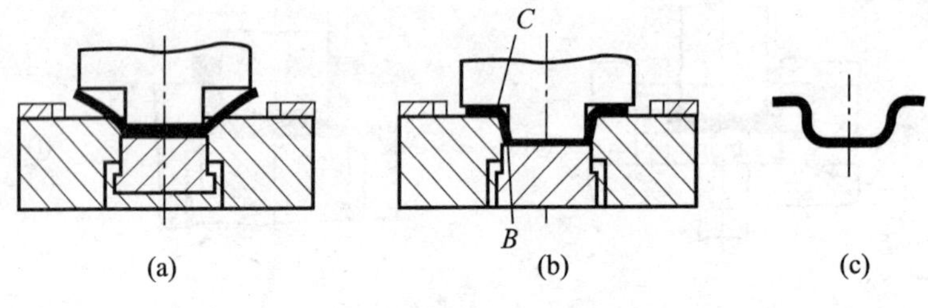

图 3-42　⌐⊔⌐ 形件一次成形弯曲模

图 3-43 所示为两次成形弯曲模，先弯外角后弯内角，采用两副模具弯曲，为了保证弯内角时（见图 3-43b）凹模有足够的强度，弯曲件高度 H 应大于（12～15)t。

图 3-44 所示为两次弯曲复合的⌐⊔⌐形件弯曲模。凸、凹模下行，先使坯料通过凹模压弯成 U 形，凸、凹模继续下行与活动凸模作用，最后压弯成⌐⊔⌐形。这种结构需要凹模下腔空间较大，以方便零件侧边的转动。

图 3-45 所示为两次弯曲复合的另一种结构形式。坯料放在凹模 1 面上靠两侧导板定位，凹模下行，利用活动凸模 2 的弹压力先将坯料弯成 U 形。凹模继续下行，当推板 5 与凹模底面接触时，便强迫凸模向下运动，在铰接于凸模侧面的一对摆块 3 的作用下压弯成形。缺点是模具结构复杂。

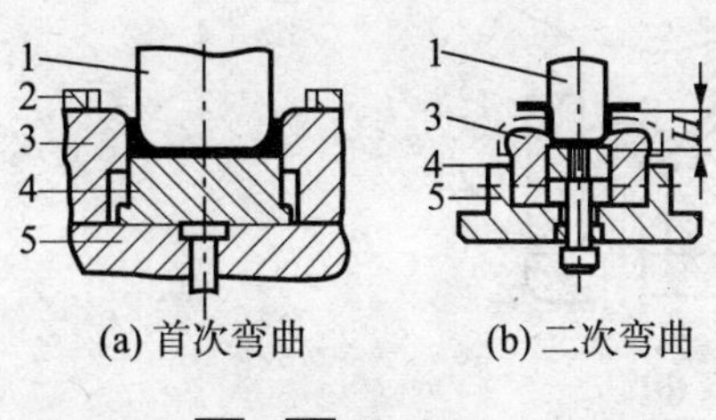

(a) 首次弯曲　　(b) 二次弯曲

图 3-43　⊔形件两次成形弯曲模

1—凸模　2—定位板　3—凹模

4—顶板　5—下模座

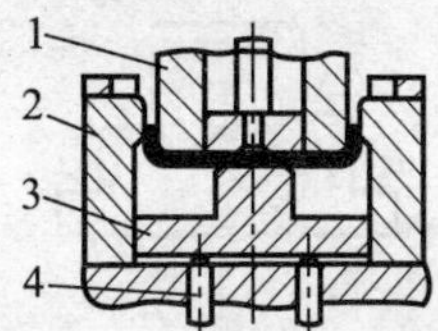

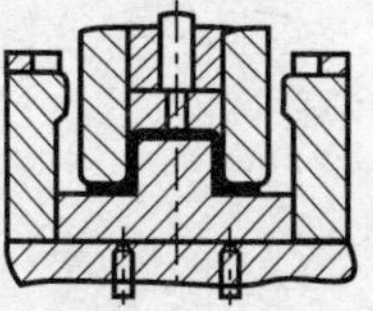

图 3-44　⊔形件两次成形复合弯曲模

1—凸凹模　2—凹模

3—活动凸模　4—顶杆

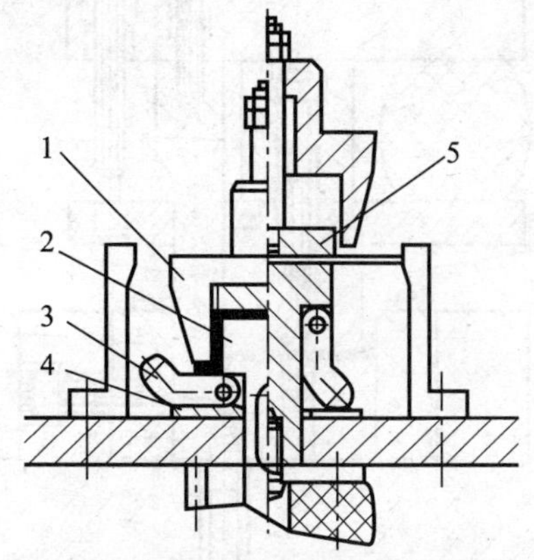

图 3-45　带摆块的⊔形件弯曲模

1—凹模　2—活动凸模　3—摆块　4—垫板　5—推板

4）Z 形件弯曲模。

Z 形件一次弯曲即可成形，图 3-46a 所示结构简单，无压料装置，压弯时坯料易滑动，只适用于精度要求不高的零件。图 3-46b、c 所示为有顶板 1 和定位销 2 的 Z 形件弯曲模，能有效防止坯料的偏移。反侧压块 3 的作用是克服上、下模之间水平方向的错移力，同时也为顶板导向。图 3-46c 所示的 Z 形件弯曲模，在冲压前活动凸模 10 在橡皮 8 的作用下与凸模 4 端面齐平。冲压时活动凸模与顶板 1 将坯料夹紧，并由于橡皮弹力较大，推动顶板下移使坯料左端弯曲。当顶板 1 接触下模座 11 后，橡皮 8 压缩，则凸模 4 相对活动凸模 10 下移将坯料右端弯曲成形。当压块 7 与上模座 6 相碰时，整个零件得到校正。

5）圆形件弯曲模。

圆形件的尺寸大小不同，其弯曲方法也不同，一般按直径分为小圆和大圆两种。

①直径 $d<5$mm 的小圆形件的弯曲。弯小圆的方法是先弯成 U 形，再将 U 形弯成圆形。用两副简单模弯圆的方法见图 3-47。由于零件小，分两次弯曲操作不便，故可将两道工序合并。图 3-48 所示的一次压弯模，适用于软材料和中小直径圆形件的弯曲。坯料以凹模固定板 1 上的定位槽定位。当上模下行时，芯轴凸模 5 与下凹模 2 首先将坯料弯成 U 形。上模继续下行时，芯轴凸模 5 带动压料板 3 压缩弹簧，由上凹模 4 将零件最后弯曲成形。上模回程后，零件留在芯轴凸模上。拔出芯轴凸模，零件自动落下。该结构中，上模弹簧的压力必须大于首先将坯料压成 U 形时的压力，才能弯曲成圆形。一般圆形件弯曲后，必须用手工将零件从芯轴凸模上取下，操作比较麻烦。

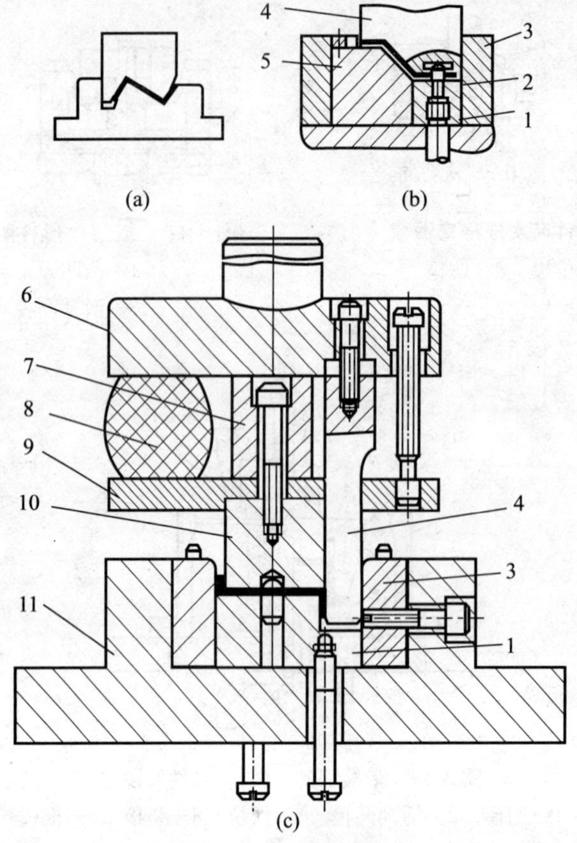

图 3-46　Z 形件弯曲模

1—顶板　2—定位销　3—反侧压块　4—凸模　5—凹模　6—上模座
7—压块　8—橡皮　9—凸模托板　10—活动凸模　11—下模座

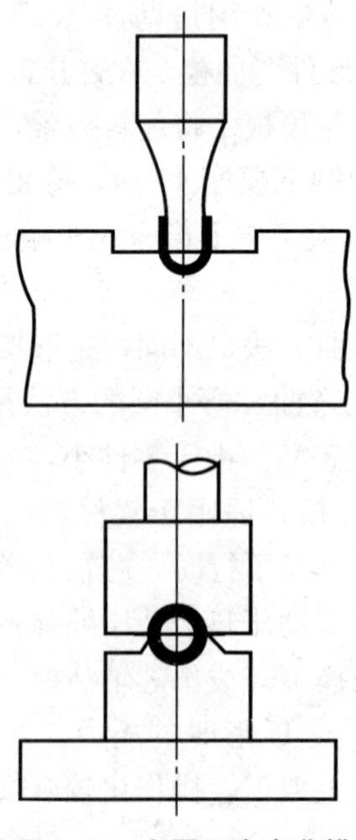

图 3-47　小圆两次弯曲模

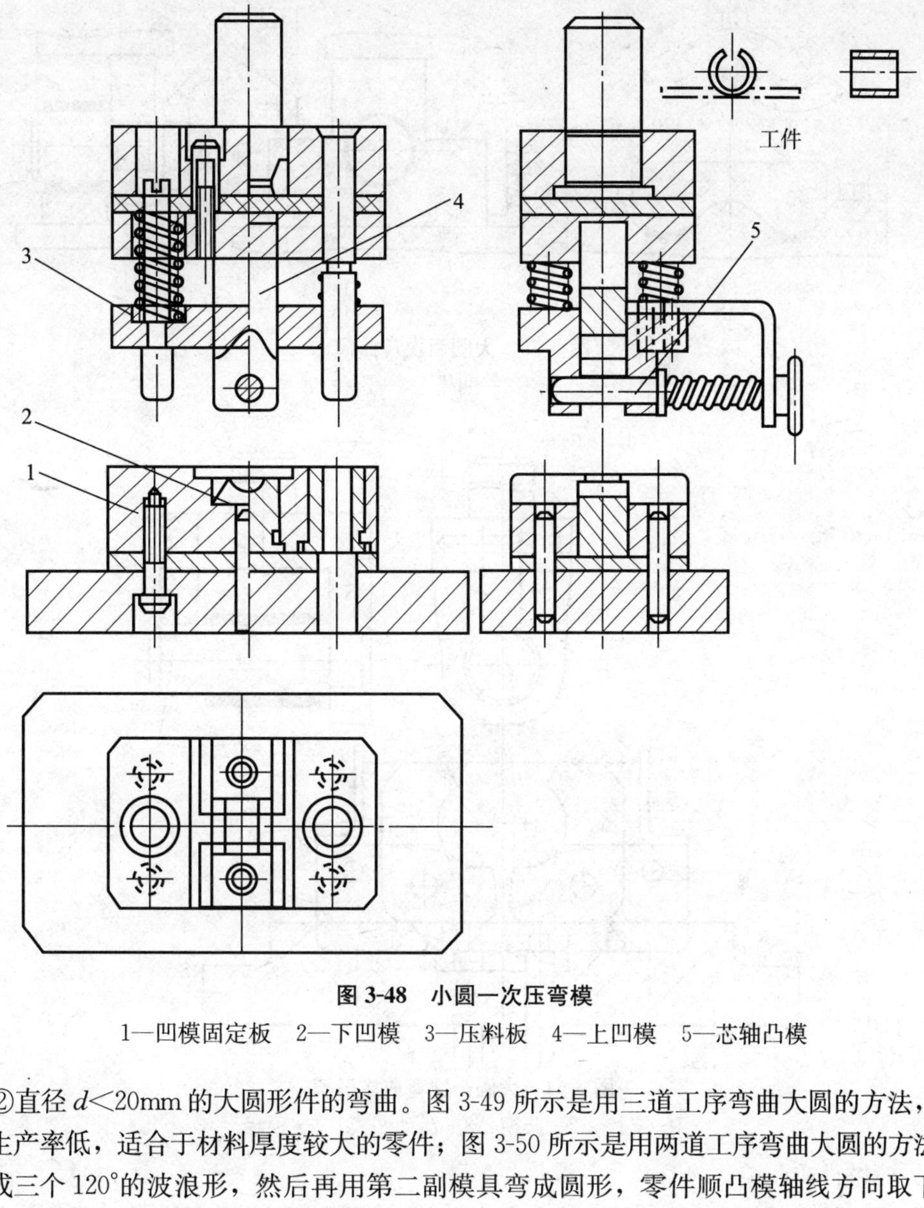

图 3-48　小圆一次压弯模

1—凹模固定板　2—下凹模　3—压料板　4—上凹模　5—芯轴凸模

②直径 $d<20$mm 的大圆形件的弯曲。图 3-49 所示是用三道工序弯曲大圆的方法，这种方法生产率低，适合于材料厚度较大的零件；图 3-50 所示是用两道工序弯曲大圆的方法，先预弯成三个 120°的波浪形，然后再用第二副模具弯成圆形，零件顺凸模轴线方向取下；图 3-51所示是带摆动凹模的一次弯曲成形模，凸模下行先将坯料压成 U 形，凸模继续下行，摆动凹模将 U 形弯成圆形。零件可顺凸模轴线方向推开支撑取下。这种模具生产率较高，但由于回弹在零件接缝之处留有缝隙和少量直边，零件精度差，模具结构也较复杂。

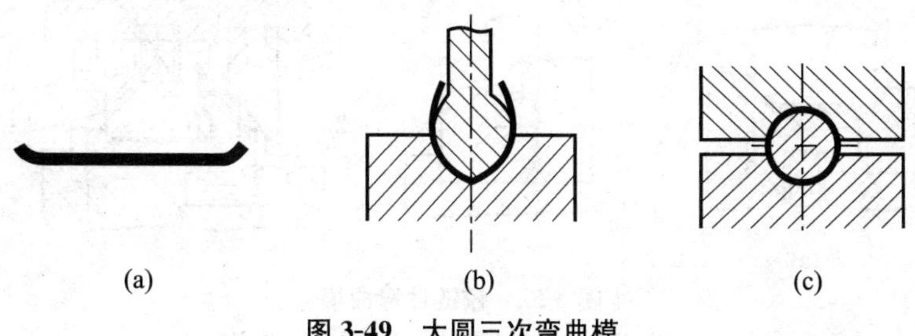

图 3-49　大圆三次弯曲模

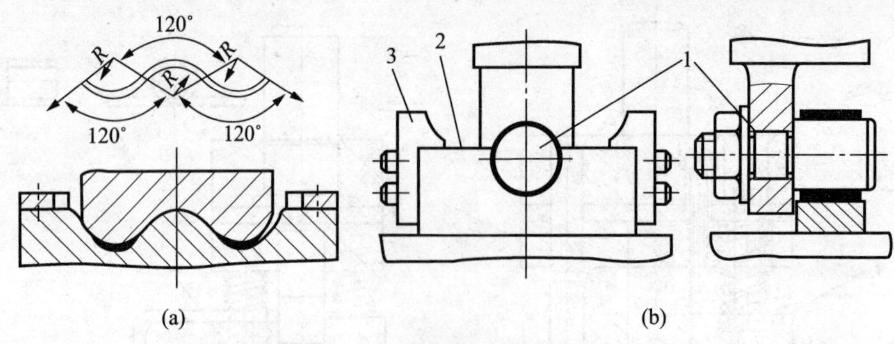

图 3-50　大圆两次弯曲模

1—凸模　2—凹模　3—定位板

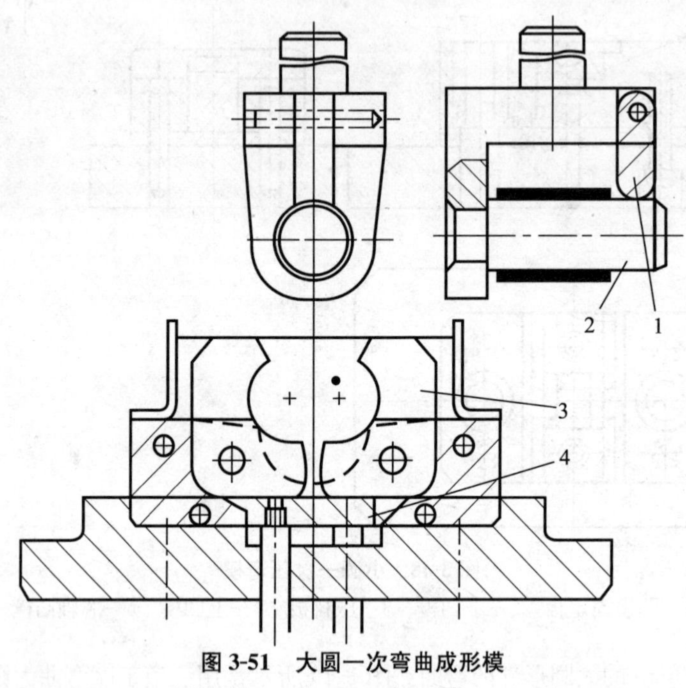

图 3-51　大圆一次弯曲成形模

1—支撑　2—凸模　3—活动凹模　4—顶板

6）铰链件弯曲模。

图 3-52 所示为常见的铰链件形式和弯曲工序的安排。预弯模如图 3-52a 所示。卷圆通常采用推圆法。图 3-52b 是立式卷圆模，结构简单。图 3-52c 是卧式卷圆模，有压料装置，不仅操作方便，零件质量也好。

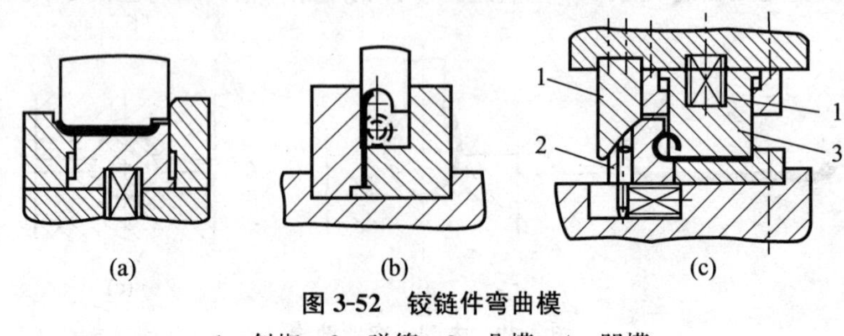

图 3-52　铰链件弯曲模

1—斜楔　2—弹簧　3—凸模　4—凹模

7）其他形状弯曲件的弯曲模。

对于其他形状的弯曲件，由于品种繁多，其工序安排和模具设计不可能完全相同。图3-53、3-54、3-57是几种零件弯曲模的例子。

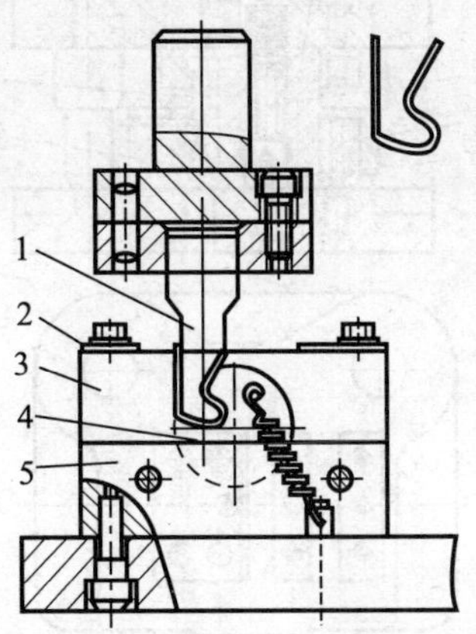

图 3-53　滚轴式弯曲模

1—凸模　2—定位板　3—凹模　4—滚轴　5—挡板

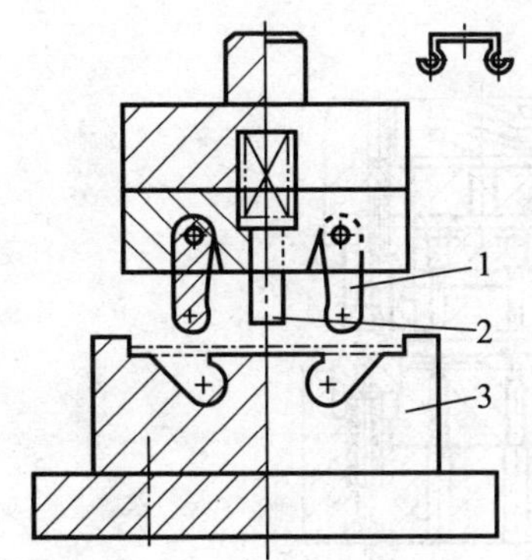

图 3-54　带摆动凸模的弯曲模

1—摆动凸模　2—压料装置　3—凹模

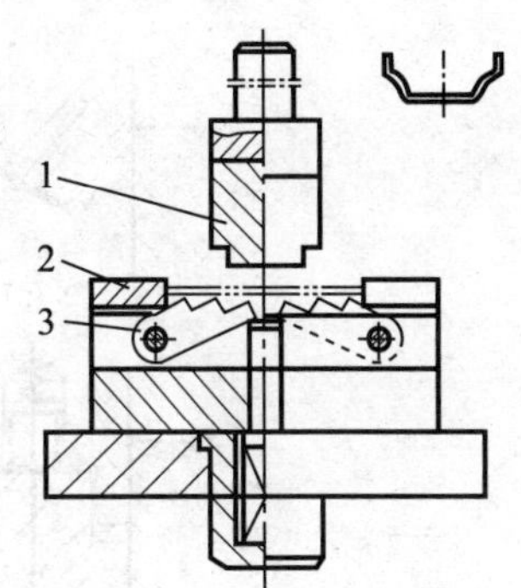

图 3-55　带摆动凹模的弯曲模

1—凸模　2—定位板　3—摆动凹模

（2）级进模。

对于批量大、尺寸小的弯曲件，为了提高生产效率和安全性，保证产品质量，可以采用级进弯曲模进行多工位冲裁、弯曲、切断等工艺成形，如图3-56所示。

图3-56所示为同时进行冲孔、切断和弯曲的级进模。条料以导料板导向并从刚性卸料板下面送至挡块右侧定位。上模下行时，凸、凹模将条料切断并随即将所切断的坯料压弯成形。与此同时，冲孔凸模在条料上冲出孔。上模回程时卸料板卸下条料，顶件销则在弹簧的作用下推出零件，获得侧壁带孔的U形弯曲件。

（3）复合模。

对于尺寸不大的弯曲件，还可以采用复合模，即在压力机一次行程中，在模具同一位置上完成落料、弯曲、冲孔等几种不同的工序。

图3-57a、b是切断、弯曲复合模的结构简图。图3-57c是落料、弯曲、冲孔复合模，模具结构紧凑，零件精度高，但凸凹模修磨困难。

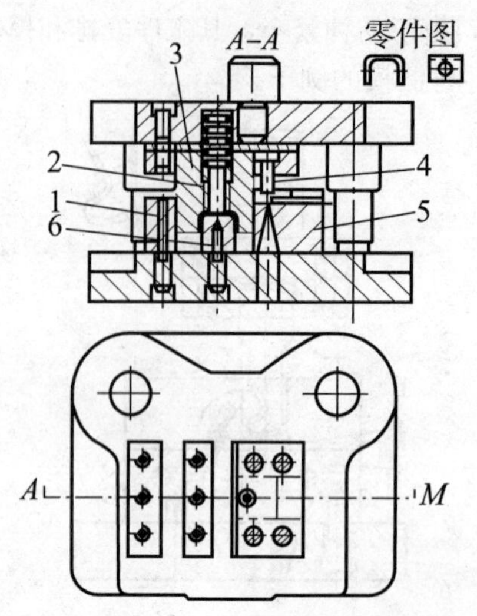

图 3-56　冲孔、切断、弯曲级进模

1—挡块　2—顶件销　3—凸凹模　4—冲孔凸模　5—冲孔凹模　6—弯曲凸模

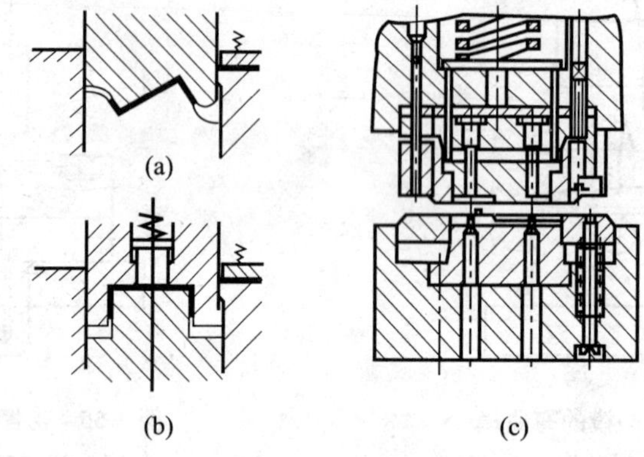

图 3-57　复合弯曲模

（4）通用弯曲模。

对于小批生产或试制生产的零件，因为生产量小、品种多、尺寸经常改变，所以在大多数情况下不使用专用的弯曲模。如果用手工加工，不仅会影响零件的加工精度，增加劳动强度，而且延长了产品的制造周期，增加了产品成本，生产中常采用通用弯曲模。

采用通用弯曲模不仅可以制造一般的 V 形、U 形零件，还可以制造精度不高的复杂形状的零件。图 3-58 所示是经过多次 V 形弯曲制造复杂零件的例子。图 3-59 所示是折弯机上用的通用弯曲模。凹模四个面上分别制出用于弯制零件的几种槽口（见图 3-59a）。凸模有直臂式、曲臂式两种，针对零件的圆角半径作成几种尺寸，以便按需要更换（见图 3-59b、c）。图 3-60 为通用 V 形弯曲模。凹模由两块组成，它具有四个工作面，以供弯曲多种角度用。凸模按零件弯曲角和圆角半径大小更换。

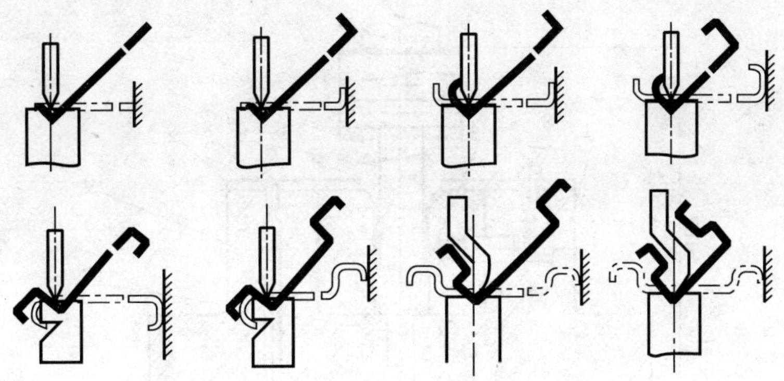

图 3-58　多次 V 形弯曲制造复杂零件举例

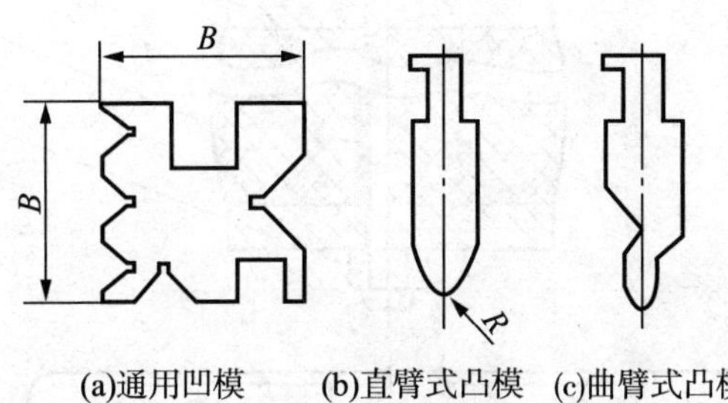

图 3-59　折弯机用弯曲模的端面形状

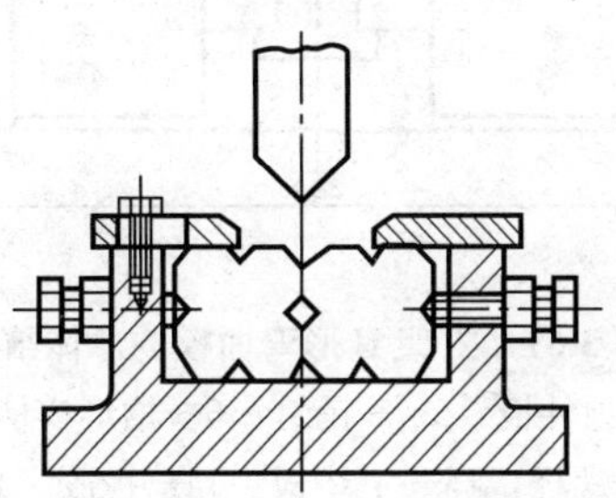

图 3-60　通用 V 形弯曲模

2. 支架弯曲模具的总体设计

根据支架弯曲的工艺方案，其生产模具有两副，即冲孔—落料连续模具和 U 形弯曲模具，冲孔—落料连续模具在模块二中已经学习，本任务只学习 U 形弯曲模具的总体设计。

根据支架的零件特征和其生产要求，支架的弯曲模具拟采用校正弯曲、上顶出出件的模具结构形式，见图 3-61。为降低模具成本，上模由模柄和凸模构成，凸模直接与模柄连接。

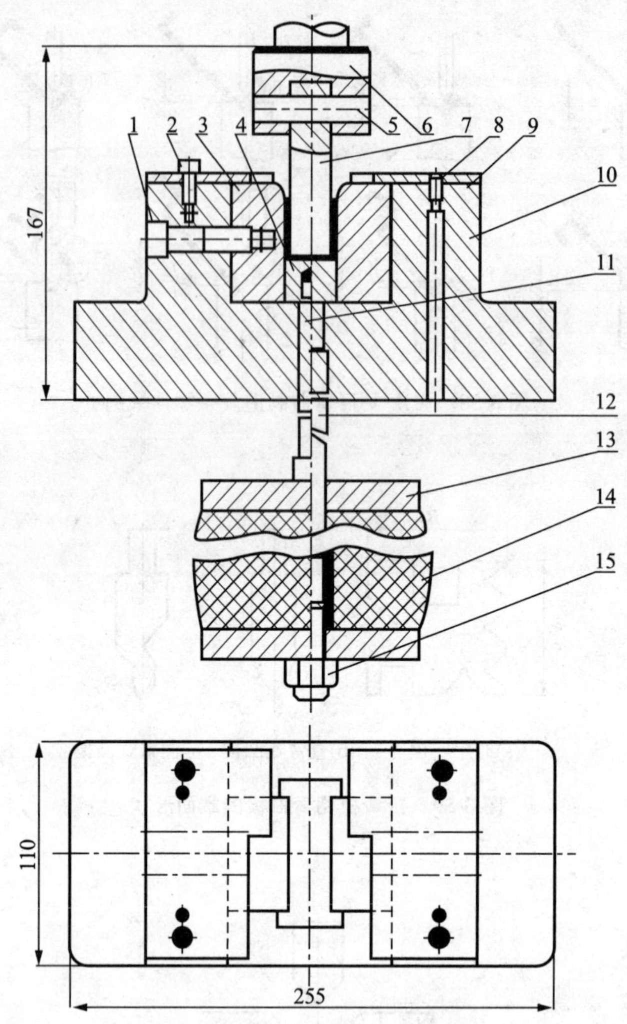

图 3-61　支架 U 形弯曲模的总体结构

1、2—螺钉　3—凹模　4—顶件板　5、8 销钉　6—槽形模柄　7—弯曲凸模　9—定位板
10—下模座 11—螺钉　12—螺杆　13—上垫板　14—橡胶　15—螺母

四、支架弯曲模具零部件的设计

1. 弯曲模具零部件设计知识

(1) 弯曲模工作零件的设计与计算。

弯曲模工作部分结构参数的确定。

1) 凸模圆角半径。

当零件的相对弯曲半径 r/t 较小时，凸模圆角半径取等于零件的弯曲半径，但不应小于最小弯曲半径。

当 $r/t>10$，精度要求较高时则应考虑回弹，将凸模圆角半径 r_p 加以修改。

2）凹模圆角半径。

如图 3-62 所示为弯曲凸、凹模的结构尺寸。凹模圆角半径 r_d 不应该过小，以免擦伤零件表面，影响冲模的寿命，凹模两边的圆角半径应一致，否则在弯曲时坯料会发生偏移。r_d值通常根据材料厚度取为：

$t \leqslant 2\text{mm}$，$r_d = (3 \sim 6)t$

$t = 2 \sim 4\text{mm}$，$r_d = (2 \sim 3)t$

$t > 4\text{mm}$，$r_d = 2t$

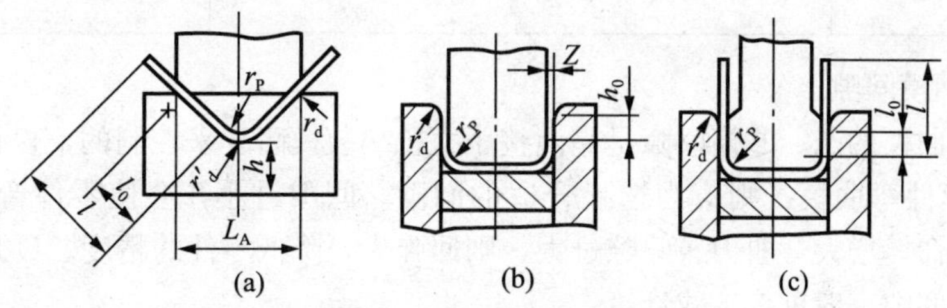

图 3-62　弯曲模结构尺寸

3）凹模深度。

凹模深度过小，则坯料两端未受压部分太多，零件回弹大且不平直，影响其质量；深度若过大，则浪费模具钢材，且需压力机有较大的工作行程。

V 形件弯曲模的凹模深度 l_0 及底部最小厚度 h 值可查表 3-6，但应保证开口宽度 L_A 的值不大于弯曲坯料展开长度的 0.8 倍。

对于弯边高度不大或要求两边平直的 U 形件，则凹模深度应大于零件的高度，如图 3-62b 所示，图中 h_0值见表 3-7；对于弯边高度较大，而平直度要求不高的 U 形件，可采用图 3-62c 所示的凹模形式，凹模深度 l_0 值见表 3-8。

表 3-6　　弯曲 V 形件的凹模深度 l_0 及底部最小厚度值 h　　(mm)

弯曲件边长 l	材料厚度 t					
	≤2		2～4		>4	
	h	l_0	h	l_0	h	l_0
10～25	20	10～15	22	15	—	—
>25～50	22	15～20	27	25	32	30
>50～75	27	20～25	32	30	37	35
>75～100	32	25～30	37	35	42	40
>100～150	37	30～35	42	40	47	50

表 3-7　　弯曲 U 形件凹模的 h_0 值　　(mm)

板料厚度 t	≤1	1～2	2～3	3～4	4～5	5～6	6～7	7～8	8～10
h_0	3	4	5	6	8	10	15	20	25

表 3-8　　弯曲 U 形件的凹模深度 l_0　　(mm)

弯曲件边长 l	材料厚度 t				
	<1	>1～2	>2～4	>4～6	>6～10
<50	15	20	25	30	35
50～75	20	25	30	35	40
75～100	25	30	35	40	40
100～150	30	35	40	50	50
150～200	40	45	55	65	65

4）凸、凹模间隙。

V 形件弯曲模的凸、凹模间隙是靠调整压力机的装模高度来控制的，设计时可以不考虑。对于 U 形件弯曲模，则应当选择合适的间隙。间隙过小，会使零件弯边厚度变薄，降低凹模的寿命，增大弯曲力。间隙过大，则回弹大，降低零件的精度。U 形件弯曲模的凸、凹模单边间隙一般可按下式计算

$$Z=t_{\max}+ct=t+\Delta+ct \tag{3-10}$$

式中：Z——弯曲模凸、凹模单边间隙；

t——零件材料厚度（基本尺寸）；

Δ——材料厚度的上偏差；

c——间隙系数，查表 3-9。

表 3-9　　U 形弯曲件弯曲模的凸、凹模间隙系数 c 值　　(mm)

弯曲件高度 H	弯曲件宽度 $B\leqslant 2H$				弯曲件宽度 $B>2H$				
	板料厚度 t								
	<0.5	0.6～2	2.1～4	4.1～5	<0.5	0.6～2	2.1～4	4.2～7.6	7.6～12
10	0.05	0.05	0.04	—	0.10	0.10	0.08	—	—
20	0.05	0.05	0.04	0.03	0.10	0.10	0.08	0.06	0.06
35	0.07	0.05	0.04	0.03	0.15	0.10	0.08	0.06	0.06
50	0.10	0.07	0.05	0.04	0.20	0.15	0.10	0.06	0.06
70	0.10	0.07	0.05	0.05	0.20	0.15	0.10	0.10	0.08
100	—	0.07	0.05	0.05	—	0.15	0.10	0.10	0.08
150	—	0.10	0.07	0.05	—	0.20	0.15	0.10	0.10
200	—	0.10	0.07	0.07	—	0.20	0.15	0.15	0.10

当零件精度要求较高时，其间隙值应适当减小，取 $Z=t$。

5）U 形件弯曲凸、凹模横向尺寸及公差。

确定 U 形件弯曲凸、凹模横向尺寸及公差的原则是：零件标注外形尺寸时（见图 3-63a），应以凹模为基准件，间隙取在凸模上。零件标注内形尺寸时（见图 3-63b），应以凸模为基准件，间隙取在凹模上。而凸、凹模的尺寸和公差则应根据零件的尺寸、公差，回弹情况以及模具磨损规律而定。

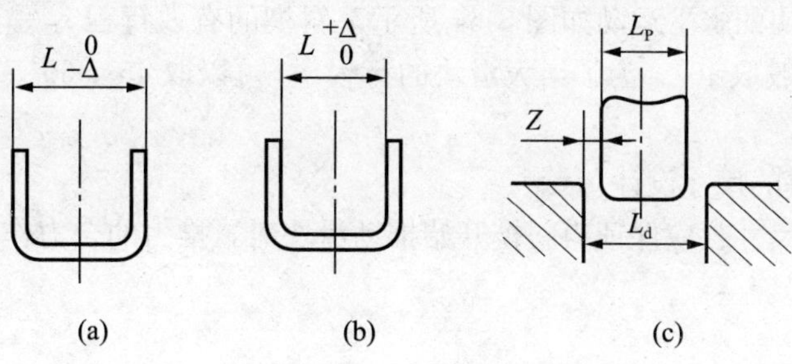

图 3-63　标注内形和外形的弯曲件及模具尺寸

当零件标注外形尺寸时，则：

$$L_d=(L_{max}-0.75\Delta)^{+\delta_d}_{0} \tag{3-11}$$

$$L_p=(L_d-2Z)^{0}_{-\delta_p} \tag{3-12}$$

当零件标注内形尺寸时，则：

$$L_p=(L_{min}+0.75\Delta)^{0}_{-\delta_p} \tag{3-13}$$

$$L_d=(L_p+2Z)^{+\delta_d}_{0} \tag{3-14}$$

式中：L_p、L_d——凸、凹模横向尺寸；

L_{max}——弯曲件横向的最大极限尺寸；

L_{min}——弯曲件横向的最小极限尺寸；

Δ——弯曲件横向尺寸公差；

δ_p、δ_d——凸、凹模制造公差，可采用 IT7～IT9 级精度，一般可取凸模的精度比凹模的精度高一级。

（2）斜楔、滑块的设计。

一般的冲压加工为垂直方向，而当零件冲压方向是水平方向或倾斜成一定角度时，则应采用斜楔机构，通过斜楔机构将压力机滑块的垂直运动转化为凸模、凹模的水平运动或倾斜运动，从而进行弯曲、切边、冲孔等工序的加工，下面主要介绍滑块水平运动的情况（见图 3-64）。

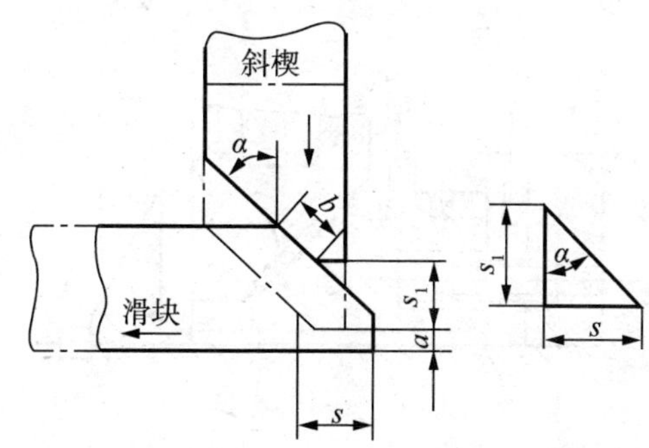

图 3-64　水平运动

s—滑块行程　s_1—斜楔行程　$a>5$mm　$b\geqslant$滑块斜面长度/5

1）斜楔、滑块之间的行程关系。确定斜楔的角度主要考虑机械效率、行程和受力状态。斜楔作用下滑块的水平运动如图 3-64 所示，斜楔的有效行程 s_1 一般应大于滑块行程 s。α 为斜楔角，一般取 40°。为了增大滑块的行程 s，可以取 45°，60°。α 与 s/s_1 的关系可查阅设计手册。

2）斜楔、滑块的尺寸设计。

①滑块的长度尺寸：应保证当斜楔开始推动滑块时，推力的合力作用线处于滑块的长度之内（见图 3-65）。

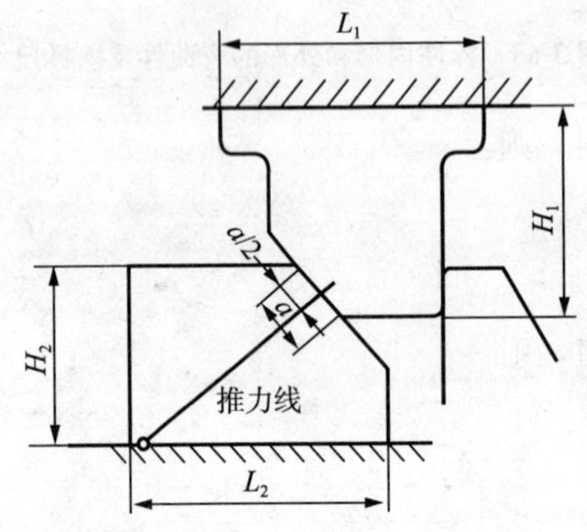

图 3-65　斜楔、滑块尺寸关系图

②合理的滑块高度 H_2 应小于滑块的长度，一般取 $L_2：H_2=(2\sim1)：1$。

③为了保证滑块运动的平稳，滑块的宽度 B_2 一般应满足如下关系式 $B_2\leqslant2.5L_2$。

④斜楔尺寸 H_1、L_1 基本上可按不同模具的结构要求进行设计，但必须有可靠的挡块以保证斜楔正常工作。

⑤对于大型模具，滑块的宽度 B_2 与斜楔宽度 B_1 及所需斜楔数量的关系可查阅设计手册。

3）斜楔、滑块的结构。

斜楔、滑块的结构如图 3-66 所示。斜楔、滑块应设置复位机构，一般采用弹簧复位，有时也用气缸等装置。斜楔模应设置后挡块（见图 3-66 件 2），在大型斜楔模上也可以把后挡块与模座铸成一体。滑动面单位面积上的压力如超出 50MPa，应设置防磨板（见图 3-66件 4、5），以提高模具寿命。

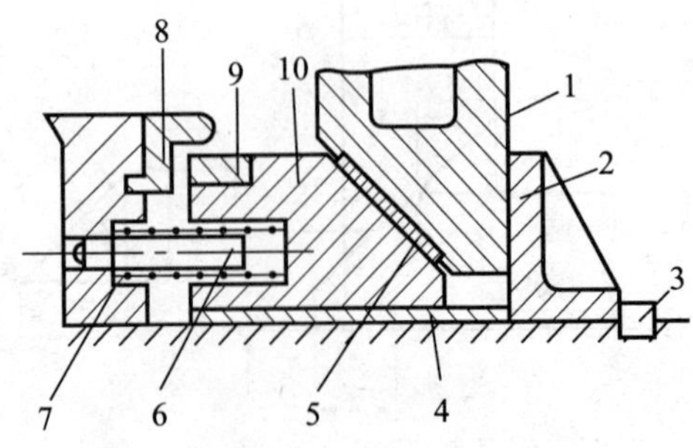

图 3-66　斜楔结构

1—斜楔　2—挡块　3—键　4、5—防磨板　6—导销　7—弹簧　8、9—镶块　10—滑块

2. 支架弯曲模具零件设计

(1) 工作零件设计。

1) 凸模圆角半径。

凸模圆角半径在保证不小于最小弯曲半径值的前提下，当零件的相对圆角半径 r/t 较小时，凸模圆角半径取等于零件的弯曲半径，即

$$r_p = r = 2\text{mm}$$

2) 凹模圆角半径。

凹模圆角半径不应过小，以免擦伤零件表面，影响冲模的寿命，凹模两边的圆角半径应一致，否则在弯曲时坯料会发生偏移。根据材料厚度取

$$r_d = (2\sim3)t = 2.5\times3\text{mm} \approx 8\text{mm}$$

3) 凹模深度。

凹模深度过小，则坯料两端未受压部分太多，零件回弹大且不平直，影响其质量；深度过大，则浪费模具钢材，且需压力机有较大的工作行程。

若零件为弯边高度不大且两边要求平直的 U 形弯曲件，则凹模深度应大于零件的高度，且高出值 $h_0 = 5\text{mm}$，如图 3-67 所示。

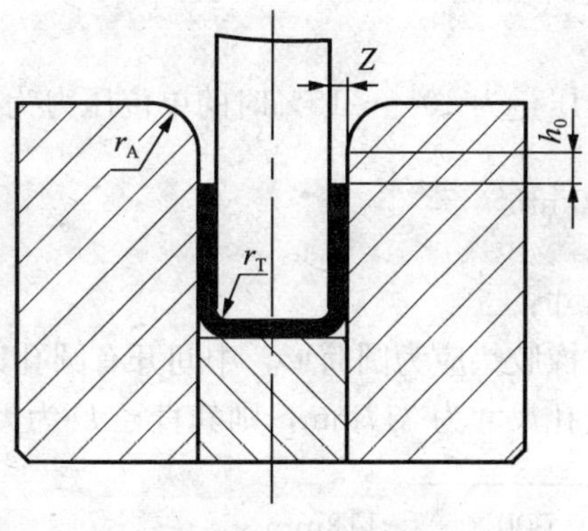

图 3-67　凹模结构

4) 凸、凹模间隙。

根据 U 形件弯曲模凸、凹模单边间隙的计算公式（3-10）得（查表 3-9 得 $c=0.04$）：

$$Z = t_{max} + ct = t + \Delta + ct = (3 + 0.18 + 0.04\times3)\text{mm} = 3.3\text{mm}$$

5) U 形件弯曲凸、凹模横向尺寸及公差。

零件标注内形尺寸时，应以凸模为基准，间隙取在凹模上。而凸、凹模的横向尺寸及公差则应根据零件的尺寸、公差、回弹情况以及模具磨损规律而定。因此，凸、凹模的横向尺寸按公式 3-13 和 3-14 分别为：

$$L_p = (L_{min} + 0.75\Delta)_{-\delta_T}^{\ 0} = (18.5 + 0.75\times0.5)_{-0.033}^{\ 0}\text{mm} = 18.875_{-0.033}^{\ 0}\text{mm}$$

$$L_d = (L_T + 2Z)_{\ 0}^{+\delta_A} = (18.875 + 2\times3.3)_{\ 0}^{+0.052}\text{mm} = 25.475_{\ 0}^{+0.052}\text{mm}$$

(2) 结构零部件设计。

1）模座的设计。

模具采用无导向模架，且为非标准件，只有下模座。初定其底板厚度为 45mm。底板上部铸有一体的左右挡块，以平衡弯曲时的侧向力。两挡块的厚度为 45mm，高度与弯曲凹模高度相等等于 58mm。

2）模柄。

模具采用槽形模柄与弯曲凸模之间相连组成上模，因模具选用的设备为 JH23－25，所以选用规格为 50×30 的槽形模柄。

3）弹顶装置中弹性元件的计算。

由于该零件在成形过程中需压料和顶件，所以模具采用弹性顶件装置，弹性元件选用橡胶，其尺寸计算如下：

①确定橡胶垫的自由高度 H_0：

$$H_0=(3.5\sim4)H_{工}$$

自由状态时，顶件板与凹模平齐，所以

$$H_{工}=r_A+h_0+h=(8+5+25)\text{mm}=38\text{mm}$$

由上两个公式取 $H_0=140$mm。

②确定橡胶垫的横截面积 A：

$A=F_D/p$

查得圆筒形橡胶垫在预压量为 10%～15%时的单位压力为 0.5MPa，所以

$$A=\frac{5\ 000}{0.5}=10\ 000\text{mm}^2$$

③确定橡胶垫的平面尺寸：

根据零件的形状特点，橡胶垫应为圆筒形，中间开有圆孔以避让螺杆。结合零件的具体尺寸，橡胶垫中间的避让孔尺寸为 ϕ17mm，则其直径 D 为

$$D=\sqrt{A\times\frac{4}{\pi}}=\sqrt{10\ 000\times\frac{4}{\pi}}\approx113\text{mm}$$

④校核橡胶垫的自由高度 H_0：

$$\frac{H_0}{D}=\frac{140}{113}=1.2$$

橡胶垫的高径比在 0.5～1.5 之间，所以选用的橡胶垫规格合理。橡胶的装模高度约为 0.85×140=120mm。

综合练习

根据支架弯曲工艺与模具设计任务的学习，完成弯曲毛坯模具的设计和根据弯曲模具总体结构完成各非标准零件图的绘制。

任务二　托架弯曲工艺与模具设计

任务介绍

有一机器零件托架，见图 3-68，材料为 10 钢，厚度为 0.381，大批大量生产，设计其生产工艺与模具。

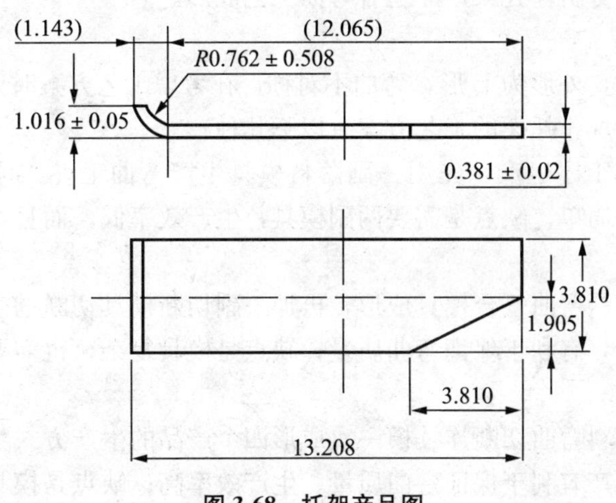

图 3-68　托架产品图

任务分析

托架产品特征为：尺寸小、材料为 10 钢，厚度 0.381，料薄、形状为 L 形、生产批量大。根据其特征，该产品适合弯曲工艺生产。

任务实施

一、托架弯曲工艺设计

1. 工艺分析

（1）产品材料分析。

托架材料是 10 钢，属于优质碳素结构钢，其力学性能强度、硬度和塑性指标适中，经退火后，用冲裁的加工方法是完全可以成形的。另外产品对于厚度和表面质量没有严格要求，所以采用符合国家标准的板材，其冲裁出的产品的表面质量和厚度公差就可以保证。

（2）产品尺寸精度、粗糙度、断面质量分析。

1）尺寸精度。

根据托架产品图，只有两个尺寸有精度要求，而且低于 IT13 级，其余尺寸精度无要求。

2）冲裁件断面质量分析。

托架产品在断面粗糙度和毛刺高度上没有太严格的要求，所以只要模具精度达到一定要求，冲裁件的断面质量就可以保证。

(3) 产品结构形状分析。

托架产品形状比较简单、无狭槽、尖角，外形为L形，尺寸较小，弯曲直边高度为1.016大于$2t$，弯曲半径0.76大于$0.8t$符合弯曲工艺的要求。

结论：根据以上分析，托架产品适合弯曲工艺成形。

2. 工艺方案

根据托架产品图，外形为L形，弯曲不对称，在考虑工艺方案时要注意弯曲产生的偏移。综合考虑生产情况，托架的工艺方案有以下几种：

方案一：采用单工序生产，先用一副落料模具生产弯曲毛坯，再用一副弯曲模具成形。优点是模具结构简单；缺点是需要两副模具，生产效率低，而且弯曲模具要考虑防偏移措施，结构复杂。

方案二：采用落料弯曲复合模具成形，再加一副切断模具切断的生产方式生产。优点是弯曲可以成对生产，有利于保证弯曲质量；缺点是模具复杂，也需要两副模具生产，生产效率低。

方案三：采用落料弯曲切断连续模一次成形四个产品的生产方式生产。优点是只有一副模具、产品成对生产有利于保证弯曲质量、生产效率高；缺点是模具复杂，要考虑模具的定位问题。

综合考虑上述三个方案，由于产品小，生产批量大，以方案三生产为宜。

二、托架弯曲模具设计工艺计算

托架的生产包含了落料、弯曲、切断三个工序，用一副连续模具生产，该模具必须有三个工位。

1. 坯料尺寸计算

根据托架产品图，由于$r/t=2$，很大，料厚不大，只有0.381，圆弧部分展开长度变化不大，加上产品长度尺寸精度要求低，可以以尺寸1.143代替圆弧长计算。坯料尺寸为13.2。

2. 排样

设计多工位级进模，首先要设计条料排样，因为条料排样图是设计多工位级进模的重要依据，因此在设计排样图时要设计多个方案进行比较，归纳、综合得出最佳方案。

(1) 竖排。

竖排的图样见图3-69。

1）搭边值的确定。

查《冲模设计手册》，确定搭边值a、b，当$0.25<t\leqslant0.5$时，$a=2$，$b=1.8$。由于托架产品采用的是连续模具生产，所以在排样设计时，必须考虑送料的定位问题。根据托架产品图，其生产模具不宜采用侧刃定距，只能采用导正销定位。托架产品上没有孔，只能在搭边部位考虑工艺孔，工艺孔直径不能太小，查设计手册，取值为4，所以搭边值取$a=$

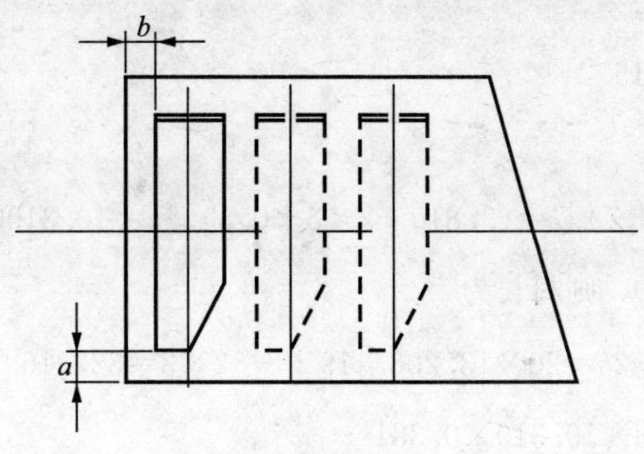

图 3-69　竖排

3 ，$b=3$。

2）步距。

$$s=3.810+3=6.810$$

3）条料宽度。

根据产品特征，采用无侧压装置，所以条料宽 $B_{-\Delta}^{\ 0}=(D+2a+Z)_{-\Delta}^{\ 0}$，查设计手册，$\Delta=-0.5\text{mm}$，$Z=0.5\text{mm}$，所以

$$B_{-\Delta}^{\ 0}=(13.208+2\times3+0.5)_{-0.5}^{\ 0}=19.708_{-0.5}^{\ 0}$$

4）材料利用率。

取工件数量 $n=20$ 件，则料长为

$$L=20D+19b+2b=20\times3.810+19\times3+2\times3=139.2$$

取 $L=140\text{mm}$，所以条料规格为 $140\times19.708\times0.381$

所以材料利用率为：

$$\eta_0=\frac{nF_1}{LB}\times100\%=\frac{20\times43.69}{140\times19.708}\times100\%=31.67\%$$

（2）横排（见图 3-70）。

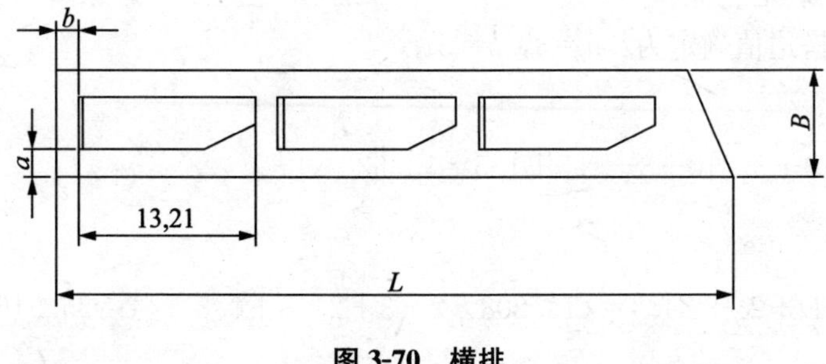

图 3-70　横排

1）搭边值的确定。

根据前述，搭边值确定为：$a=3$，$b=3$。

2）步距。

$$s=13.21+3=16.21$$

3）条料宽度。

$$B_{-\Delta}^{\ 0}=(D+2a+Z)_{-\Delta}^{\ 0}=(3.810+2\times3+0.5)_{-0.5}^{\ 0}=10.3100_{-0.5}^{\ 0}$$

若取工件数量 $n=20$，则料长为

$$L=20D+19b+2b=20\times13.208+19\times3+2\times3=327.16$$

所以条料规格为 328×10.310×0.381

所以材料利用率为：

$$\eta_0=\frac{nF_1}{LB}\times100\%=\frac{20\times43.69}{328\times10.310}\times100\%=25.84\%$$

（3）对头双排（见图 3-71）。

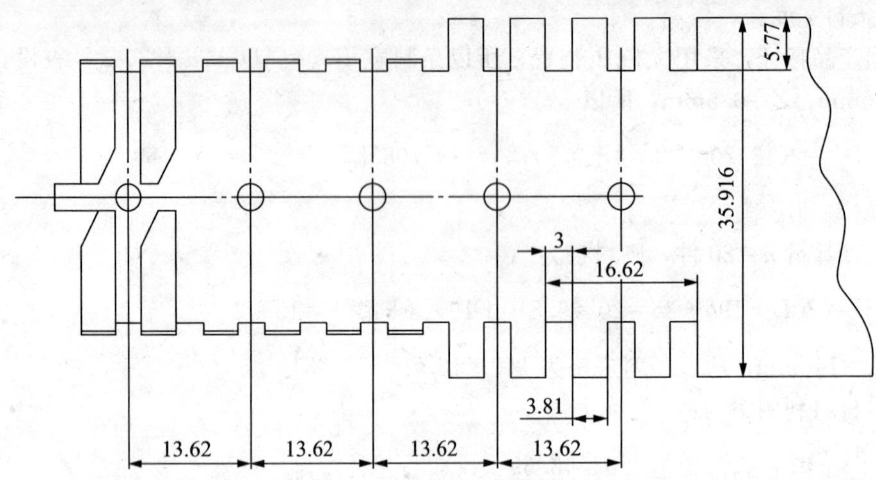

图 3-71　对头双排

1）搭边值的确定。

根据前述，搭边值确定为：$a=3$，$b=3$。

2）步距。

$$s=3.810+3.810+3+1.5+1.5=13.62$$

3）条料宽度。

$$B_{-\Delta}^{\ 0}=(D+2a+Z)_{-\Delta}^{\ 0}=(13.208\times2+3+2\times3+0.5)_{-0.5}^{\ 0}=35.916_{-0.5}^{\ 0}$$

若取工件数量 $n=20$，则料长为

$$L=10D+9b+2b=10\times3.810+9\times3+2\times3=71.1\text{，取 }L=72$$

所以条料规格为 72×35.916×0.381

所以材料利用率为：

$$\eta_0=\frac{nF_1}{LB}\times 100\%=\frac{20\times 43.69}{72\times 35.916}\times 100\%=33.79\%$$

比较上述三个方案，从材料利用率考虑，选择方案三即对头双排排样。考虑凹模强度，此模具共有 5 个工位。第一工位与第五工位是冲裁，第二工位与第四工位是空工位，第三工位是弯曲。

3. 凸、凹模刃口尺寸的计算

查设计手册，$Z_{min}=0.04$mm，由于产品厚度小，成对双排后落料形状复杂，见排样图 3-71，所以采用凸凹模配作加工形式计算刃口尺寸。

(1) 工位 1 落料凹模（见图 3-72）。

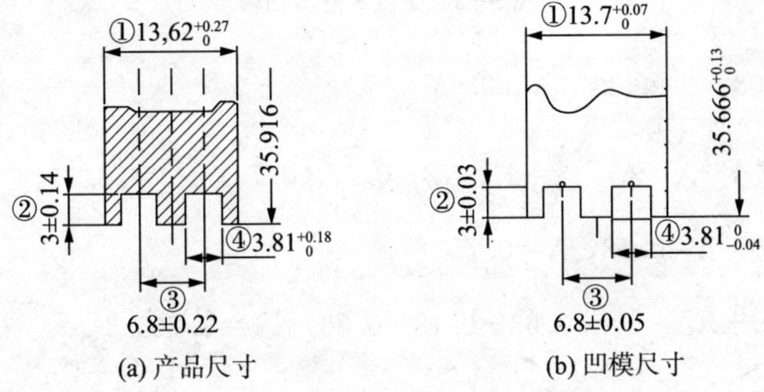

图 3-72　工位 1 落料凹模

1) 尺寸 13.62：$\Delta=0.27$，$X=0.75$。

$$A_{凹模1}=(A_{max}-x\Delta)^{+\frac{\Delta}{4}}_{0}=(13.89-0.27\times 1)^{+\frac{0.27}{4}}_{0}=13.7^{+0.07}_{0}$$

2) 尺寸 3：$\Delta=0.14$，$X=1$。

$$C_{凹模2}=C\pm\frac{\Delta}{4}=3\pm\frac{0.14}{4}=3\pm 0.03$$

3) 尺寸 6.8：$\Delta=0.22$，$X=1$。

$$C_{凹模3}=C\pm\frac{\Delta}{4}=6.8\pm\frac{0.22}{4}=6.8\pm 0.05$$

4) 尺寸 3.81：$\Delta=0.18$，$X=0.75$。

$$B_{凹模4}=(B_{min}+x\Delta)_{-\frac{\Delta}{4}}^{0}=(3.63-0.18\times 0.75)_{-\frac{0.18}{4}}^{0}=3.765_{-0.04}^{0}$$

5) 尺寸 35.916：$\Delta=-0.5$，$X=0.5$

$$A_{凹模}=(A_{max}-x\Delta)^{+\frac{\Delta}{4}}_{0}=(35.916-0.5\times 0.5)^{+\frac{0.5}{4}}_{0}=35.666^{+0.13}_{0}$$

落料用的凸模刃口尺寸，按凹模实际尺寸配制，并保证最小间隙 $Z_{min}=0.04$mm。

（2）工位 5 落料凹模（见图 3-73）。

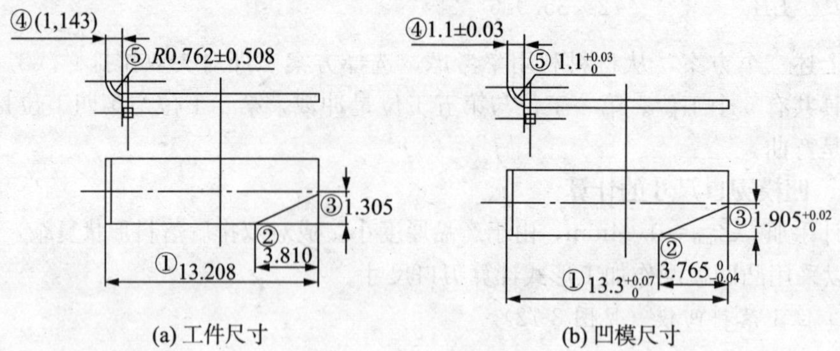

图 3-73　工位 5 落料凹模

1）尺寸 13.208：$\Delta=0.27$，$X=0.75$。

$$A_{凹模1}=(A-X\times\Delta)^{+\frac{\Delta}{4}}_{0}=(13.478-0.27\times0.75)^{+\frac{0.27}{4}}_{0}=13.3^{+0.07}_{0}$$

2）尺寸 3.810：$\Delta=0.18$，$X=0.75$。

$$B_{凹2}=(B+X\Delta)_{-\frac{\Delta}{4}}^{0}=(3.63+0.18\times0.75)_{-\frac{0.18}{4}}^{0}=3.765_{-0.04}^{0}$$

3）尺寸 1.905：$\Delta=0.14$，$X=1$。

$$A_{凹3}=(A-X\times\Delta)^{+\frac{\Delta}{4}}_{0}=(2.045-0.14\times1)^{+\frac{0.14}{4}}_{0}=1.905^{+0.03}_{0}$$

4）尺寸 1.143：$\Delta=0.14$，$X=1$。

$$C_{凹4}=C\pm\frac{\Delta}{4}=1.143\pm\frac{0.14}{4}=1.143\pm0.03$$

5）尺寸 $R0.762$：$\Delta=0.04$，$X=1$。

$$A_{凹5}=(A-X\times\Delta)^{+\frac{\Delta}{4}}_{0}=(1.27-0.14\times1)^{+\frac{0.14}{4}}_{0}=1.1^{+0.03}_{0}$$

凸模刃口尺寸，按凹模实际尺寸配制，并保证最小间隙 $Z_{min}=0.04$mm。

4. 冲压力的计算

（1）侧刃切外形的力：

$$P_1=Kl_1t\tau=1.3\times(37.16\times2)\times0.381\times300\approx11\,043.2(\text{N})$$

（2）冲导正孔的力：

$$P_1=Kl_1t\tau=1.3\times3.14\times4.05\times0.381\times300\approx1\,889.6(\text{N})$$

（3）弯曲力：

$$P_3=Ap=1.143\times3.81\times4\times30=523(\text{N})$$

(4) 落料力：

$P_4 = 1.3 l_4 t\tau = 1.3 \times 23.82 \times 0.381 \times 300 \times 4 \approx 14\ 158(\mathrm{N})$

(5) 卸料力：

$P_X = K_X P = 0.045 \times (P_1 + P_2 + P_3 + P_4)$

$= 0.045 \times (11\ 043.2 + 1\ 889.6 + 523 + 14\ 158) = 0.045 \times 27\ 613.8 = 1\ 243(\mathrm{N})$

(6) 冲压力总和：

$P_{总} = P_1 + P_2 + P_3 + P_4 + P_X = 27\ 613.8 + 1\ 243 = 28\ 856.8\mathrm{N} \approx 29(\mathrm{kN})$

式中：K——系数，一般取 $K=1.3$；

l_1，l_2，l_3，l_4——分别为各道工序的冲裁周边长度，mm；

τ——制件材料的抗剪强度，MPa，查表 $\tau=300$MPa；

t——制件材料的厚度，mm；

A——工件被校正部分的投影面积，mm^2；

P——单位校正力，MPa，取 $p=30$MPa；

K_X——卸料系数，查表 $K_X=0.045$；

P——冲裁力与弯曲力之和，N。

(7) 压力机的选择。

1) 初选压力机。

根据冲裁力初选 J23－40 型开式双柱可倾式曲柄压力机，其参数见表 3-10。

表 3-10　　J23－40 型压力机各参数值

型　号		J23－40
公称压力（kN）		400
滑块行程（mm）		80
滑块行程次数（min^{-1}）		55
最大闭合高度（mm）		330
闭合高度调节量（mm）		65
滑块中心线至床身距离（mm）		250
立柱距离（mm）		340
工作台尺寸（mm）	前后	460
	左右	700
工作台孔尺寸（mm）	前后	250
	左右	360
垫板尺寸（mm）	厚度	65
模柄孔尺寸（mm）	直径	50
	深度	70
滑块底面尺寸（mm）	前后	260
	左右	300
床身最大可倾角（°）		30

2）校核压力机。

①冲压力。

J23－40 公称压力为 400kN 远远大于所需压力 29kN。

②闭合高度。

模具的闭合高度是指模具在最低工作位置时，上模座上平面至下模座下平面之间的距离。它与压力机的配合应该遵守下列关系

$$(H_{max}-H_d)-5>H>(H_{min}-H_d)+10$$

$$330-5>H>265+10$$

$$325>H>275$$

模具的闭合高度为 180mm，满足要求。

5. 模具压力中心的计算（见图 3-74）

如图 3-74 所示，确定坐标原点。

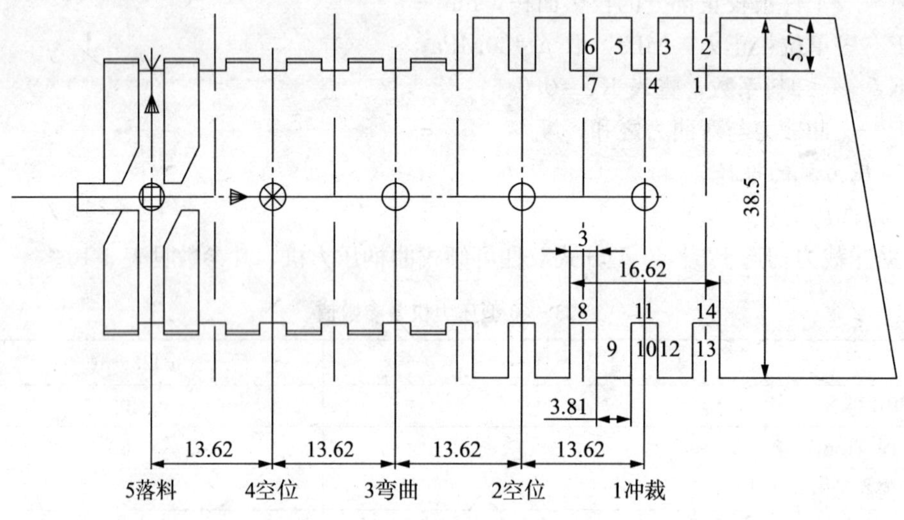

图 3-74　压力中心的计算

（1）第一工位，冲裁：

各线段压力中心见表 3-11。

表 3-11　各线段压力中心

线段名称	压力中心点	线段名称	压力中心点
L_1	(60.54，13.48)	L_8	(48.42，−13.48)
L_2	(59.79，16.350)	L_9	(48.17，−16.350)
L_3	(55.98，16.350)	L_{10}	(52.98，−16.350)
L_4	(54.48，13.48)	L_{11}	(54.48，−13.48)
L_5	(52.98，16.350)	L_{12}	(55.98，−16.350)
L_6	(49.17，16.350)	L_{13}	(59.79，−16.350)
L_7	(48.42，13.48)	L_{14}	(60.54，−13.48)

$$x_{01}=\frac{L_1\times x_1+L_2\times x_2+L_3\times x_3+\cdots+L_{14}\times x_{14}}{L_1+L_2+L_3+\cdots+L_{18}}$$

$$=\frac{1.5\times60.54+5.77\times59.79+5.77\times59.79+\cdots+1.5\times60.54}{1.5+5.77+5.77+1.5}$$

$$=54.48$$

$$y_{01}=0$$

第一工位压力中心：$(x_{01}, y_{01})=(54.48, 0)$。

(2) 第三工位，弯曲：$(x_{03}, y_{03})=(27.24, 0)$。

(3) 第五工位，落料：$(x_{05}, y_{05})=(0, 0)$。

压力中心：

$$x_0=\frac{P_1x_1+P_3x_3+P_5x_5}{P_1+P_3+P_5}=\frac{11\,043\times54.48+523\times27.24+14\,158\times0}{11\,043+523+14\,158}$$

$$=0.000\,007\,5\approx0$$

$$y_0=0$$

在确定模具压力中心时，考虑到加工此制件所需的压力很小，且第一工位与第五工位都是冲裁，第二工位、第四工位是空工位，第三工位是弯曲工位，通过冲裁力的计算，在第一工位上所需的冲裁力与第五工位所需的冲裁力相差不大，故把压力中心设计在弯曲工位上。

因为此模具安装在 25t 冲床上，考虑到压力中心偏移会对模具产生一定的影响，所以在凹模、凸模固定板、卸料板之间增加了四个小导柱导向，这样就可以避免压力中心偏移对模具的影响，故略去压力中心的计算。

三、托架弯曲模具总体设计

1. 模具的形式

参考上述分析，采用多工位级进模，一工位四件。

2. 定位装置

确定合适的定距、定位方式不仅有利于提高冲压件的质量，而且便于操作和确保冲压安全生产。此设计中采用定位板进行粗定位，导正销进行精确定位。

3. 卸料装置

模具是采用弹性卸料板还是采用刚性卸料板取决于卸料力的大小，其中材料料厚是主要考虑因素。由于弹性卸料模具操作时比刚性卸料模具方便，操作者可以看见条料在模具中的送进动作，且弹性卸料板卸料时对条料施加的是柔性力，不会损伤工件表面，因此实际设计中尽量采弹性卸料板，而只有在弹性卸料板卸料力不足时，才改用刚性卸料板。随着模具用弹性元件弹力的增强（如采用矩形弹簧），弹性卸料板的卸料力大大增强。根据目前情况，当材料料厚在 2mm 以下时采用弹性卸料板，大于 2mm 时采用刚性卸料板。本模具所冲材料的料厚为 0.381mm，因此可采用弹性卸料板。

4. 导向零件

导向零件有许多，如用导板导向，但在模具上安装不便，而且阻挡操作者视线，所以不采用；若用滚珠式导柱导套进行导向，则虽然导向精度高，寿命长，但结构比较复杂，所以也不采用；这次加工的产品精度要求不高，采用滑动式导柱导套进行导向即可。而且模具在压力机上的安装比较简单，操作又方便，还可降低成本。

5. 模架形式

如采用纵向送料方式，宜采用中间导柱导套模架（对角导柱导套模架也可）；横向送料宜采用对角导柱导套模架；而后侧导柱导套模架有利于送料（纵横向均可且送料较顺畅），但工作时受力均衡性和对称性比中间导柱导套模架及对角导柱导套模架差一些；四角导柱导套模架则常用于大型模具；而精密模具还须采用滚珠导柱导套。本模具采用对角导柱导套模架，一是对横向送料方式较适宜，二是对角导柱导套模架工作时受力比较均衡、对称。

综上所述，模具采用对角导柱导套模架，模具上模部分主要由上模板、垫板、凸模固定板及卸料板组成。卸料方式采用弹性卸料，以弹簧为弹性元件。下模部分由下模板、凹模、定位板、导件板等组成。模具工作时除导柱导套导向外，工作部分设四个小导柱导向，保证模具工作平稳。冲孔废料和成品均从凹模漏料口漏出，见图 3－75。

模具工作过程，送料采用手工送料，模具工作前靠导尺导向，定位板定位，滑块下行，卸料板先把条料压住，导正销进入导向孔里导向，弯曲凸模导向部位首先进入弯曲凹模洞口，当进入凹模 5mm 时，其他凸模开始工作，再进入凹模 1.4mm，所有工作结束。滑块达到下止点，滑块回程，卸料板首先工作，把包在凸模上的废料卸掉，滑块达到上止点，工作结束。

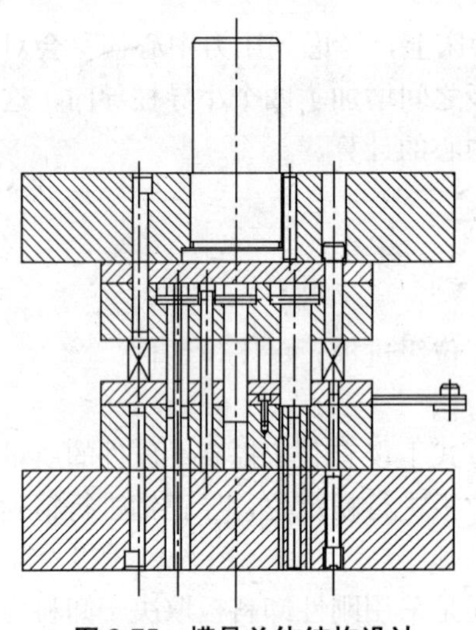

图 3-75　模具总体结构设计

四、托架弯曲模具主要零部件的设计

1. 凸、凹模设计

凸、凹模是模具的工作零件，不仅直接担负着冲压工作，而且是在模具上直接决定制件形状、尺寸大小和精度的最为关键的零件。设计时，依据以下原则：凸、凹模必须有足够的强度、刚度和硬度；结构要简单可靠、制造方便；便于调整、维修和保养；要考虑刃磨后的凸、凹模相对位置对其他工位凸、凹模相对位置的影响；要考虑排件的及时畅通和防止堵料。

(1) 凸模设计。

冲模中的凸模结构，不论其断面形状如何，其基本结构都是由工作部分和安装固定两大部分组成。

托架弯曲模具的凸模有：弯曲部位外形凸模，即第一工步侧刃，见图 3-76；冲导正孔凸模（见图 3-79）；弯曲凸模（见图 3-77）；落料凸模（见图 3-78）。凸模采用台肩固定，长度根据模具结构需要而确定。

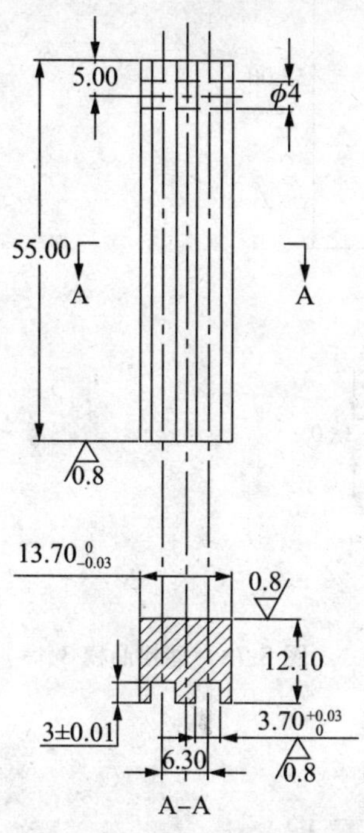

图 3-76　第一工步侧刃（凸模 1）

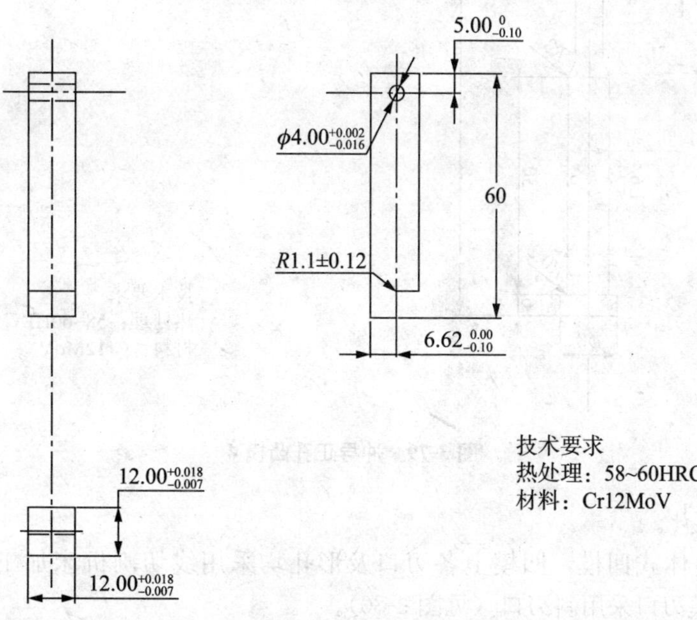

图 3-77　弯曲凸模 2

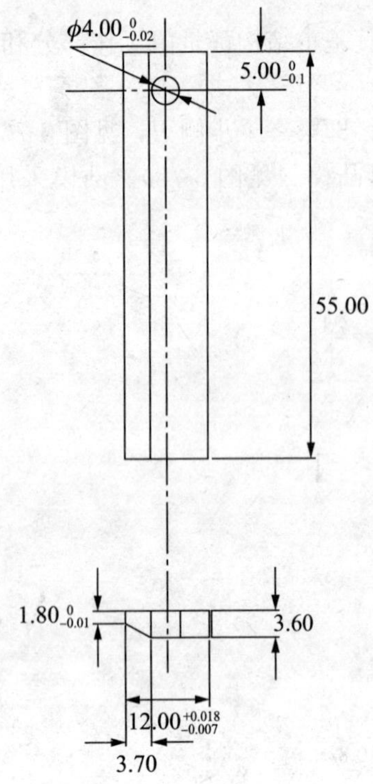

图 3-78　落料凸模 3

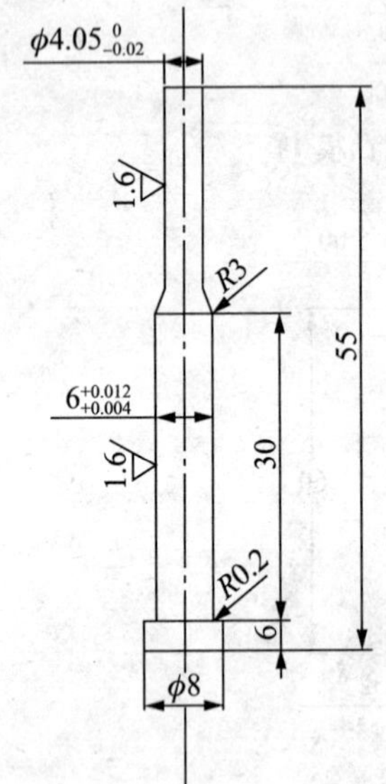

图 3-79　冲导正孔凸模 4

(2) 凹模设计。

凹模采用整体式凹模，凹模上各刃口及形孔均采用线切割机床加工，凹模材料为 Cr12MoV。凹模刃口采用斜刃口（见图 3-80）。

1）凹模厚度 H。

$$H=Ks$$

式中：s——垂直送料方向的凹模刃壁间最大距离（mm）；

K——系数。

查设计手册 $K=0.4$：

$$H=0.4\times38.5=15.4$$

2）凹模宽度 B。

$$B=s+(2.5\sim4.0)H=38.5+2.5\times15.4=84.7$$

3）凹模长度 L。

$$L=s_1+2s_2$$

式中：s_1——送料方向的凹模刃壁间最大距离（mm）；

s_2——送料方向的凹模刃壁至凹模边缘的最小距离（mm），其值查设计手册可得为 20。

$$L=20\times2+72=112$$

为了满足凹模强度要求，长、宽、高圆整为 125×100×30。

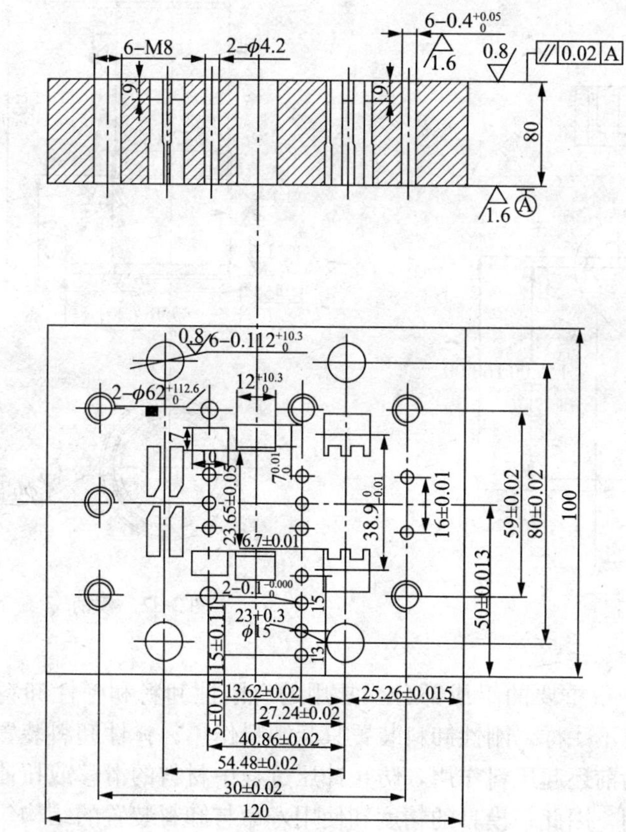

技术要求：
所有表面粗糙度为0.8
热处理：60~62HRC
材料：Cr12MoV

图 3-80　凹模

2. 主要零部件设计

(1) 模架。

模架是模具的主体结构，模具的全部零件都固定在它的上面，并承受冲压过程中的全部载荷。模具上、下模之间的相对位置通过模架的导向装置保持精度，并引导凸模正确运动，保证冲压过程中凸、凹模之间间隙均匀。

托架弯曲模具选用滑动导向模架中的对角导柱模架（见图 3-81），凹模的对角中心线上有一个前导柱和一个后导柱，受力平衡，上模座在导柱上滑动平稳，无偏斜现象，有利于延长模具使用寿命。

(2) 模柄。

模柄是中小型级进模模架上不可缺少的零件，通过它使上模部分迅速找正位置，直接与压力机滑块连接固定在一起，以实现冲压的往复运动。因此，模柄的直径和长度应和压力机滑块的模柄孔相匹配。

托架弯曲模具选择压入式模柄，与上模座成 H7/m6 或 H7/n6 配合，此结构能较好地保持模柄垂直度要求，长期使用后模柄稳定可靠，不会松动，因此在多工位级进模中是最好的一种模柄，应用最多。

根据选择的 J23－40 型开式双柱可倾式曲柄压力机，其模柄孔为 40mm，所以选择直径为 40mm 的模柄，见图 3-82。

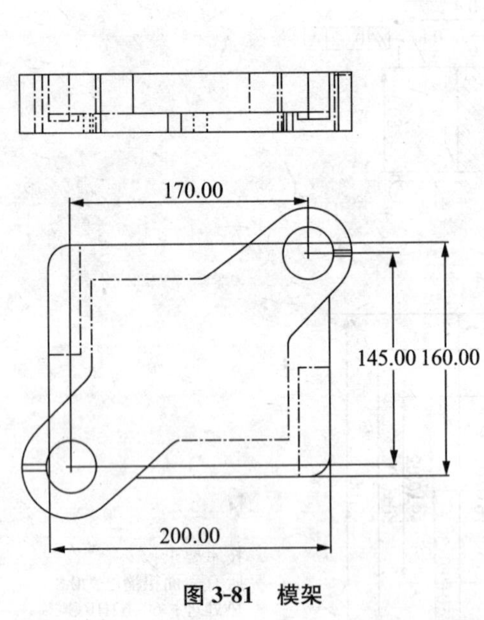

图 3-81　模架

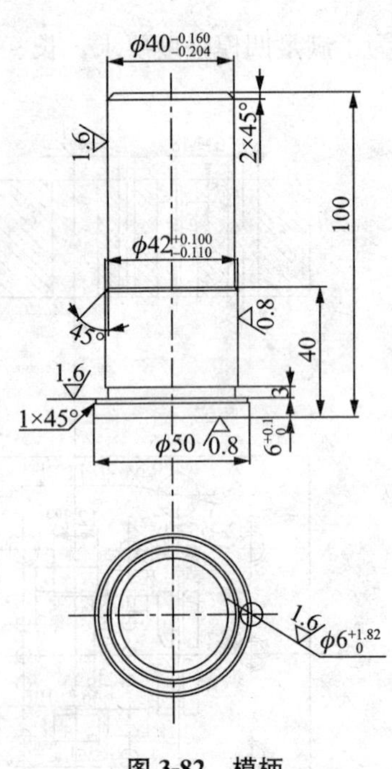

图 3-82　模柄

(3) 卸料装置。

卸料装置在级进模中是个很重要的组成部分，常用的有刚性卸料和弹性卸料两种形式。由于其结构不同，功能也不一样，刚性卸料装置只起卸料作用；弹性卸料装置不仅冲压完后起卸料作用，冲压开始前还起压料作用，防止冲压过程中材料的滑移或扭曲，同时对小凸模还有导向保护等作用，因此，模具的精度和使用寿命与卸料装置的结构、精度和强度有着直接的关系。

托架弯曲模具选用弹性卸料装置，简单的弹性卸料装置是由卸料板通过卸料螺钉和弹性元件（弹簧等）等装在模具上组成的。

弹簧的设计计算如下：

1）弹簧预压力：

$$F_y = 1\ 243/5 \approx 249(\text{N})$$

弹簧极限工件压力 $F_j > F_y$，一般可取 $F_j = (1.5 \sim 2)F_y$，所以 $F_j = 2 \times 249 = 498(\text{N})$

初选弹簧的规格为：$d = 4\text{mm}$；$F_j = 670\text{N}$；$h_j = 12.6\text{mm}$；$H_0 = 38\text{mm}$

2）弹簧预压缩量：

$$h_y = F_y h_j / F_j = 24.9 \times 12.6/670 \approx 4.68(\text{mm})$$

3）校核所选弹簧是否合适。

卸料板工作行程 $h_x = 0.381 + 1 = 1.381 \approx 1.4(\text{mm})$

凸模刃磨量 $h_m = 4(\text{mm})$

故弹簧工作时的总压缩量 h 为

$$h = h_y + h_x + h_m = 4.68 + 1.4 + 4 = 10.08\text{mm} < 12.6\text{mm}$$

所选弹簧满足工件要求。

弹簧规格为：弹簧 4×22×38 GB/T 2089—1994

（4）导向零件。

1）导柱（见图 3-83）。

2）导套（见图 3-84）。

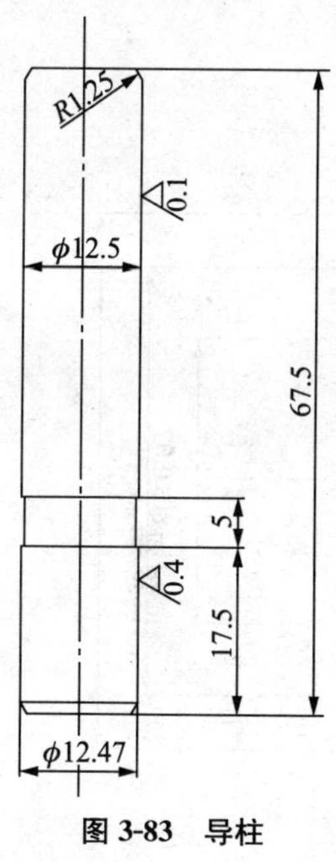

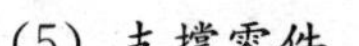

图 3-83　导柱

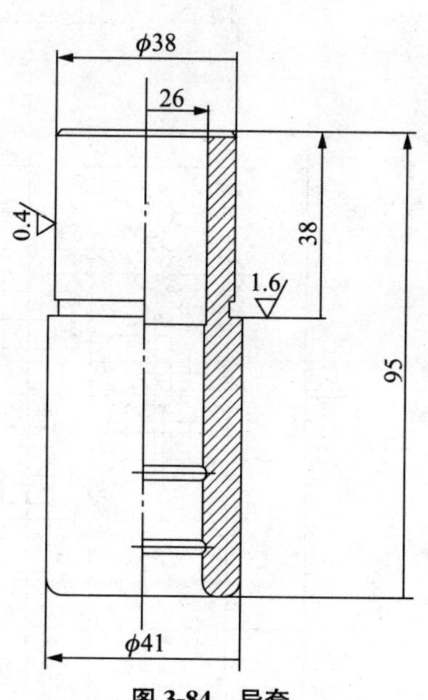

图 3-84　导套

（5）支撑零件。

1）固定板。

冲模中的固定板，根据用途不同分为主要用于固定凸模的凸模固定板，简称固定板，和用于固定凹模的凹模固定板。凸模固定板几乎所有冲模都有（对于特别大的凸模可直接固定在上模座上而不用固定板），而凹模固定板不一定每副模具都需要。

多工位级进模的凸模固定板不仅要安装许多凸模，还要安装一些其他零件，如侧刃、导正销、小导柱、小导套和安全保护装置等，这和普通简单模具固定板用于安装一、两个凸模在功能上是有区别的，对于多工位级进模的固定板要求刚性和强度更高些。

多工位级进模一般都是高速下自动冲压生产的，要求模具寿命长、耐用，因此，对固定板的厚度要求比普通冲模厚一些之外，为了提高刚性和增加耐磨性，常常采用 45 钢或 CrWMn 材料制造，淬火硬度最低取 42～48HRC，高时取 55～60HRC。

凸模固定板固定凸模的各孔中心位置要严格地和凹模孔中心的平面位置完全一致。虽然大多数多工位级进模凸模与固定板的配合不是传统的过渡配合，而是间隙配合，凸模与凹模孔的位置是由卸料板保证的，但不能降低固定板的加工精度要求。

固定板的外形一般与凹模相同，常取整体式，结构紧凑，中小型模具常用。当外形尺寸太大不便于加工时，可采用分段组合结构。

固定板上的各凸模固定孔一般由线切割直接加工而成，也可以采用镶拼结构，由线切割和成形磨削混合加工保证加工精度和装配要求。加工过程中各凸模固定孔的配合面必须保持与固定板两平面垂直。

托架弯曲模具的凸模固定板和卸料板分别见图 3-85 和图 3-86。

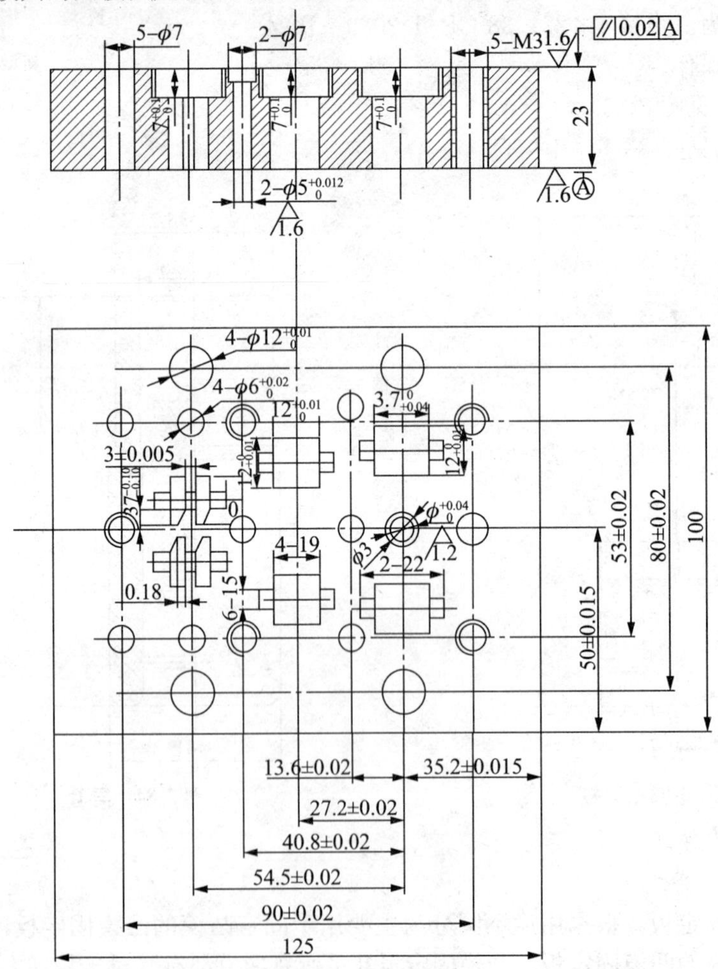

图 3-85 凸模固定板

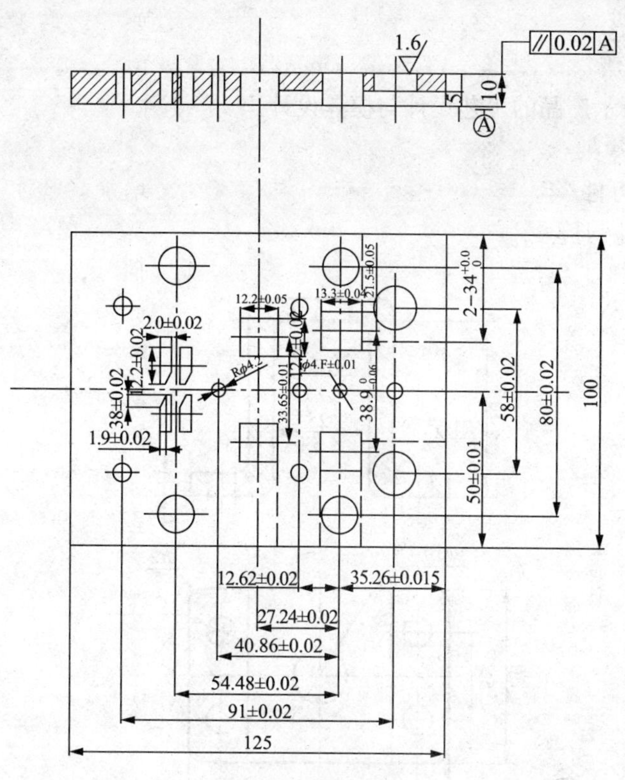

图 3-86　卸料板

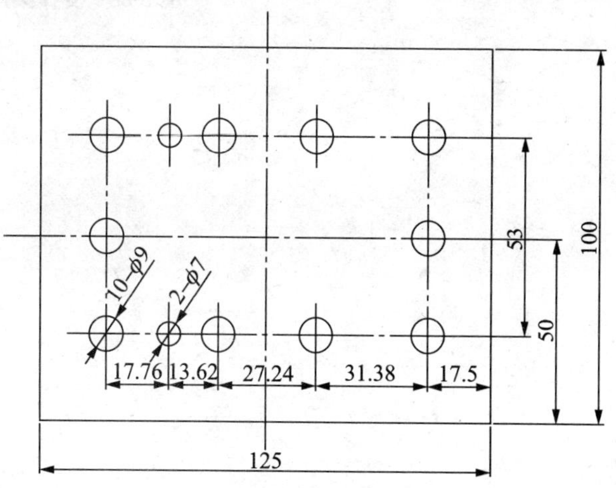

图 3-87　垫板

2）垫板。

垫板主要用来承受凸模（包括凹模镶件）传来的压力，防止模座接触面受过大的冲压力而出现凹坑，影响模具正常工作。

多工位级进模为了可靠和安全，一般都用垫板，淬火硬度取52～56HRC。

垫板的外形尺寸常按凸模固定板的形状确定，加工时要求上下平面平行，磨削加工时为防止变形，需两面反复多次精磨达到要求，对于分段垫板，厚度尺寸要保持一致。

托架弯曲模具的垫板见图 3-87。

其他支撑零件比较简单，不再介绍。

综合练习

完成图 3-88 所示产品的工艺设计与模具设计。

零件名称：支撑架

生产批量：2 万件/年

材 料：08 冷轧钢板

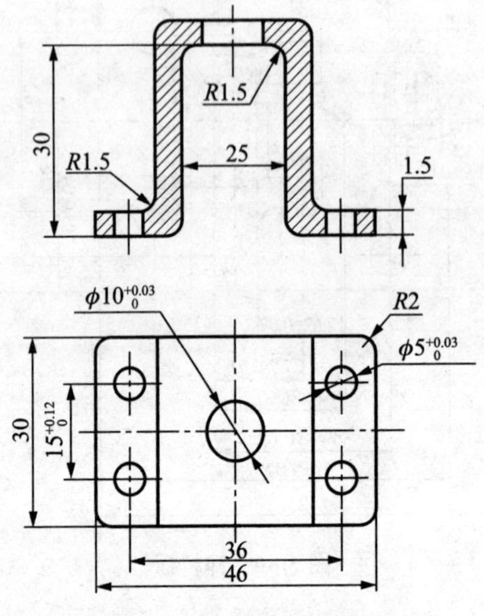

图 3-88 支撑架产品图

模块四

拉深工艺与模具设计

内容简介：

拉深是基本冲压工序之一。本模块在分析拉深变形过程及拉深件质量影响因素的基础上，学习拉深工艺计算、工艺方案制定和拉深模设计，涉及拉深变形过程分析、拉深件质量分析、拉深系数及最小拉深系数影响因素、圆筒形件的工艺计算、其他形状零件的拉深变形特点、拉深工艺性分析与工艺方案确定、拉深模典型结构、拉深模工作零件设计、辅助工序等。

学习目的与要求：

1. 了解拉深变形规律及拉深件质量的影响因素；
2. 掌握拉深工艺计算方法；
3. 掌握拉深工艺性分析与工艺设计方法；
4. 认识拉深模的典型结构及特点，掌握拉深模工作零件的设计方法；
5. 掌握拉深工艺与拉深模设计的方法和步骤。

重点：

1. 拉深变形规律及拉深件质量的影响因素；
2. 拉深工艺的计算方法；
3. 拉深工艺性分析与工艺方案的制定；
4. 拉深模的典型结构与结构设计；
5. 拉深工艺与拉深模设计的方法和步骤。

难点：

1. 拉深变形规律及拉深件质量的影响因素；
2. 拉深工艺的计算；
3. 其他形状零件的拉深变形特点；
4. 拉深模的典型结构与拉深模工作零件的设计。

相关知识

一、拉深的概念及变形分析

拉深（又称拉延）是利用拉深模在压力机的压力作用下，将平板坯料或空心工序件制成空心零件的加工方法，它是冲压生产中应用最广泛的工序之一。拉深可加工旋转体零件、盒形零件及其他形状复杂的薄壁零件，如图 4-1 所示。它广泛用于汽车、拖拉机、仪表、电子、航空和航天等各种工业部门和日常生活用品的生产中。

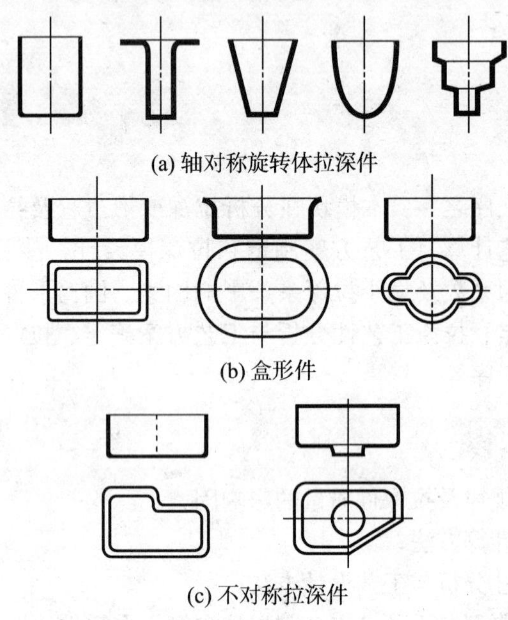

(a) 轴对称旋转体拉深件

(b) 盒形件

(c) 不对称拉深件

图 4-1　拉深件示意图

拉深可分为不变薄拉深和变薄拉深。不变薄拉深成形后的零件，其各部分的厚度与拉深前坯料厚度相比，基本不变；而变薄拉深成形后的零件，其壁厚与原坯料厚度相比则有明显的变薄。在实际生产中，应用较多的是不变薄拉深，本模块学习不变薄拉深。

拉深成形所用的冲模叫拉深模。拉深模结构一般比较简单，它与冲裁模相比，凸模与凹模的工作部分均有较大的圆角，表面质量要求高，凸模与凹模的间隙一般略大于坯料厚度。

拉深模有许多种类，根据使用的压力机类型不同，可分为单动压力机上用的拉深模和双动压力机上用的拉深模；根据拉深顺序可分为首次拉深模和以后各次拉深模；根据工序组合可分为单工序拉深模、复合工序拉深模、连续工序拉深模；根据压料情况可分为有压边装置和无压边装置拉深模。图 4-2 为一副有压边圈的首次拉深模，平板坯料放入定位板 6 内，当上模下行时，首先由压边圈 5 和凹模 7 将坯料压住，随后凸模 10 将坯料逐渐拉入凹模孔内进行拉深成形。成形完后，当上模回升时，弹簧 4 恢复，利用压边圈 5 将拉深件从凸模 10 上卸下，为了便于成形和卸料，在凸模 10 上开设有通气孔。在这副模具中，压边圈既起压边作用，又起卸料作用。

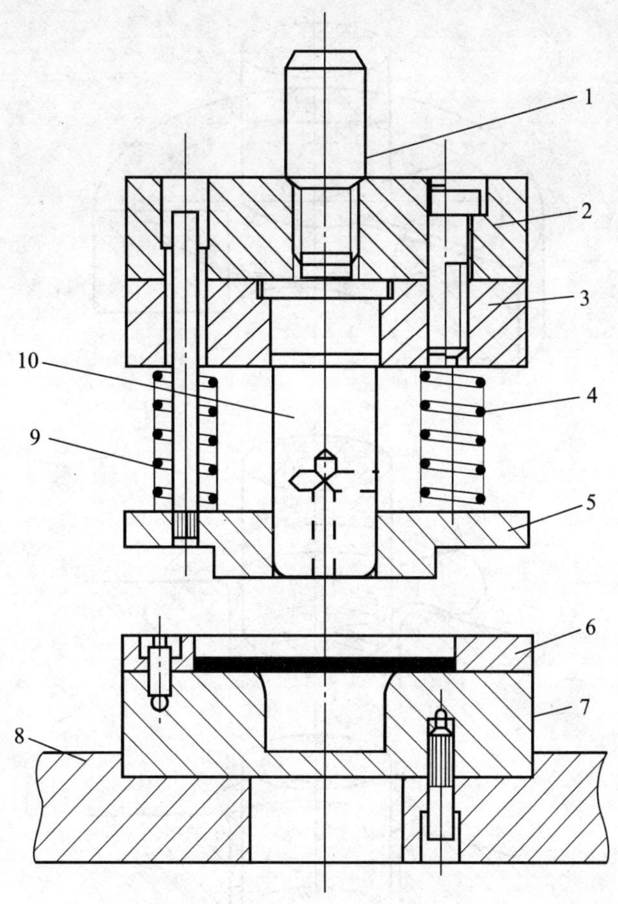

图 4-2 有压边圈的首次拉深模

1—模柄 2—上模座 3—凸模固定板 4—弹簧 5—压边圈

6—定位板 7—凹模 8—下模座 9—卸料螺钉 10—凸模

1. 圆筒形拉深件的变形分析

(1) 宏观分析。

图 4-3 为平板圆形坯料变为筒形件的变形过程示意图。拉深凸模和凹模与冲裁模不同，它们都有一定的圆角而不是锋利的刃口，其间隙一般大于板料厚度。

为了说明拉深变形过程，在平板坯料上沿直径方向画出一个局部的扇形区域 *oab*。当凸模下压时，将坯料拉入凹模，扇形 *oab* 变成以下三部分：

1) 凸缘部分 $a'b'cd$，变形后逐渐转化为筒壁，凸缘部分减少，筒壁部分逐渐增加，材料完成变形后由变形区转化为传力区。

2) 筒壁部分 *cdef*，在拉深过程中所占比例逐步增加，其是传力区。

3) 筒底部分 *oef*，筒底部分基本不发生变形，在拉深过程中是传力区。

(2) 微观分析。

为了进一步说明拉深时金属的变形过程，可进行如下实验：在圆形坯料上画许多间距都等于 a 的同心圆和分度相等的辐射线如图 4-4 所示，由这些同心圆和辐射线组成网格。

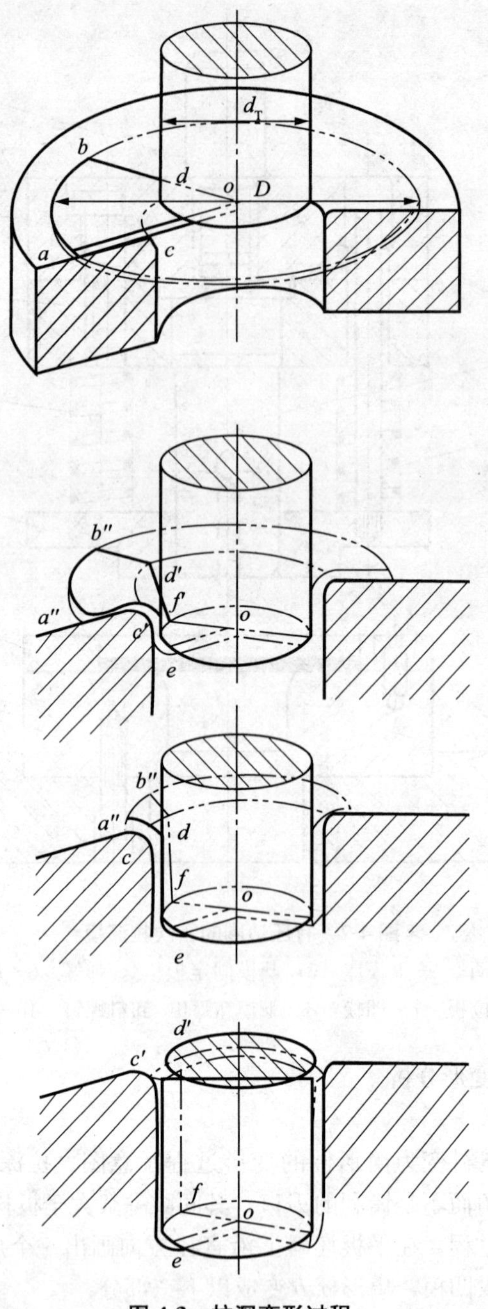

图 4-3　拉深变形过程

拉深后，圆筒形件底部的网格基本保持原来的形状，而圆筒形件筒壁部分的网格则发生了很大的变化：原来的同心圆变为筒壁上的水平圆周线，而且其间距 a 也增大了，越靠筒的上部增大越多，即

$$a_1 > a_2 > a_3 > \cdots a$$

另外，原来分度相等的辐射线变成了筒壁上的垂直平行线，其间距则完全相等，即

$$b_1 = b_2 = b_3 = \cdots = b_i$$

网格变化说明，拉深时坯料的外部环形部分是主要变形区，而与凸模底部接触的部分是不变形区。

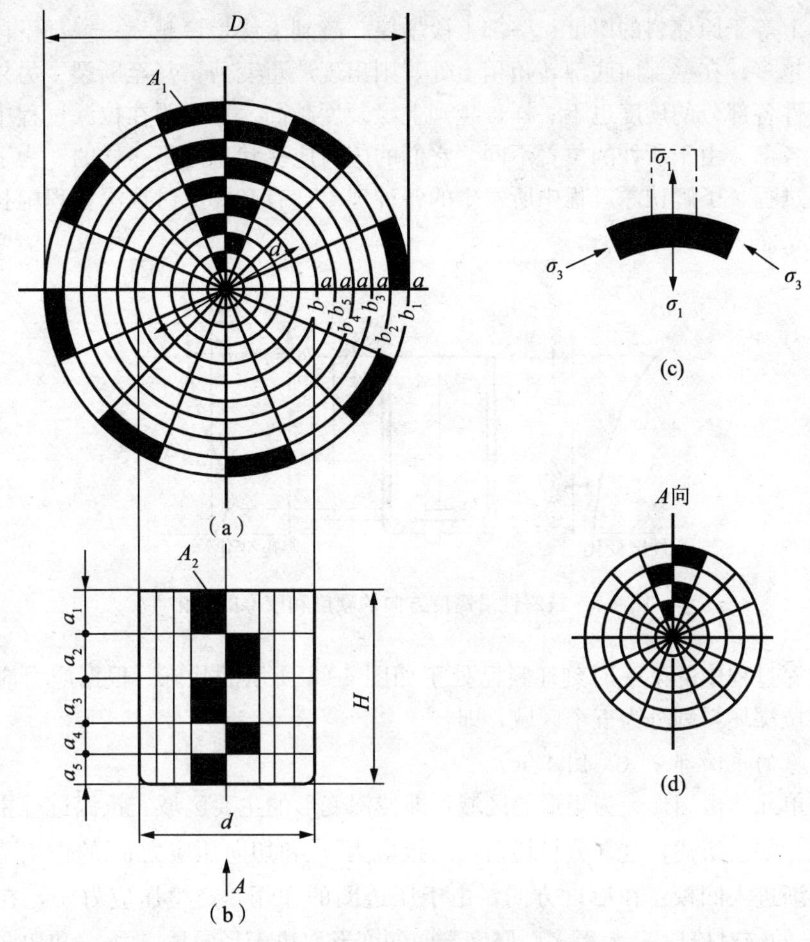

图 4-4　拉深变形特点

如果拿网格中的一个小单元体来看，在拉深前是扇形（见图 4-4a），其面积是 A_1，而在拉深后则变成矩形（见图 4-4b），其面积是 A_2。由于在拉深后，材料厚度变化很小，故可认为拉深前后小单元体的面积不变，即 $A_1 = A_2$。

为什么原来是扇形的小单元体，在拉深后却变成矩形了呢？这是由于坯料在模具的作用下，金属内部产生了内应力，对于一个小单元来说（见图 4-4c），径向受拉应力 σ_1 作用，切线方向受压应力 σ_3 作用，因而径向产生拉深变形，切向产生压缩变形，径向尺寸增加，切向尺寸减小，结果形状由扇形变成了矩形。当凸缘部分的材料变为筒壁时，外缘尺寸由初始的 πD 逐渐缩短变为 πd；而径向尺寸由初始的 $(D-d)/2$ 逐步伸长变为高度 H，$H>(D-d)/2$。

综上所述，拉深变形过程可概括如下：在拉深过程中，由于外力的作用，坯料凸缘区内部的各个小单元体之间产生了相互作用的内应力，径向为拉应力 σ_1；切向为压应力 σ_3。

在 σ_1 和 σ_3 的共同作用下，凸缘部分金属材料产生塑性变形，径向伸长，切向压缩，且不断被拉入凹模中变为筒壁，最后得到直径为 d 高度为 H 的筒形件。

2. 拉深过程中坯料内的应力与应变状态

在实际生产中可发现拉深件各部分的厚度是不一致的（见图 4-5）。一般是底部略为变薄，但基本上等于原坯料的厚度；壁部上段增厚，越到上缘增厚越大；壁部下段变薄，越靠下部变薄越多；在壁部向底部转角稍上处，则出现严重变薄，甚至断裂。另外，沿高度方向，拉深件各部分的硬度也不一样，越到上缘硬度越高。这说明在拉深过程中的不同时刻，坯料内各部分由于所处的位置不同，它们的应力应变状态是不一样的。为了更加深刻地认识拉深过程，了解拉深过程中所发生的各种现象，有必要探讨拉深过程中材料各部分的应力应变状态。

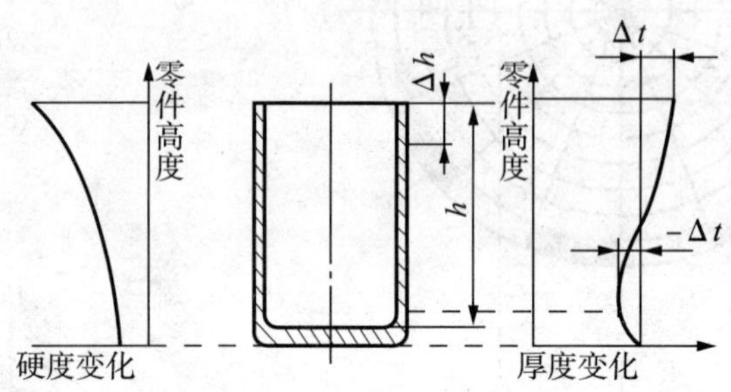

图 4-5 拉深件沿高度方向的硬度和壁厚的变化

设在拉深过程中的某一时刻坯料已处于如图 4-6a 所示的状态。根据应力应变状态的不同，可将拉深坯料划分为五个区域，即：

（1）凸缘的平面部分（见图 4-6c）。

这是小单元体由扇形变为矩形的区域，即拉深变形的主要区域。拉深过程主要在这个区域内完成。如前所述，这部分材料在径向拉应力 σ_1 和切向压应力 σ_3 的作用下，发生塑性变形而逐渐进入凹模。在厚度方向，由于压边圈的作用，产生压应力 σ_2，在一般情况下，σ_1 和 σ_3 的绝对值比 σ_2 大得多。厚度方向的变形取决于径向拉应力 σ_1 和切向压应力 σ_3 之间的比例关系，一般材料在产生切向压缩和径向伸长的同时，厚度有所增加，越接近外缘，板料增厚越多。如果不压料或压料力较小，这时板料厚度比较大，当拉深变形程度较大，板料又比较薄时，则在坯料的凸缘部分，在切向压应力的作用下可能拱起而失稳，形成起皱现象。

（2）凸缘的圆角部分（见图 4-6d）。

这是位于凹模圆角部分的材料，切向受压应力而压缩，径向受拉应力而伸长，厚度方向受到凹模圆角的压力和弯曲作用。这里的切向压应力值 σ_3 不大，径向拉应力 σ_1 最大，而且凹模圆角越小，弯曲变形程度越大，弯曲引起的拉应力越大，所以有可能出现破裂。该部分也是变形区，但它是变形次于凸缘平面部分的过渡区。

（3）筒壁部分（见图 4-6e）。

这是拉深时形成的侧壁部分，是已经结束了塑性变形阶段的已变形区。这个区受单向拉应力作用，变形是拉深变形。

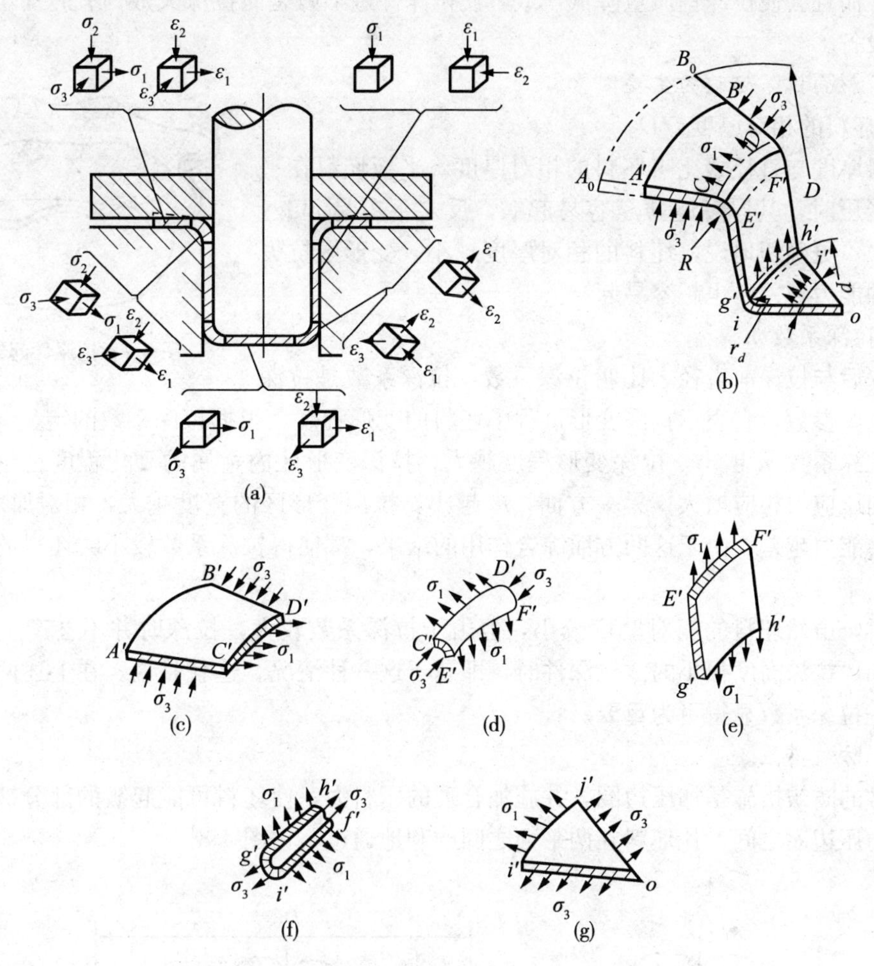

图 4-6　圆筒件拉深时各区的应力应变状态

(4) 底部圆角部分（见图 4-6f）。

这是与凸缘圆角接触的部分，它从拉深开始一直承受径向拉应力和切向拉应力的作用，并且受到凸模圆角的压力和弯曲作用，因而这部分材料变薄最严重，尤其是与侧壁相切的部位，所以此处最容易出现拉裂，是拉深的“危险断面”。

(5) 筒底部分（见图 4-6g）。

这部分材料与凸模底面接触，在拉深开始时即被拉入凹模，并在拉深的整个过程保持其平面形状。它受双向拉应力作用，变形是双向拉深变形。但这部分材料基本上不产生塑性变形或者只产生不大的塑性变形。筒壁、底部圆角、筒底这三部分的作用是传递拉深力，把凸模的作用力传递到变形区凸缘部分上，使之产生足以引起拉深变形的径向拉应力 σ_1，因而又叫传力区。

二、拉深件的主要质量问题

1. 起皱

在拉深时，凸缘上材料产生皱折叫起皱（见图 4-7）。起皱产生后，不仅拉深力、拉深功增大，而且会使拉深件质量降低，或者使拉深件过早破裂而拉深失败，有时甚至会损坏模具和设备。

（1）影响拉深起皱的主要因素。

1）坯料的相对厚度 t/D。

坯料厚度与直径之比叫坯料的相对厚度，平板坯料在平面方向受压时，其厚度越薄越容易起皱，反之不容易起皱。在拉深中，更确切地说，坯料的相对厚度越小，变形区抗失稳起皱的能力越差，也越容易起皱。

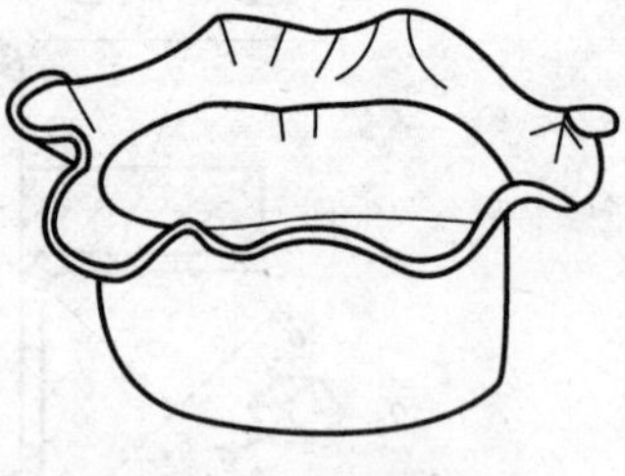

图 4-7　拉深件起皱

2）拉深系数 m。

拉深后与拉深前直径之比叫拉深系数，拉深系数是拉深工艺的重要参数，它表示拉深变形过程中坯料的变形程度。根据拉深系数的定义 $m=d/D$ 可知，拉深系数 m 越小，拉深变形程度越大，拉深变形区内金属的硬化程度也越高，所以，切向压应力相应增大；另一方面，m 越小，拉深变形区的宽度越大，相对厚度越小，其抗失稳能力越差。由于这两方面综合作用的结果，都使得拉深系数较小时坯料的起皱趋势加大。

有时，虽然坯料的相对厚度较小，但由于拉深系数较大，拉深时并不会产生失稳起皱。例如，拉深高度很小的浅拉深件时，即属于这一种情况。这就是说，在上述两个主要因素中，拉深系数显得更为重要。

（2）防皱措施。

通常的防皱措施是加压边圈，并施加合理的压料力，使坯料可能起皱的部分被夹在凹模平面与压边圈之间，让坯料在两平面之间顺利地通过，见图 4-8。

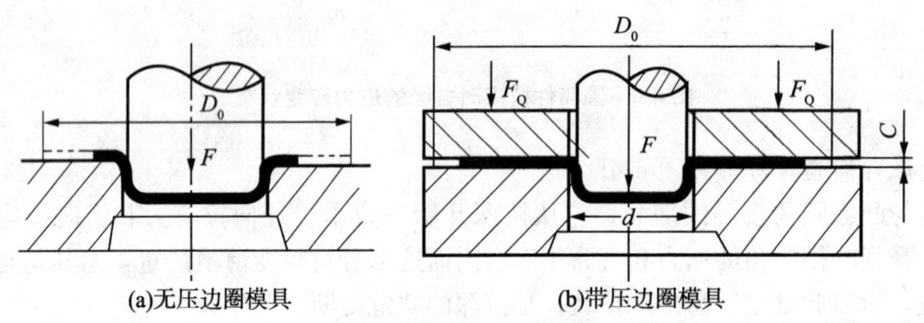

(a)无压边圈模具　　(b)带压边圈模具

图 4-8　有无压边圈模具结构

2. 拉裂

（1）拉裂产生的原因与部位。

图 4-9 表示圆筒件拉深后的壁厚变化。在 A、B 两处可能产生缩颈，即拉深过程中坯料变薄最剧烈处。若径向拉应力大于材料的抗拉强度 σ_b，便会在此处产生拉裂（见图 4-10）。圆筒件拉深时产生破裂的原因，可能是由于凸缘起皱，坯料不能通过凸、凹模间隙，使 σ_1 增大；或者由于压边力过大，使 σ_1 增大；或者是变形程度太大，即拉深系数小于极限值。

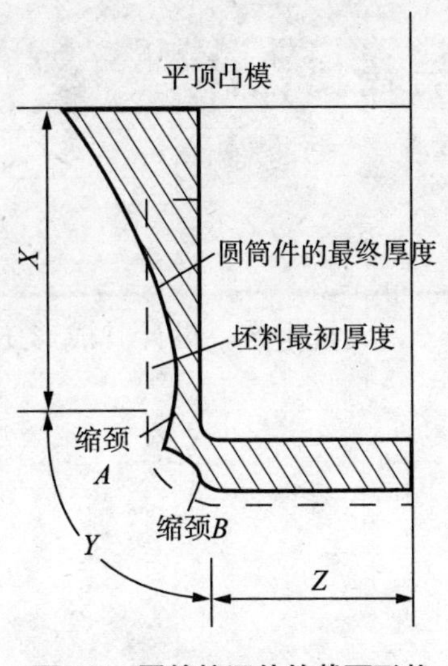

图 4-9　圆筒拉深件的截面形状

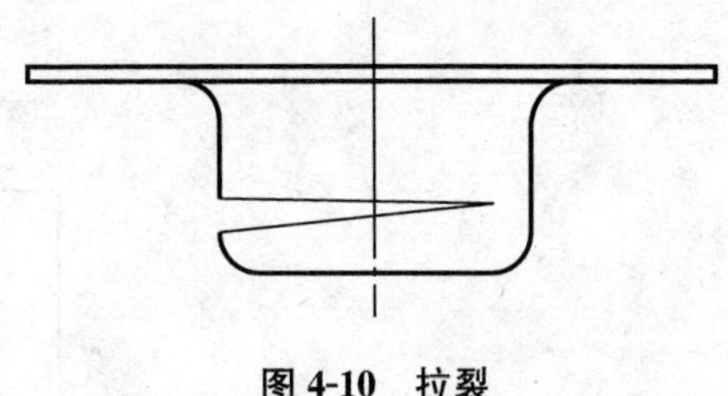

图 4-10　拉裂

(2) 拉裂的解决措施。

防止拉裂的根本措施是减小拉深时的变形抗力。通常是根据板料的成形性能，确定合理的拉深系数，采用适当的压边力和较大的模具圆角半径，改善凸缘部分的润滑条件，增大凸模表面的粗糙度，选用 σ_s/σ_b 比值小的材料等。

3. 突耳

筒形件拉深，在拉深件口端出现有规律的高低不平现象叫突耳，如图 4-11 所示。一般有四个突耳，有时是两个或六个，甚至八个突耳，产生突耳的原因是板材的各向异性，在板厚方向性系数 r 低的方向，板料变厚，筒壁高度较低；在 r 高的方向，板料厚度变化不大，故筒壁高度较高。所以板平面方向性系数 Δr 越大，突耳现象越严重。

消除凸耳获得口部平齐的拉深件，只有进行修边。

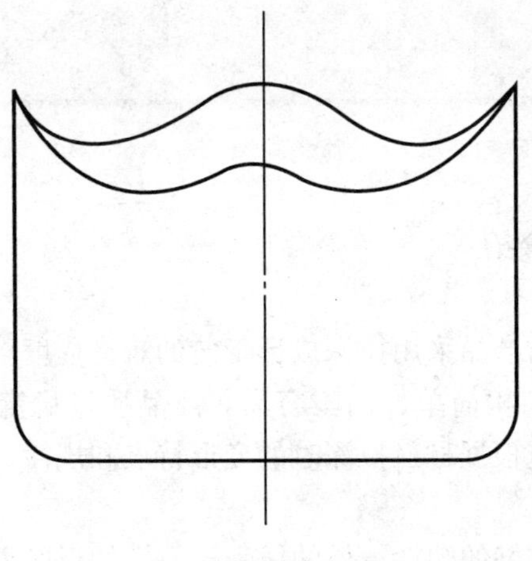

图 4-11　突耳形状

任务一　支座拉深工艺与模具设计

任务介绍

有一产品支座，见图 4-12，材料为 08 钢，料厚 2mm，大批生产，设计其成形工艺与模具。

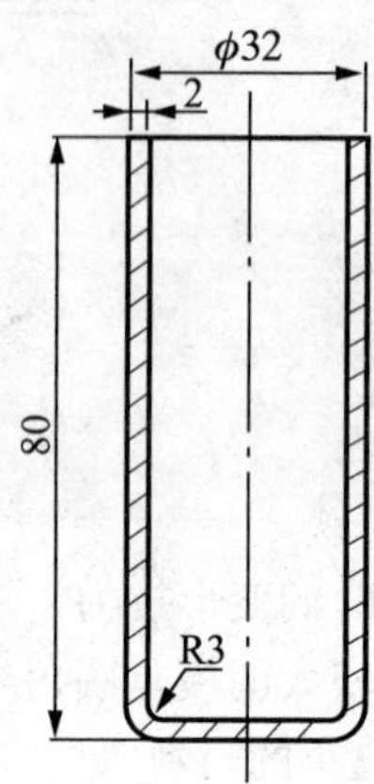

图 4-12　支座产品图

任务分析

支座产品为一直壁圆筒形产品，壁厚 2mm，产品材料为 08 钢，塑性很好，生产批量大，可以冲压拉深成形。

任务实施

一、支座拉深工艺设计

1. 拉深工艺设计知识介绍

（1）工艺分析。

工艺分析的目的是判断产品采用拉深成形工艺的难易程度。良好的工艺性应是坯料消耗少、工序数目少，模具结构简单、加工容易，产品质量稳定、废品少和操作简单方便等。在设计拉深产品时，应根据材料拉深时的变形特点和规律，提出满足工艺性的要求：

1）对拉深材料的要求。

拉深件的材料应具有良好的塑性、低的屈强比、大的板厚方向性系数和小的板平面方向性。

2）对拉深产品结构形状的要求。

①拉深件高度应尽可能小，以便能通过1～2次拉深工序成形。圆筒形零件一次拉深可达到的高度如表4-1所示。盒形件当其壁部转角半径 $r=(0.05\sim0.20)B$ 时，一次拉深高度 $h\leqslant(0.3\sim0.8)B$。

表4-1　一次拉深的极限高度

材料名称	铝	硬铝	黄铜	软钢
相对拉深高度 h/d	0.73～0.75	0.60～0.65	0.75～0.80	0.68～0.72

②拉深件的形状应尽可能简单、对称，以保证变形均匀。对于半敞开的非对称拉深件（如图4-13所示），可采用成双拉深后再剖切成两件的方式。

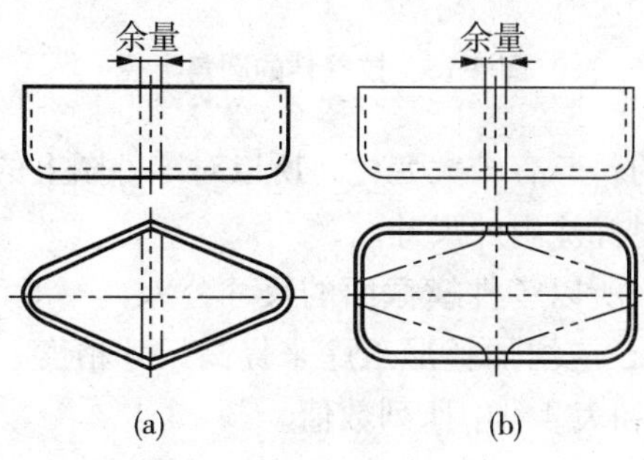

图4-13　组合拉深后剖切

③有凸缘的拉深件，最好满足 $d_{凸}\geqslant d+12t$，而且外轮廓与直壁断面最好形状相似。否则，拉深困难、切边余量大。在凸缘面上有下凹的拉深件（见图4-14），如下凹的轴线与拉深方向一致，可以拉出。若下凹的轴线与拉深方向垂直，则只能在最后校正时压出。

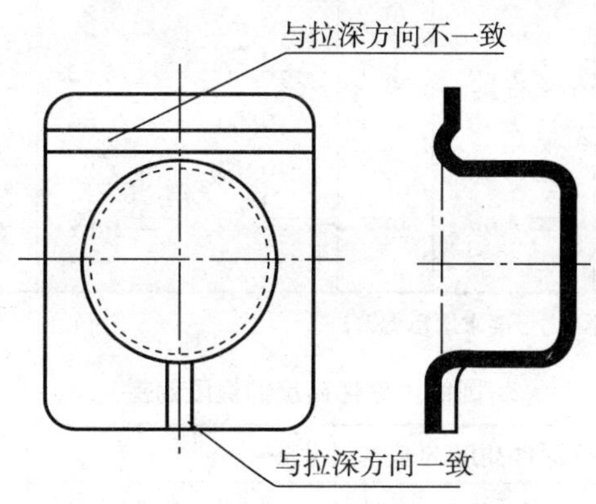

图4-14　凸缘面上有下凹的拉深件

④拉深件的底或凸缘上的孔边到侧壁的距离应满足：$a\geqslant R+0.5t$（或 $r_d+0.5t$），如图4-15所示，否则只能拉深后钻加工孔。

⑤拉深件的底与壁、凸缘与壁、矩形件四角的圆角半径应满足：$r_d\geqslant t$，$R\geqslant 2t$，$r\geqslant 3t$，否则，应增加整形工序，一次整形的，圆角半径可取：$r_d\geqslant(0.1\sim0.3)t$，$R\geqslant(0.1\sim0.3)t$，见图4-15。

3）对拉深产品精度的要求。

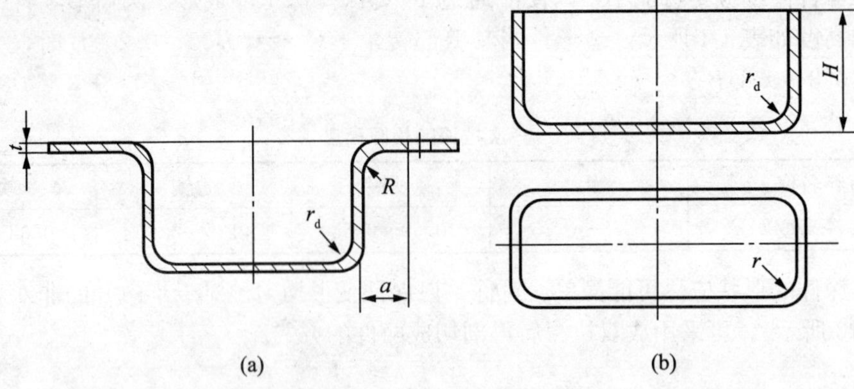

图 4-15　拉深件的圆角半径

①由于拉深件各部位的料厚有较大变化，所以对零件图上的尺寸应明确标注是外壁尺寸还是内壁尺寸，不能同时标注内外尺寸。

②由于拉深件有回弹，所以零件横截面的尺寸公差，一般都在 IT12 级以下。如果零件公差要求高于 IT12 级时，应增加整形工序来提高尺寸精度。在一般情况下拉深件的精度不应超过表 4-2、表 4-3 和表 4-4 中所列数值。

表 4-2　拉深件直径的极限偏差　(mm)

材料厚度	拉深件直径的基本尺寸 d			材料厚度	拉深件直径的基本尺寸 d			附图
	≤50	>50～100	>100～300		≤50	>50～100	>100～300	
0.5	±0.12	—	—	2.0	±0.40	±0.50	±0.70	
0.6	±0.15	±0.20	—	2.5	±0.45	±0.60	±0.80	
0.8	±0.20	±0.25	±0.30	3.0	±0.50	±0.70	±0.90	
1.0	±0.25	±0.30	±0.40	4.0	±0.60	±0.80	±1.00	
1.2	±0.30	±0.35	±0.50	5.0	±0.70	±0.90	±1.10	
1.5	±0.35	±0.40	±0.60	6.0	±0.80	±1.00	±1.20	

注：拉深件外形要求取正偏差，内形要求取负偏差。

表 4-3　圆筒拉深件高度的极限偏差　(mm)

材料厚度	拉深件高度的基本尺寸 h					附图
	≤18	>18～30	>30～50	>50～80	>80～120	
≤1～	±0.5	±0.6	±0.7	±0.9	±1.1	
>1～	±0.6	±0.7	±0.8	±1.0	±1.3	
>2～	±0.7	±0.8	±0.9	±1.1	±1.5	
>3～	±0.8	±0.9	±1.0	±1.2	±1.8	
>4～	—	—	±1.2	±1.5	±2.0	
>5～	—	—	—	±1.8	±2.2	

注：本表为不切边情况达到的数值。

表 4-4　　带凸缘拉深件高度的极限偏差　　(mm)

材料厚度	拉深件高度的基本尺寸 h					附图
	≤18	>18～30	>30～50	>50～80	>80～120	
≤1	±0.3	±0.4	±0.5	±0.6	±0.7	
>1～2	±0.4	±0.5	±0.6	±0.7	±0.8	
>2～3	±0.5	±0.6	±0.7	±0.8	±0.9	
>3～4	±0.6	±0.7	±0.8	±0.9	±1.0	
>4～5	—	—	±0.8	±1.0	±1.1	
>5～6	—	—	—	±1.1	±1.2	

注：本表为未经整形所达到的数值。

③多次拉深的零件对外表面或凸缘的表面，允许有拉深过程中所产生的印痕和口部的回弹变形，但必须保证尺寸在公差之内。

(2) 工艺方案。

根据拉深工艺性分析的结论，结合生产批量与生产实际条件，合理制定拉深件的冲压工艺方案。拉深件工序安排的一般规则为：

1) 在大批量生产中，在凸、凹模强度允许的条件下，应采用落料、拉深复合工艺。

2) 除底部孔有可能与落料、拉深复合冲压外，凸缘部分及侧壁的孔应在拉深完后再冲孔。

3) 当拉深件的尺寸精度要求高或带有小的圆角半径时，应增加整形工序。

4) 修边工序一般安排在整形工序之后。

5) 修边冲孔常可复合完成。

2. 支座拉深工艺设计

(1) 工艺分析。

1) 材料分析。

08 钢为优质碳素结构钢，属于深拉深级别钢，具有良好的拉深成形性能。

2) 结构分析。

零件为一无凸缘筒形件，结构简单，底部圆角半径为 $R3$，满足筒形拉深件底部圆角半径大于一倍料厚的要求，因此，零件具有良好的结构工艺性。

3) 精度分析。

零件上尺寸均为未注公差尺寸，普通拉深即可达到零件的精度要求。

(2) 工艺方案。

在工艺性分析的基础上制定其工艺路线如下：零件的生产包括落料、拉深（需计算确定拉深次数）、切边等工序，其工艺方案如下：

1) 采用单工序生产。

采用单工序生产的最大优点是模具结构简单；缺点是模具数量多，生产效率低。支座如采用单工序生产，模具种类有：坯料落料模具一副、拉深模具多副、切边模具一副。

2) 采用复合工序生产。

采用复合工序生产可以减少模具数量和提高生产效率，但模具结构复杂。支座如采用复合工序生产，模具种类根据复合的情况有多种：落料和第一次拉深复合、中间各次拉深、最后拉深与切边复合；落料和第一次拉深复合、以后各次拉深、机械切边等。

结论：为了提高生产效率，可以考虑工序的复合，经比较决定采用落料与第一次拉深复合，经多次拉深成形后由机械加工方法切边保证零件高度的生产工艺。

二、支座拉深模具设计工艺计算

1. 拉深模具设计工艺计算知识介绍

由于拉深产品形状复杂，本模块只学习圆筒形件的拉深计算。计算的原则为：如果产品厚度大于 1mm，按照壁厚的中心尺寸计算，否则按壁厚的最大尺寸计算。

（1）毛坯尺寸的计算。

1）形状简单的旋转体拉深件的毛坯直径。

在不变薄的拉深中，材料厚度虽有变化，但其平均直径与毛坯原始厚度十分接近，毛坯展开尺寸可根据毛坯面积等于拉深件面积的原则来确定。由于材料的各向异性以及拉深时金属流动条件的差异，为了保证零件的尺寸，必须留出修边余量，在计算毛坯尺寸时，必须计入修边余量，修边余量的数值可查表 4-5 和表 4-6。

表 4-5　　无凸缘圆筒形拉深件的修边余量 δ　　(mm)

工件高度 h	工件的相对高度 h/d				附图
	>0.5～0.8	>0.8～1.6	>1.6～2.5	>2.5～4	
≤10	1.0	1.2	1.5	2	
>10～20	1.2	1.6	2	2.5	
>20～50	2	2.5	3.3	4	
>50～100	3	3.8	5	6	
>100～150	4	5	6.5	8	
>150～200	5	6.3	8	10	
>200～250	6	7.5	9	11	
>250	7	8.5	10	12	

表 4-6　　有凸缘圆筒形拉深件的修边余量 δ　　(mm)

凸缘直径 $d_凸$	凸缘的相对直径 $d_凸/d$				附 图
	≤1.5	>1.5～2	>2～2.5	>2.5	
≤25	1.8	1.6	1.4	1.2	
>25～50	2.5	2.0	1.8	1.6	
>50～100	3.5	3.0	2.5	2.2	
>100～150	4.3	3.6	3.0	2.5	
>150～200	5.0	4.2	3.5	2.7	
>200～250	5.5	4.6	3.8	2.8	
>250	6	5	4	3	

毛坯直径按下式确定：

$$D=\sqrt{\frac{4}{\pi}A_0}=\sqrt{\frac{4}{\pi}\sum A} \tag{4-1}$$

式中：A_0——包括修边余量的拉深件的表面积；

$\sum A$——拉深件各部分表面积的代数和。

拉深件各部分表面积的代数和的计算如下：

先将拉深件分解成几个简单的几何形状（见图 4-16），再按设计手册或书后附录所列公式求得 A_1、A_2、A_3、A_4、A_5，然后再按公式（4-1）求出。

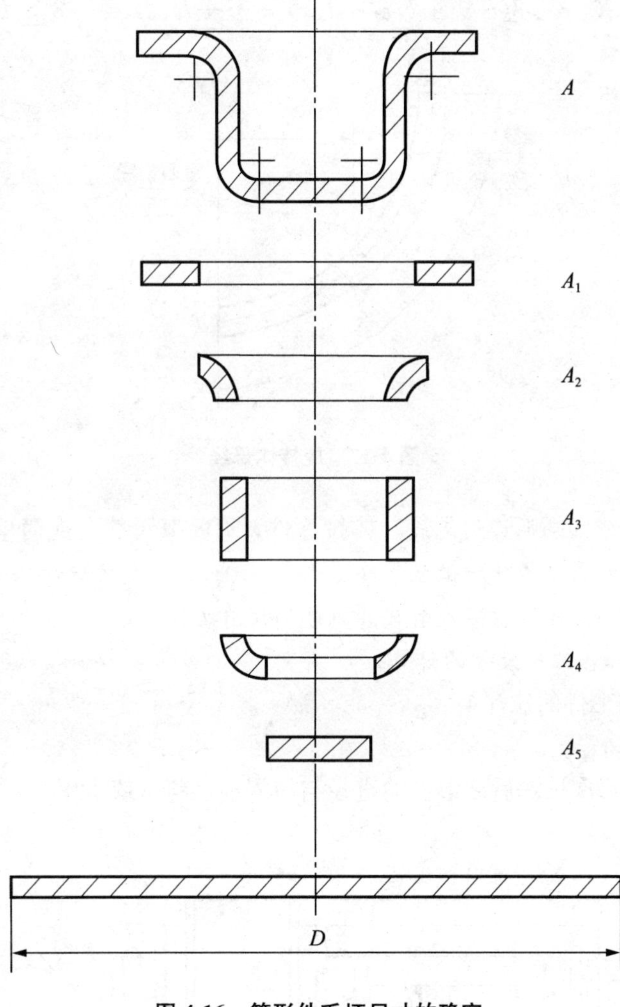

图 4-16　筒形件毛坯尺寸的确定

对于常用的拉深件可选用附录所列公式直接求得其毛坏直径 D。

不修边的拉深件毛坯尺寸的计算查阅设计手册，本模块不学习。

2）形状复杂的旋转体拉深件的毛坯直径。

形状复杂的旋转体拉深毛坯直径的计算可利用久里金法则，即任何形状的母线 AB 绕

轴线 YY 旋转，所得的旋转体面积等于母线长度 L 与其重心绕轴旋转所得周长 $2\pi X$ 的乘积（X 是该段母线重心至轴线的距离）（见图 4-17）即：

旋转体面积：

$$A=2\pi LX$$

毛坯面积：

$$A=\frac{\pi D_2}{4}\quad (D——毛坯直径)$$

因 $A=A_0$

故 $D=\sqrt{8LX}=\sqrt{8(l_1x_1+l_2x_2+l_3x_3+\cdots+l_nx_n)}=\sqrt{8\sum lx}$ (4-2)

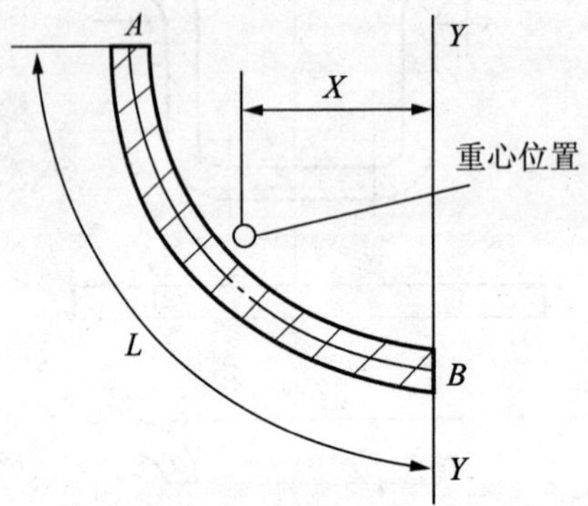

图 4-17 旋转体母线

对于母线为直线和圆弧连接的旋转体拉深件，可将其母线分成简单的（直线和圆弧）线段 1、2、3…n，计算出各线段的长度 l_1、l_2、l_3……l_n，再计算出各线段的重心至轴线的距离 x_1、x_2、x_3…x_n，然后带入上式计算坯料尺寸 D。

(2) 拉深次数和各工序尺寸的计算。

1) 无凸缘圆筒形件的拉深。

①拉深系数的确定。

拉深系数 m 是每次拉深后筒形件的直径与拉深前坯料（或工序件）直径的比值，如图 4-18 所示。

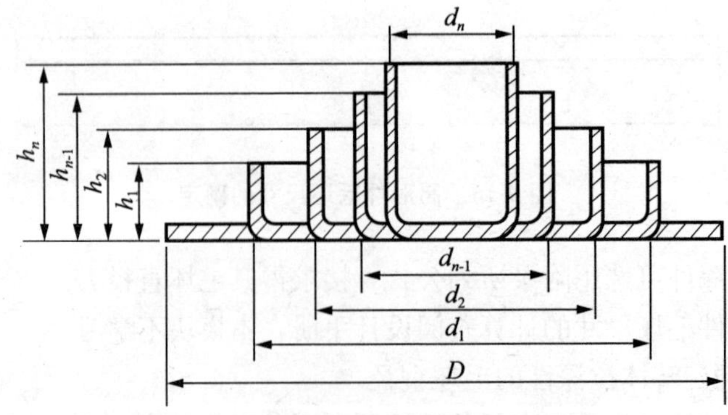

图 4-18 多次拉深时筒形件直径的变化

第一次拉深系数

$$m_1=\frac{d_1}{D} \tag{4-3}$$

以后各次拉深系数

$$m_2=\frac{d_2}{d_1} \tag{4-4}$$

…

$$m_n=\frac{d_n}{d_{n-1}} \tag{4-5}$$

总拉深系数 $m_{总}$ 表示从坯料直径 D 拉深至 d_n 的总变形程度，即

$$m=\frac{d_n}{D}=\frac{d_2}{d_1}\frac{d_3}{d_2}\frac{d_2}{d_3}\cdots\frac{d_n}{d_{n-1}}=m_1m_2m_3\cdots m_n \tag{4-6}$$

所以总拉深系数为各次拉深系数的乘积。从拉深系数的表达式可以看出，拉深系数 m 的值是永远小于 1 的。拉深系数可用来表示拉深过程中的变形程度，拉深系数值越小，说明拉深前后直径差越大，亦即该次工序的变形程度越大。

在制定拉深工艺时，如拉深系数 m 取得过小，就会使拉深件起皱、拉裂或严重变薄超差。因此拉深系数 m 有一个客观的界限，这个界限就称为极限拉深系数 $[m]$ 或 m_{min}，有时简称为拉深系数 m。当前在生产中采用的一些材料的极限拉深系数见表 4-7、表 4-8、表 4-9。

表 4-7　　　圆筒形件用压边圈拉深时的拉深系数

拉深系数	毛坯相对厚度$\frac{t}{D}\times100$					
	2～1.5	<1.5～1.0	<1.0～0.6	<0.6～0.3	<0.3～0.15	<0.15～0.08
m_1	0.48～0.50	0.50～0.53	0.53～0.55	0.55～0.58	0.58～0.60	0.60～0.63
m_2	0.73～0.75	0.75～0.76	0.76～0.78	0.78～0.79	0.79～0.80	0.80～0.82
m_3	0.76～0.78	0.78～0.79	0.79～0.80	0.80～0.81	0.81～0.82	0.82～0.84
m_4	0.78～0.80	0.80～0.81	0.81～0.82	0.82～0.83	0.83～0.85	0.85～0.86
m_5	0.80～0.82	0.82～0.84	0.84～0.85	0.85～0.86	0.86～0.87	0.87～0.88

表 4-8　　　圆筒形件不用压边圈拉深时的拉深系数

材料相对厚度$\frac{t}{D}\times100$	各次拉深系数					
	m_1	m_2	m_3	m_4	m_5	m_6
0.4	0.90	0.92	—	—	—	—
0.6	0.85	0.90	—	—	—	—
0.8	0.80	0.88	—	—	—	—
1.0	0.75	0.85	0.90	—	—	—
1.5	0.65	0.80	0.84	0.87	0.90	—
2.0	0.60	0.75	0.80	0.84	0.87	0.90
2.5	0.55	0.75	0.80	0.84	0.87	0.90
3.0	0.53	0.75	0.80	0.84	0.87	0.90
3 以上	0.50	0.70	0.75	0.78	0.82	0.85

注：此表适用 08、10 及 15Mn 等材料。

表 4-9　　其他金属材料的拉深系数

材料名称	牌号	第一次拉深 m_1	以后各次拉深 m_n
铝和铝合金	L6—M、L4—M、LF21—M	0.52～0.55	0.70～0.75
硬铝	LY12—M、LY11—M	0.56～0.58	0.75～0.80
黄铜	H62	0.52～0.54	0.70～0.78
	H68	0.50～0.52	0.68～0.72
紫铜	T2、T3T、T4	0.50～0.55	0.72～0.80
无氧铜		0.50～0.58	0.75～0.82
镍、镁镍、硅镍		0.48～0.53	0.70～0.75
康铜（铜镍合金）		0.50～0.56	0.74～0.84
白铁皮		0.58～0.65	0.80～0.85
酸洗钢皮		0.54～0.58	0.75～0.78
不锈钢	Cr13	0.52～0.56	0.75～0.78
	Cr18Ni	0.50～0.52	0.70～0.75
	1Cr18Ni9Ti	0.52～0.55	0.78～0.81
	Cr18Ni11、Cr23Ni18	0.52～0.55	0.78～0.80
镍铬合金	Cr20Ni80Ti	0.54～0.59	0.78～0.84
合金结构钢	30CrMnSiA	0.62～0.70	0.80～0.84
		0.65～0.67	0.85～0.90
钼铱合金		0.72～0.82	0.91～0.97
钽		0.65～0.67	0.84～0.87
铌		0.65～0.67	0.84～0.87
钛及钛合金	TA2、TA3	0.58～0.60	0.80～0.85
	TA5	0.60～0.65	0.80～0.85
锌		0.65～0.70	0.85～0.90

注：(1) 凹模圆角半径 $r_凹 < 6t$ 时拉深系数取最大值；

凹模圆角半径 $r_凹 > (7\sim8)\ t$ 时拉深系数取最小值。

(2) 材料相对厚度 $\frac{t}{D}\times100 \geqslant 0.62$ 时拉深系数取最小值；

材料相对厚度 $\frac{t}{D}\times100 < 0.62$ 时拉深系数取最大值。

(3) 材料为退火状态。

拉深系数越小，每次拉深工序毛坯的变形程度越大，所需要的拉深工序也越少。拉深系数是拉深工艺计算中的主要工艺参数之一，通常用它来决定拉深的顺序和次数。影响拉深系数的主要因素列于表 4-10 中。

表 4-10　影响拉深系数的主要因素

序号	因素	对拉深系数影响
1	材料的内部组织及力学性能	一般来说，板料塑性好，组织均匀，晶粒大小适当，屈强比小、塑性应变比 r 值大时，板材拉深性能好，可采用较小的 m 值
2	材料的相对厚度 $\left(\frac{t}{D}\right)$	材料的相对厚度是 m 值的一个重要影响因素，t/D 大则 m 可小，反之，m 要大，因越薄的材料拉深时，越易失去稳定而起皱
3	拉深次数	在拉深之后，材料将产生冷作硬化，塑性降低，故第一次拉深 m 值最小，以后各次拉深依次增加，只有当工序间增加了退火工序，才可取较小的拉深系数
4	拉深方式（用或不用压边圈）	有压边圈时，因不易起皱，m 可取得小些。不用压边圈时，m 要取大些
5	凹模和凸模圆角半径（$r_{凹}$ 和 $r_{凸}$）	凹模圆角半径较大，m 可小，因拉深时，圆角处弯曲力小，且金属容易流动，摩擦阻力小。但 $r_{凹}$ 太大时，毛坯在压边圈下的压边面积减小，容易起皱 凸模圆角半径较大，m 可小，如过小，则易使危险断面变薄严重导致破裂
6	润滑条件及模具情况	模具表面光滑，间隙正常，润滑良好，均可改善金属流动条件，有助于拉深系数的减小
7	拉深速度（v）	一般情况下，拉深速度对拉深系数影响不大，但对于复杂大型拉深件，由于变形复杂且不均匀，若拉深速度过快，会使局部变形加剧，不易向临近部位扩展，而导致破裂。另外，对速度敏感的金属（如钛合金、不锈钢、耐热钢），拉深速度大时，拉深系数应适当加大

总之，有利于提高筒壁传力区拉应力及增加危险断面强度的因素都有助于变形区的塑性变形，所以能降低拉深系数。

②拉深次数的确定。

判断拉深件能否一次拉深成形，仅需比较所需总的拉深系数 $m_{总}$ 与第一次允许的极限拉深系数 m_1 的大小即可。当 $m_{总}>m_1$ 时，则该零件可一次拉深成形，否则需要多次拉深。拉深系数确定后就可确定拉深次数，拉深次数的确定方法很多，本模块只学习推算法和查表法。

a. 推算法。

首先根据已知条件，由表 4-7、表 4-8、表 4-9 或设计手册中各表查得各次拉深的 $[m]$，然后依次计算出各次拉深工序件的直径，即 $d_1=[m_1]D$，$d_2=[m_2]d_1$，$d_n=[m_n]d_{n-1}$，直到 $d_n\leqslant d$。即当计算所得直径小于或等于工件直径 d 时，计算的次数即为拉深次数。

b. 查表法。

在生产实际中也可采用查表法，即根据工件的相对高度 h/d 和坯料的相对厚度 t/D 直接由表 4-11 查得拉深次数。

表 4-11　　拉深次数（无凸缘圆筒形件）

拉深次数	毛坯相对厚度 $(t/D)\times100$					
	2～1.5	1.5～1.0	1.0～0.6	0.6～0.3	0.3～0.15	0.15～0.06
1	0.94～0.77	0.84～0.65	0.77～0.57	0.62～0.65	0.52～0.45	0.46～0.38
2	1.88～1.54	1.60～1.32	1.36～1.1	1.13～0.94	0.96～0.83	0.9～0.7
3	3.5～2.7	2.8～2.2	2.3～1.8	1.9～1.5	1.6～1.3	1.3～1.1
4	5.6～4.3	4.3～3.5	3.6～2.9	2.9～2.4	2.4～2.0	2.0～1.5
5	8.9～6.6	6.6～5.1	5.2～4.1	4.1～3.3	3.3～2.7	2.7～2.0

注：本表适于 08、10 等软钢。

③圆筒形拉深件各次工序尺寸的计算。

a. 工序件直径。

从前面的介绍中已知，各次工序件直径可根据各次的拉深系数算出，即 $d_1=m_1D$，$d_2=m_2d_1$，$d_3=m_3d_2$，…，$d_n=m_nd_{n-1}$。此时计算所得的最后一次拉深直径 d_n 必须等于零件直径 d，如果计算所得的 d_n 小于零件直径 d，应调整各次拉深系数，使 $d_n=d$。所以上式中的 m_1、m_2、m_3、…、m_n 是在查表所得的 $[m_1]$、$[m_2]$、$[m_3]$、…、$[m_n]$ 的基础上调整后的实际拉深系数。调整时依照的原则为：实际拉深系数大于查表所得的各次极限拉深系数并且拉深系数应逐次增大。

b. 工序件的拉深高度。

在设计和制造拉深模具及选用合适的压力机时，还必须知道各次工序的拉深高度，因此，在工艺计算中应包括高度计算一项。

在计算某工序拉深高度之前，应确定它的底部的圆角半径（即拉深凸模的圆角半径）。拉深凸模的圆角半径，通常根据拉深凹模的圆角半径来确定。

首次拉深凹模圆角半径 r_{d1}，可参照公式 $r_{d1}=0.8\sqrt{(D-d_1)t}$ 计算确定，以后各次拉深时凹模圆角半径 $r_{dn}=(0.6\sim0.8)r_{dn-1}$。拉深凸模的圆角半径 r_p，除最后一次应取与零件底部圆角半径相等外，中间各次取值可依据公式 $r_p=(0.7\sim1)\ r_d$ 计算确定。

根据拉深后工序件面积与坯料面积相等的原则，多次拉深后工序件的高度可按下面公式进行计算：

$$
\begin{aligned}
h_1&=0.25\times\left(\frac{D^2}{d_1}-d_1\right)+0.43\times\frac{r_1}{d_1}(d_1+0.32r_1)\\
h_2&=0.25\times\left(\frac{D^2}{d_2}-d_2\right)+0.43\times\frac{r_2}{d_2}(d_2+0.32r_2)\\
&\vdots\\
h_n&=0.25\times\left(\frac{D^2}{d_n}-d_n\right)+0.43\times\frac{r_n}{d_n}(d_n+0.32r_n)
\end{aligned}
\tag{4-7}
$$

式中：h_1、h_2、…、h_n——各次拉深的高度；

D——拉深毛坯直径；

r_1、r_2、…、r_n——各次拉深的底部圆角半径；

d_1、d_2、…、d_n——各次拉深的直径。

2）有凸缘筒形件的拉深。

有凸缘筒形件的结构及常见标注方法见图 4-19。

①窄凸缘筒形件的拉深。

$d_F/d=1.1\sim1.4$ 的凸缘件称为窄凸缘件。

这类冲件因凸缘很小，可以当作一般圆筒形件进行拉深，只在倒数第二次工序时才拉出凸缘或拉成具有锥形的凸缘，而最后通过校正工序压成水平凸缘，其过程如图4-20所示。若 $h/d<1$ 时，则第一次即可拉成口部具有锥形凸缘的圆筒形，最后凸缘再经校正即可。

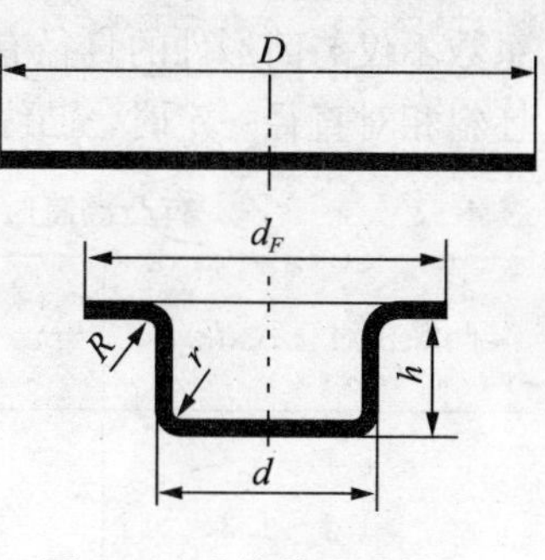

图 4-19　凸缘件及坯料

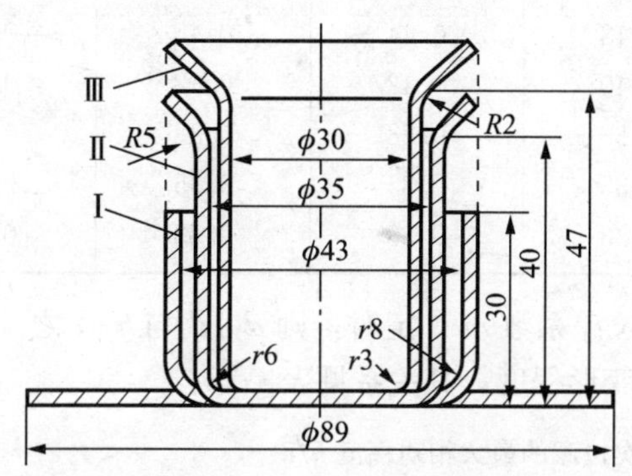

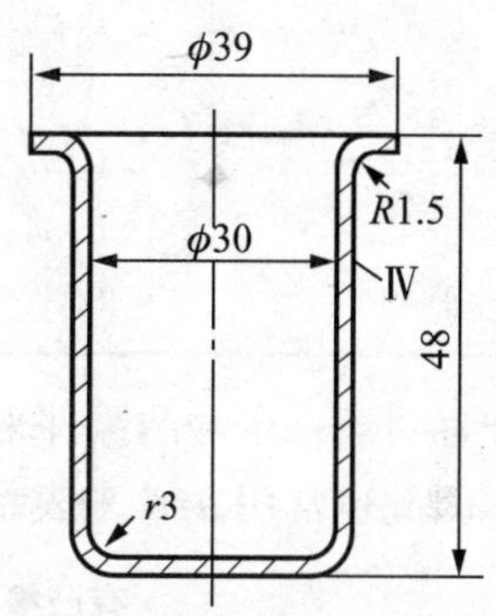

图 4-20　窄凸缘筒形件的拉深

②宽凸缘筒形件的拉深。

$d_F/d>1.4$ 的凸缘件称为宽凸缘件。宽凸缘件的第一次拉深与拉深圆筒形件相似，只是在拉深过程中不把坯料边缘全部拉入凹模，而在凹模面上形成凸缘而已。其总拉深系数计算如下：当冲件底部圆角半径 r 与凸缘处圆角半径 R 相等，即 $r=R$ 时，有

$$m=\frac{d}{D}=\frac{1}{\sqrt{\left(\frac{d_F}{d}\right)^2+4\frac{h}{d}-3.44\frac{r}{d}}} \tag{4-8}$$

式中：h——拉深件高度（mm）；

D——毛坯直径（mm）；

d_F——凸缘直径（包括修边余量，查表 4-6）（mm）；

d——筒部直径（中径）（mm）；

r——底部和凸缘部的圆角半径（当料厚大于 1mm 时，r 值按中线尺寸计算）。

由上式可以看出，有凸缘筒形件的拉深系数取决于下列有关尺寸的三组对比值：

$\frac{d_F}{d}$——凸缘的相对直径；

$\frac{h}{d}$——零件的相对高度；

$\frac{r}{d}$——相对圆角半径。

其中以 d_F/d 影响最大，h/d 影响次之，r/d 最小。由此可见，有凸缘筒形件的拉深

系数不仅与筒形件的直径有关，还与筒形件凸缘的大小有关。从表 4-12 中可以看出，当坯料相对直径一定时，凸缘相对直径越大，拉深系数越小。

表 4-12　有凸缘筒形件第一次拉深的极限拉深系数 m_1（适用于 08、10 钢）

凸缘相对直径 d_F/d	毛坯的相对厚度 $t/D\times100$				
	≤2～1.5	<1.5～1.0	<1.0～0.6	<0.6～0.3	<0.3～0.15
≤1.1	0.51	0.53	0.55	0.57	0.59
>1.1～1.3	0.49	0.51	0.53	0.54	0.55
>1.3～1.5	0.47	0.49	0.50	0.51	0.52
>1.5～1.8	0.45	0.46	0.47	0.48	0.48
>1.8～2.0	0.42	0.43	0.44	0.45	0.45
>2.0～2.2	0.40	0.40	0.42	0.42	0.42
>2.2～2.5	0.37	0.38	0.38	0.38	0.38
>2.5～2.8	0.34	0.35	0.35	0.35	0.35
>2.8～3.0	0.32	0.33	0.33	0.33	0.33

另外，对于一定的凸缘件来讲，总的拉深系数 m 一定时，则 d_F/d 与 h/d 之间的关系也一定，因此也常用 h/d 来表示凸缘件的变形程度，其关系见表 4-13。

表 4-13　有凸缘筒形件第一次拉深的最大相对高度 h/d

凸缘相对直径 d_F/d	毛坯的相对厚度 $t/D\times100$				
	≤2～1.5	<1.5～1.0	<1.0～0.6	<0.6～0.3	<0.3～0.15
≤1.1	0.90～0.75	0.82～0.65	0.70～0.57	0.61～0.50	0.52～0.45
>1.1～1.3	0.80～0.65	0.72～0.56	0.60～0.50	0.53～0.45	0.47～0.40
>1.3～1.5	0.70～0.58	0.63～0.50	0.53～0.45	0.48～0.40	0.42～0.35
>1.5～1.8	0.58～0.48	0.53～0.42	0.44～0.37	0.39～0.34	0.35～0.29
>1.8～2.0	0.51～0.42	0.46～0.36	0.38～0.32	0.34～0.29	0.30～0.25
>2.0～2.2	0.45～0.35	0.40～0.31	0.33～0.27	0.29～0.25	0.26～0.22
>2.2～2.5	0.35～0.28	0.32～0.25	0.27～0.22	0.23～0.20	0.21～0.17
>2.5～2.8	0.27～0.22	0.24～0.19	0.21～0.17	0.18～0.15	0.16～0.13
>2.8～3.0	0.22～0.18	0.20～0.16	0.17～0.14	0.15～0.12	0.13～0.10

注：1. 表中数值适用于 10 号钢，对于比 10 号钢塑性好的金属取较大的数值，差的金属取较小的数值；

2. 表中大的数值适用于大的圆角半径，小的数值适用于底部及凸缘小的圆角半径。

③宽凸缘筒形件的拉深原则。

a. 判定能否一次拉成：假若零件的总拉深系数 m 大于表 4-12 查出的第一次拉深系数极限值，或零件的相对高度 h/d 小于表 4-13 查得的首次拉深最大相对高度数值，则该零件可一次拉成。反之，则需多次拉深。

b. 多次拉深的原则：按查出的第一次极限拉深系数或首次拉深最大相对高度拉成凸缘直径等于零件所需要尺寸 d_F（含修边余量）的中间过渡形状，以后各次拉深均保持凸缘件直径 d_F 不变，只按无凸缘筒形件多次拉深的方法逐步减小筒形部分直径，直到拉成零件为止。

在拉深宽凸缘件时要特别注意的是：在形成凸缘直径 d_F 之后，在以后的拉深中，凸缘直径 d_F 不再变化，因为凸缘尺寸的微小变化（减小）都会引起很大的变形力，而使底部危险部位断裂。这就要求正确计算拉深高度和严格控制凸模进入凹模的深度。各次拉深高度计算如下：

第一次拉深高度为：

$$h_1=\frac{0.25}{d_1}(D^2-d_F^2)+0.43(r_1+R_1)+\frac{0.14}{d_1}(r_1^2-R_1^2) \tag{4-9}$$

以后各次的拉深高度为：

$$h_n=\frac{0.25}{d_n}(D^2-d_F^2)+0.43(r_n+R_n)+\frac{0.14}{d_n}(r_n^2-R_n^2) \tag{4-10}$$

公式 4-9 和 4-10 中：

h_1、h_n——各次拉深的高度；

D——拉深毛坯直径；

r_1、r_n——各次拉深的底部圆角半径；

d_1、d_n——各次拉深的圆筒直径；

R_1、R_n——各次拉深的凸缘圆弧半径；

d_F——凸缘直径（包括修边余量）。

除了精确计算拉深件高度和严格控制凸模进入凹模的深度以外，为了保证以后各次拉深时凸缘不再收缩变形，通常使第一次拉成的筒形部分金属表面积比实际需要的多 3%～5%，这部分多余的金属逐步分配到以后各次工序中去，最后这部分金属逐渐使筒口附近凸缘加厚，但这不会影响零件质量。

④有凸缘筒形件多次拉深的方法。

a. 通过减小筒部直径来增加高度。对于中小型零件（$d<200$mm），通常靠减小筒形部分直径、增加高度来达到，这时圆角半径 r 及 R 在整个变形过程中基本上保持不变（见图 4-21a）。

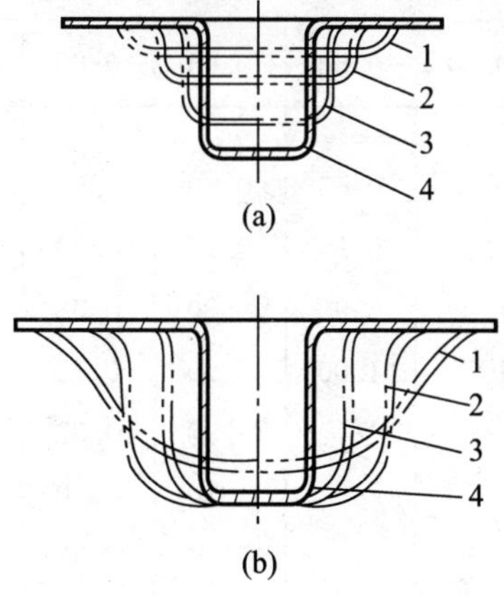

图 4-21　有凸缘筒形件的拉深方法

b. 通过减小圆角半径来减小直径。对于大件（d>200mm），通常采用改变圆角半径 r 及 R，逐渐缩小筒形部分的直径来达到，零件高度基本上一开始即已形成，而在整个过程中基本保持不变（见图 4-21b）。

用第二种方法制成的拉深件表面光滑平整，而且厚度均匀，不存在中间拉深工序中圆角部分的弯曲与局部变薄的痕迹。但是，这种方法只能用于坯料相对厚度较大的时候。因为在第一次拉深成大圆角的曲面形状时不致起皱。当坯料相对厚度较小，而且第一次拉深成曲面形状具有起皱危险时，则应采用第一种方法。用这种方法制成的冲件，表面质量较差，容易在直壁部分和凸缘上残留中间工序中形成的圆角部分弯曲和厚度的局部变化痕迹，所以最后要加一次整形工序。当零件的底部圆角半径较小，或者当对凸缘有平面度要求时，上述两种方法都需要一次最终的整形工序。

（3）拉深力与压边力的计算。

1）拉深力的计算。

生产中常用以下经验公式计算无凸缘的筒形零件的拉深力：

第一次拉深力

$$F_1 = \pi d_1 t \sigma_b K_1$$

第二次拉深力

$$F_2 = \pi d_2 t \sigma_b K_2 \tag{4-11}$$

式中：t——材料厚度（mm）；

σ_b——材料的抗拉强度（MPa）；

d_1、d_2——分别为第 1 次、第 2 次拉深后冲件的直径；

K_1、K_2——系数，查表 4-14 和表 4-15 得。

表 4-14　　筒形件第一次拉深时的系数 K_1 值（08～15 号钢）

相对厚度 $\frac{t}{D}\times100$	第一次拉深系数 m_1									
	0.45	0.48	0.50	0.52	0.55	0.60	0.65	0.70	0.75	0.80
5.0	0.95	0.85	0.75	0.65	0.60	0.50	0.43	0.35	0.28	0.20
2.0	1.10	1.00	0.90	0.80	0.75	0.60	0.50	0.42	0.35	0.25
1.2	—	1.10	1.00	0.90	0.80	0.68	0.56	0.47	0.37	0.30
0.8	—	—	1.10	1.00	0.90	0.75	0.60	0.50	0.40	0.33
0.5	—	—	—	1.10	1.00	0.82	0.67	0.55	0.45	0.36
0.2	—	—	—	—	1.10	0.90	0.75	0.60	0.50	0.40
0.1	—	—	—	—	—	1.0	0.90	0.75	0.60	0.50

注：1. 当凸模圆角半径 $r_凹=(4\sim6)t$ 时，系数 K_1 应按表中数值增加 5%。

2. 对于其他材料，根据材料塑性的变化，对查得值作修正（随塑性减低而增大）。

表 4-15　　筒形件第二次拉深时的系数 K_2 值（08～15 号钢）

相对厚度 $\frac{t}{D}\times100$	第二次拉深系数 m_2									
	0.7	0.72	0.75	0.78	0.80	0.82	0.85	0.88	0.90	0.92
5.0	0.85	0.70	0.60	0.50	0.42	0.32	0.28	0.20	0.15	0.12
2.0	1.10	0.90	0.75	0.60	0.52	0.42	0.32	0.25	0.20	0.4
1.2	—	1.10	0.90	0.75	0.62	0.52	0.42	0.30	0.25	0.16
0.8	—	—	1.00	0.82	0.70	0.57	0.46	0.35	0.27	0.8
0.5	—	—	1.10	0.90	0.76	0.63	0.50	0.40	0.30	0.20
0.2	—	—	—	1.00	0.85	0.70	0.56	0.44	0.33	0.23
0.1	—	—	—	1.10	1.00	0.82	0.68	0.55	0.40	0.30

注：1. 当凸模圆角半径 $r_凸=(4\sim6)t$ 时，表中值应加大 5%。

2. 对于 3、4、5 次拉深的系数 K_i。由同一表格查出其相应的 m_n 及 $\frac{t}{D}\times100$ 的数值，但需根据是否有中间退火工序而取表中较大或较小的数值；

无中间退火时——K_2 取较小值（靠近下面的一个数值）；

有中间退火时——K_2 取较大值（靠近上面的一个数值）。

3. 对于其他材料，根据材料塑性的变化，对查得值作修正（随塑性减低而增大）。

对于截面为矩形、椭圆形等拉深件，拉深力为

$$F=KLT_b \tag{4-12}$$

式中：L——横截面周边长度；

K——修正系数，可取 0.5～0.8。

2）压边力的计算。

为了解决拉深中的起皱问题，当前在生产实际中的主要方法是采用压边圈。是否采用压边圈的条件，列表于 4-16 中。

表 4-16　　采用或不采用压边圈的条件

拉深方法	第一次拉深		以后各次拉深	
	$t/D\times100$	m_1	$t/d_{n-1}\times100$	m_n
用压边圈	<1.5	<0.6	<1	<0.8
可用可不用	1.5～2.0	0.6	1～1.5	0.8
不用压边圈	>2.0	>0.6	>1.5	>0.8

压边圈只是防止拉深起皱的一种模具结构或形式，关键应该控制压边力的大小，压边力应该是保证坯料凸缘部分不至于起皱的最小压力。如果压边力过大，则使变形区坯料与凹模、压边圈之间的摩擦力剧增，可能导致工件的过早拉裂；如果压边力太小，则起不到防皱的作用或作用很小，仍然不可能实现成功的拉深。

由于压边力数值在操作时不便控制，而且变形区坯料压缩失稳时，只有当皱纹波超过一定高度时才会产生皱折。因此，假如能控制好不致产生皱折的压边间隙（压边圈与凹模平面间的间隙），则实际上更有利于防止拉深起皱。

弹性压边装置用于单动压力机，压边力系由气垫、弹簧或橡胶产生。压边力与压力机

行程的关系如图 4-22 所示。气垫压边力不随凸模行程变化，压边效果较好。弹簧和橡皮的压边力随行程增大而上升，对拉深不利，只适合拉高度不大的零件。但其结构简单，制造容易，特别是装上限制压边力的限位器后还是比较实用的，如图 4-23 所示。

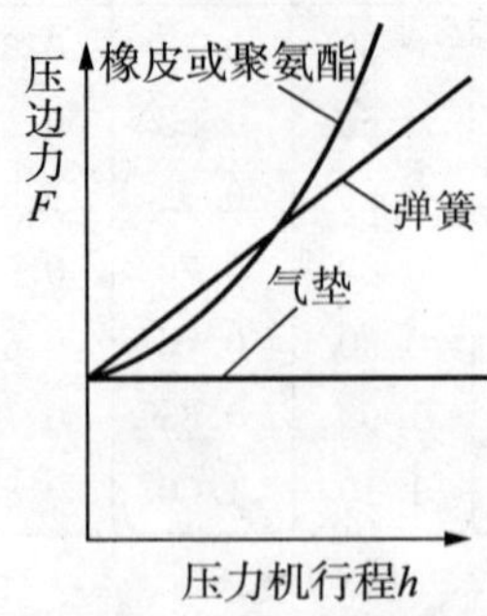

图 4-22　压边力与压力机行程的关系

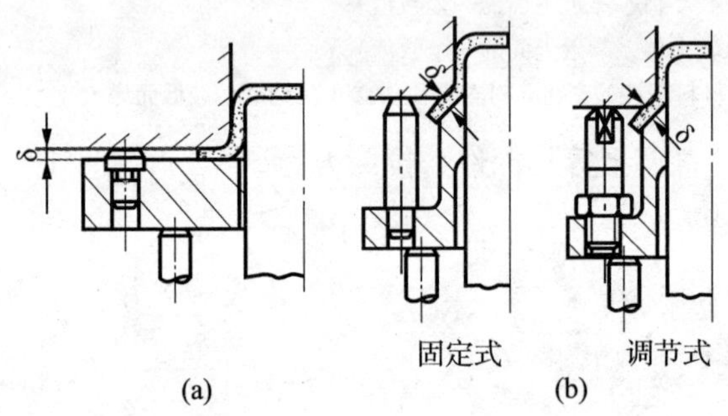

图 4-23　带限位装置的压边圈

弹性压边装置压边力的计算公式为：

$$F_Y = Ap \tag{4-13}$$

式中：A——压边面积；

P——单位压边力，可查表 4-17。

表 4-17　单位压边力 P

材料	单位压边力 p/MPa
铝	0.8～1.2
纯铜、硬铝（退火的或淬火的）	1.2～1.8
黄铜	1.5～2
压轧青铜	2～2.5
20 钢、08 钢、镀锡钢板	2.5～3
软化状态的耐热钢	2.8～3.5
高合金钢、高锰钢、不锈钢	3～4.5

生产中也可根据第一次的拉深力 F_1，计算压边力：

$F_Y=0.25F_1$(N)

3）压力机工称压力的选择。

对于单动压力机：

$F>F_{拉}+F_Y$

对于双动压力机：

$F_1>F_{拉}$，$F_2>F_Y$　　(4-14)

式中：F——压力机的公称压力；

F_1——内滑块的公称压力；

F_2——外滑块的公称压力；

$F_{拉}$——拉深力；

F_Y——压边力。

落料—拉深复合模及复合工序生产效率高。但要保证落料—拉深复合工序的顺利实现，则要解决一个力的校核问题：不能简单地将落料力与拉深力叠加以后去选择压力机，因为压力机的公称压力是指滑块接近下极点附近的压力，而不是整个行程中的压力。所以，应该注意压力机的压力曲线，否则，很可能出现压力机超载现象。如图 4-24 所示的情况，虽然落料力与拉深力之和小于压力机公称压力，但落料时已超载了，这是不允许的。

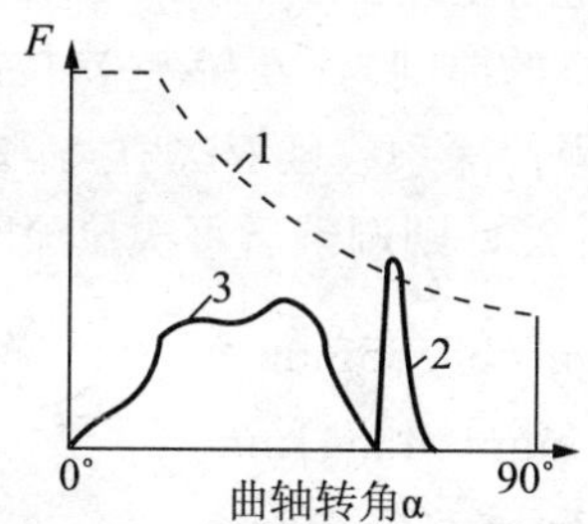

图 4-24　冲压力与压力机压力曲线

1—压力机压力曲线　2—落料力曲线　3—拉深力曲线

2. 支座拉深模具设计工艺计算

由于支座壁厚为 2mm，大于 1mm，根据计算原则，应该按照壁厚的中心尺寸计算。

（1）毛坯尺寸的计算。

根据支座产品图，支座为无凸缘圆筒产品，其产品毛坯尺寸计算如下：

1）确定零件修边余量：

零件的相对高度$\frac{h}{d}=\frac{80-1}{30}=2.63$，查表 4-5 得修边余量 $\Delta h=6$mm，所以，修正后拉深件的总高应为 $79+6=85$mm。

2）确定坯料尺寸 D：

由无凸缘筒形拉深件坯料尺寸计算公式得

$$D=\sqrt{d^2-4dh-1.72dr-0.56r^2}$$
$$=\sqrt{30^2+4\times30\times85-1.72\times30\times4-0.56\times4^2}$$
$$\approx105\text{mm}$$

（2）拉深次数与工序尺寸的计算。

1）判断是否采用压边圈：

零件的相对厚度$\dfrac{t}{D}\times100=\dfrac{2}{105}\times100=1.9$，查表 4-16，压边圈为可用可不用的范围，为了保证零件质量，减少拉深次数，决定采用压边圈。

2）确定拉深次数：

查表 4-7，零件的各次极限拉深系数分别为 $[m_1]=0.5$，$[m_2]=0.75$，$[m_3]=0.78$，$[m_4]=0.8$。所以，每次拉深后筒形件的直径分别为：

$$d_1=[m_1]D=0.5\times105\text{mm}=52.5\text{mm}$$
$$d_2=[m_2]d_1=0.75\times52.5\text{mm}=39.38\text{mm}$$
$$d_3=[m_3]d_2=0.78\times39.38\text{mm}=30.72\text{mm}$$
$$d_4=[m_4]d_3=0.8\times30.72\text{mm}=24.58\text{mm}<30\text{mm}$$

由上计算可知共需 4 次拉深。

3）确定各工序件的直径。

要确定各工序直径，必须确定各工序的实际拉深系数，即在查出的各次极限拉深系数基础上对拉深系数进行调整，调整的原则为：最后一次拉深的直径等于拉深产品直径；各次拉深的系数分别大于各次的极限拉深系数且依次增大。按此原则调整各次拉深系数分别为 $m_1=0.53$，$m_2=0.78$，$m_3=0.82$，则调整后每次拉深所得筒形件的直径为：

$$d_1=m_1D=0.53\times105\text{mm}=55.65\text{mm}$$
$$d_2=m_2d_1=0.78\times55.65\text{mm}=43.41\text{mm}$$
$$d_3=m_3d_2=0.82\times43.41\text{mm}=35.60\text{mm}$$

第四次拉深时的实际拉深系数 $m_4=\dfrac{d}{d_3}=\dfrac{30}{35.60}=0.84$，其大于第三次实际拉深系数 m_3 和第四次极限拉深系数 $[m_4]$，所以调整合理。第四次拉深后筒形件的直径为 $\phi30$mm。

4）确定各工序件高度。

根据拉深件圆角半径计算公式，取各次拉深筒形件圆角半径分别为 $r_1=8$mm，$r_2=6.5$mm，$r_3=5$mm，$r_4=4$mm，所以每次拉深后筒形件的高度根据公式 4-7 计算为：

$$h_1=0.25\times\left(\frac{D^2}{d_1}-d_1\right)+0.43\times\frac{r_1}{d_1}(d_1+0.32r_1)$$
$$=0.25\times\left(\frac{105^2}{55.65}-55.65\right)+0.43\times\frac{8}{55.65}\times(55.65+0.32\times8)$$
$$=39.22\text{mm}$$
$$h_2=0.25\times\left(\frac{D^2}{d_2}-d_2\right)+0.43\times\frac{r_2}{d_2}(d_2+0.32r_2)$$

$$=0.25\times\left(\frac{105^2}{43.41}-43.41\right)+0.43\times\frac{6.5}{43.41}\times(43.41+0.32\times6.5)$$

$$=55.57\text{mm}$$

$$h_3=0.25\times\left(\frac{D^2}{d_3}-d_3\right)+0.43\times\frac{r_3}{d_3}(d_3+0.32r_3)$$

$$=0.25\times\left(\frac{105^2}{35.60}-35.60\right)+0.43\times\frac{5}{35.60}\times(35.60+0.32\times5)$$

$$=70.77\text{mm}$$

第四次拉深后筒形件高度应等于零件要求尺寸，即 $h_4=85\text{mm}$。

拉深工序图如图 4-25 所示。

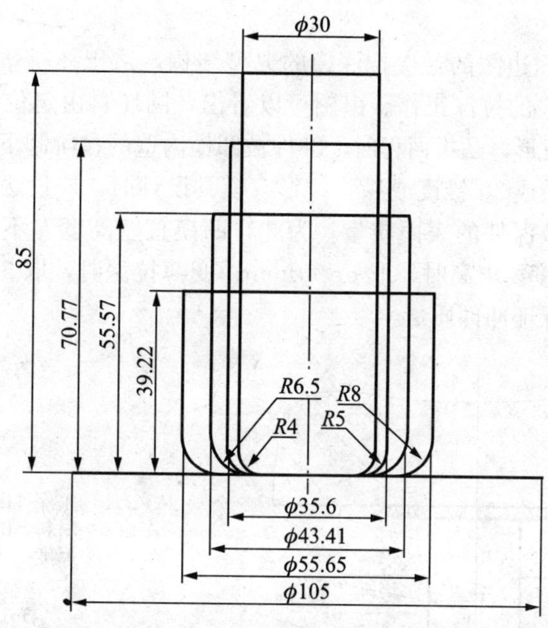

图 4-25　支座拉深工序图

由以上计算可知，支座需拉深 4 次成形，所以其最终的加工工艺路线为：落料与首次拉深复合——第二次拉深——第三次拉深——第四次拉深——机加切边。

(3) 拉深力与压边力的计算及压力机的选择。

根据工艺路线，拉深毛坯的落料和第一次拉深复合，该工序的拉深力等的计算如下：

落料拉深复合模的动作顺序是先落料后拉深，现分别计算落料力 $F_{落}$、拉深力 $F_{拉}$ 和压边力 $F_{压}$。查表 4-14，$K_1=0.8$，查表 4-17，$p=2.8$，计算公式分别为式 2-9、式 4-11、式 4-13：

$$F_{落}=KLt\tau=1.3\times3.14\times105\times2\times320=274\ 310.4\text{N}\approx274.3\text{kN}$$

$$F_{拉}=\pi d_1 t\sigma_b K_1=3.14\times55.65\times2\times400\times0.8=111\ 834.24\text{N}\approx111.8\text{kN}$$

$$F_{压}=\frac{\pi}{4}[D^2-(d_1+t+2r_A)^2]P$$

$$=\frac{\pi}{4}[105^2-(55.65+2+2\times8)^2]\times2.8\text{N}\approx12.3\text{kN}$$

因为拉深力与压边力的和小于落料力，即 $F_{拉}+F_{压}=111.8+12.3=124.1\text{kN}<F_{落}$，所以，应按照落料力的大小选用设备。初选设备为 J23－35。

其他各次拉深力的计算类似，不再重复计算。

三、支座拉深模具总体设计

1. 拉深模具的典型结构

拉深模一般比较简单，其结构按拉深方向有正向拉深模和反向拉深模以及两者兼有的正反向拉深模；按拉深工序可分为单工序拉深模、多工序连续拉深模和复合拉深模，其中复合拉深模又可分为落料拉深模和落料拉深冲孔模等；按使用压力机的不同可分为单动压力机用拉深模和双动压力机用拉深模。

（1）首次拉深模。

图 4-26 所示为无压边圈的首次拉深模的典型结构，适于坯料塑性好、相对厚度 $(t/D)\times100\geqslant2$，$m_1>0.6$ 的拉深工作。由图可以看出，圆坯料由定位板 5 定位，凸模 2 下行，坯料通过凹模孔成形，凸模回程时，冲件被凹模内壁的台阶卸下。为了使坯料容易进入凹模，凹模口部应做成 30°锥度或抛物线形。模具设计时，应设法减少拉深件和凹模直壁间的摩擦，以提高拉深件的表面质量。为此，凹模直壁高度 h 不能太大，在一般拉深时，取 9～13mm；精度要求高时，取 6～10mm；变薄拉深时，取 3～6mm。凸模中心有气孔，以便于卸件与保证冲件质量。

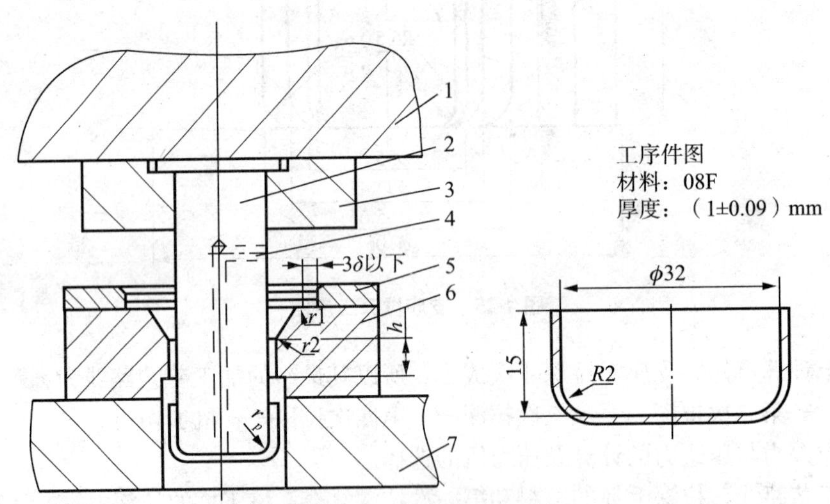

图 4-26　无压边圈的首次拉深模

1—上模座　2—凸模　3—固定板　4—出气孔　5—定位板　6—凹模　7—下模座

图 4-27 所示为带固定压边圈的首次拉深模。压边圈 5 用螺钉固定在凹模 7 上，它与凹模之间的间隙是不变的，约为坯料厚度。拉深时，坯料变形区在固定压边圈和凹模的间隙间流动，可以防止坯料的失稳起皱。固定压边圈能承受的压边力很大，所以这种模具适于厚板拉深。

图 4-28 所示为具有弹性压边圈的首次拉深模。压边圈 8 与弹簧 1、螺钉 5 和限位螺栓 9 等零件组成弹性压边装置，坯料由定位板 10 定位，上模下行时，压缩弹簧 1 产生的压力

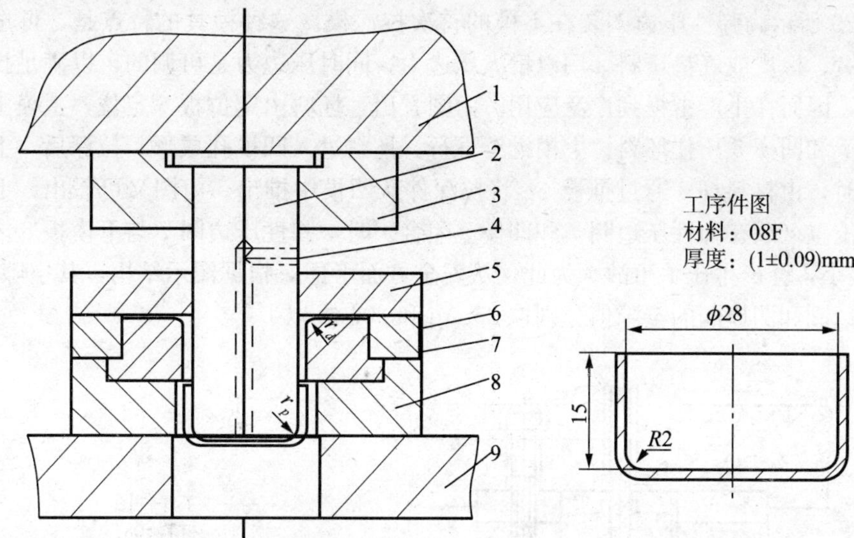

图 4-27　有压边圈的首次拉深模

1—上模座　2—凸模　3—凸模固定板　4—出气孔　5—压边圈　6—定位板　7—凹模　8—凹模固定板　9—下模座

作用在坯料上。上模继续下行，弹簧不断压缩，凸模将坯料拉入凹模 11 成形。对于直壁较大的拉深件，弹簧的压缩量也大，压边力也会急剧线性增加。为了防止压边力过大引起冲件破裂，在压边圈上装有 3～4 个限位螺栓 9，使弹簧 1 在压缩过程中产生的一部分压边力通过限位螺栓作用在下模上，保持作用在坯料上的压边力仍为一定值。为了提高拉深件的表面质量，应减少拉深件与凹模直壁的摩擦，对于一般精度的拉深件，凹模直壁高度可为 9～13mm。

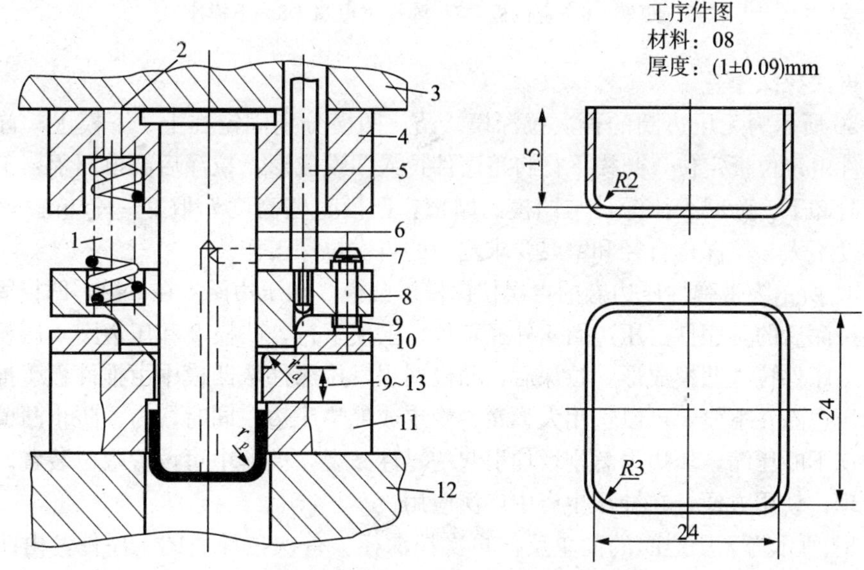

图 4-28　带弹性压边圈的首次拉深模

1—弹簧　2—通孔　3—上模座　4—凸模固定板　5—螺栓　6—凸模　7—凸模气孔　8—压边圈　9—限位螺栓　10—定位板　11—凹模　12—下模座

图 4-29 所示为弹性压边圈装在下模的首次拉深模。这种模具的特点是，可选用压边力大的弹簧、橡皮或气垫压料，用以增大压边力，同时压边力是可调的，以满足拉深件的压边要求，因而在生产中得到广泛应用。由图看出，坯料由定位板 6 定位，上模下行，弹性压边圈 7 和凹模 5 压住坯料。上模继续下行，坯料进入凹模孔成形。拉深后，上模回程至上极点时，由打料杆 3 通过推板 4，将拉深件从凹模中推出。由图又可看出，上模下行至下极点位置（或在弹性压边圈 7 和凹模 5 闭合）时，弹性压边圈 7 与下模板 8 之间的空隙值 h_1 很小，会产生压手事故。为此，从安全方面考虑，根据图示结构，其空隙值 h_1 以及弹性压边圈和凹模间的空隙值分别取 25mm 和 20mm 以上。

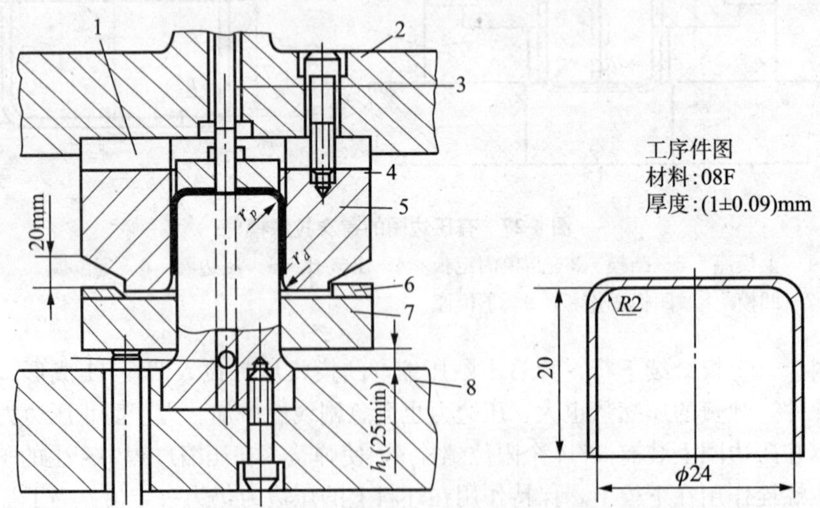

图 4-29　弹性压边圈在下模的首次拉深模

1—模具气孔　2—上模座　3—打料杆　4—推板

5—凹模　6—定位板　7—弹性压边圈　8—下模座

（2）再次拉深模。

图 4-30 所示为无压边圈的再次拉深模。凸、凹模分别固定在上、下模上，首次拉深后的工序件由定位板定位，凸模下行将工序件拉入凹模成形，拉深后凸模回程，工序件由凹模孔台阶卸下。为减少拉深件与凹模的摩擦，凹模直壁高度 h 取 9～13mm。该模具适于变形程度不大、拉深件直径和壁厚要求均匀的再次拉深工作。

图 4-31 所示为带弹性压边圈的再次拉深模。凸模 3 和压边圈 4 在下模，凹模固定在上模，首次拉深后的工序件由压边圈 4 外径定位。上模下行，凹模 2 和压边圈 4 压料后向下移动，将工序件拉入凹模成形。拉深后，凸模回程，拉深件从凹模中由推件板 1 推出。该类模具的压边圈在下模，可以选用大弹簧、橡皮或气垫压边，同时，为了防止凸模下行时弹簧或橡皮不断压缩，压边力急剧增加引起的零件破裂，模具中可设置限位装置。这种模具结构合理，使用方便，在冲压生产中广泛应用。

图 4-32 所示为无压边圈的简单反向再次拉深模。首次拉深后的工序件，由凹模 3 外径定位，凸模 1 下行，将工序件反向拉入凹模。拉深后凸模上升，由凹模内孔台阶卸件。为减少拉深件和凹模直壁摩擦，提高冲件的表面质量，凹模直壁高度 h 取 9～13mm。

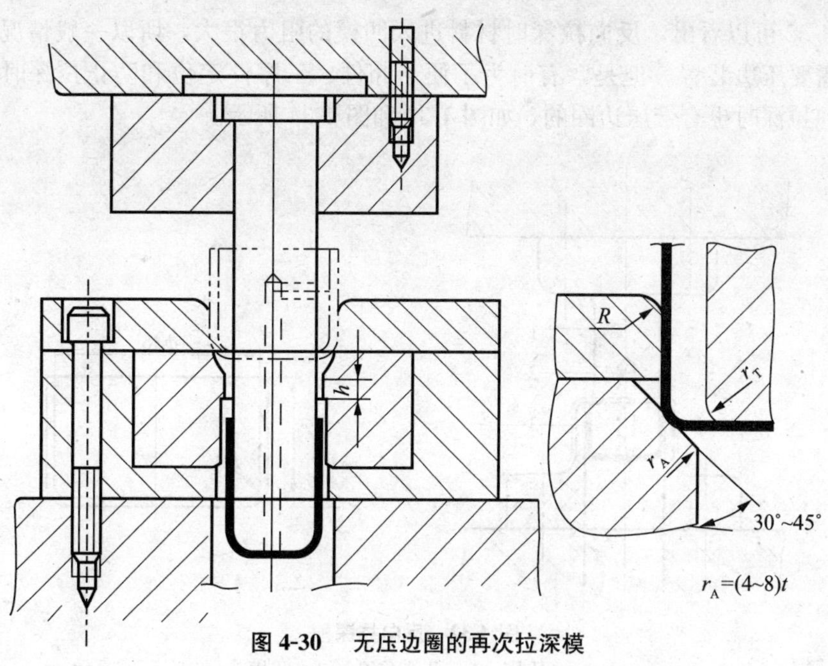

图 4-30　无压边圈的再次拉深模

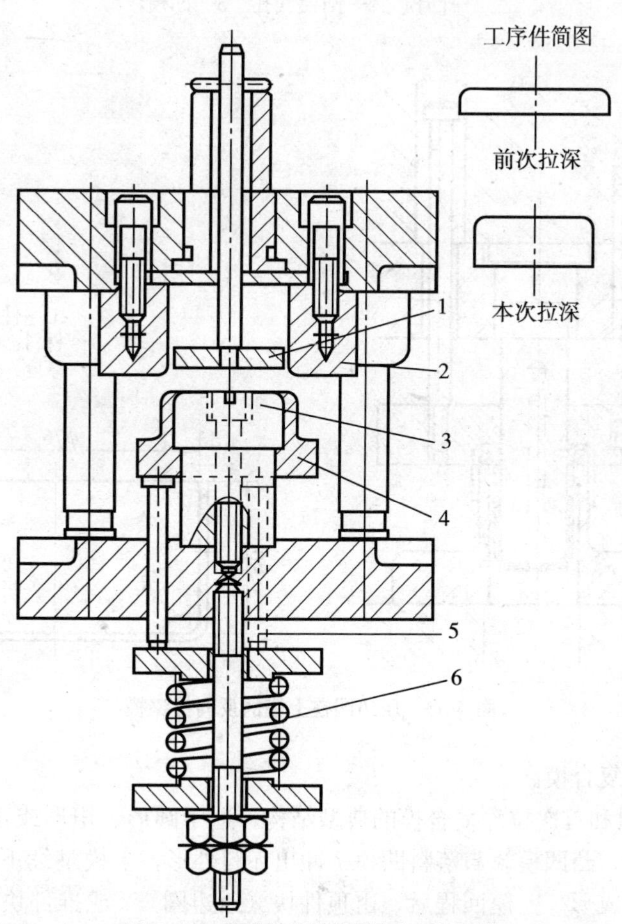

图 4-31　带弹性压边圈的再次拉深模

1—推件板　2—拉深凹模　3—拉深凸模　4—压边圈　5—顶杆　6—弹簧

由图 4-32 可以看出，反向拉深时材料进入凹模的阻力很大，所以一般情况下，反向拉深模不需要压边装置。但是，有时为了便于卸件、工序件定位和防止拉深时的冲件偏移，在反向拉深时也有带压边圈的，如图 4-33 和图 4-34 所示。

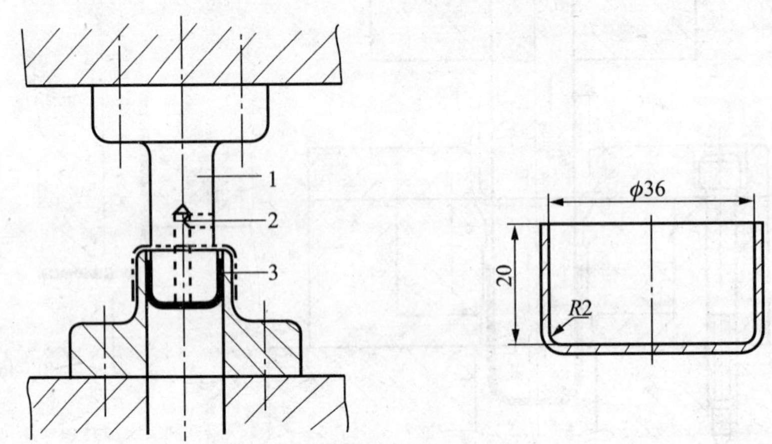

图 4-32　反向拉深模

1—凸模　2—凸模气孔　3—凹模

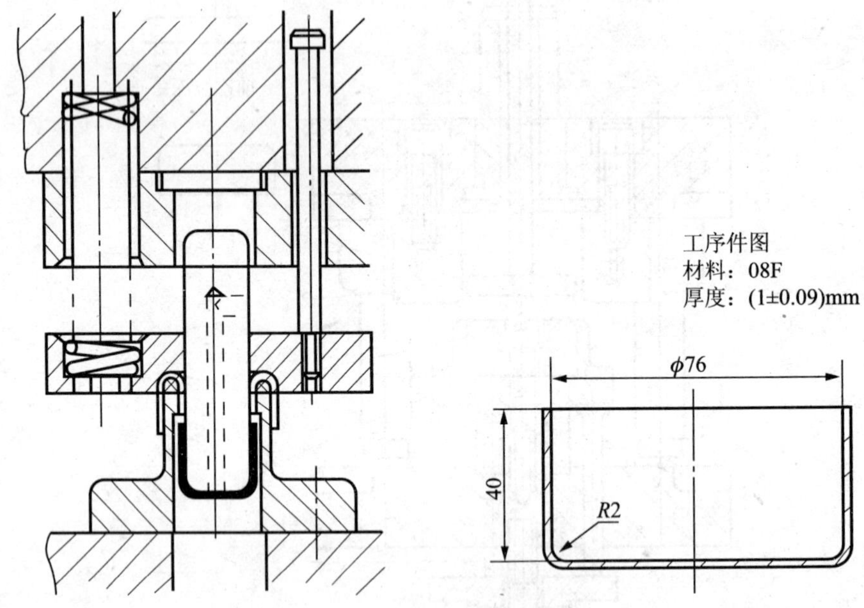

图 4-33　压边圈在上模的反向拉深模

（3）落料拉深复合模。

图 4-35 为落料和首次拉深复合模的典型结构，适于圆形、矩形或正方形冲件的拉深。冲压时，上模下行，凸凹模 3 与落料凹模 7 冲出坯料外形，上模继续下行，拉深凸模 8 将坯料拉入凸凹模 3 成形。上模回程后，由顶件块（压边圈）2 或推件块 5 将拉深件顶出或推出。该模具结构比较合理，也容易制造和调整，生产上用得很广。

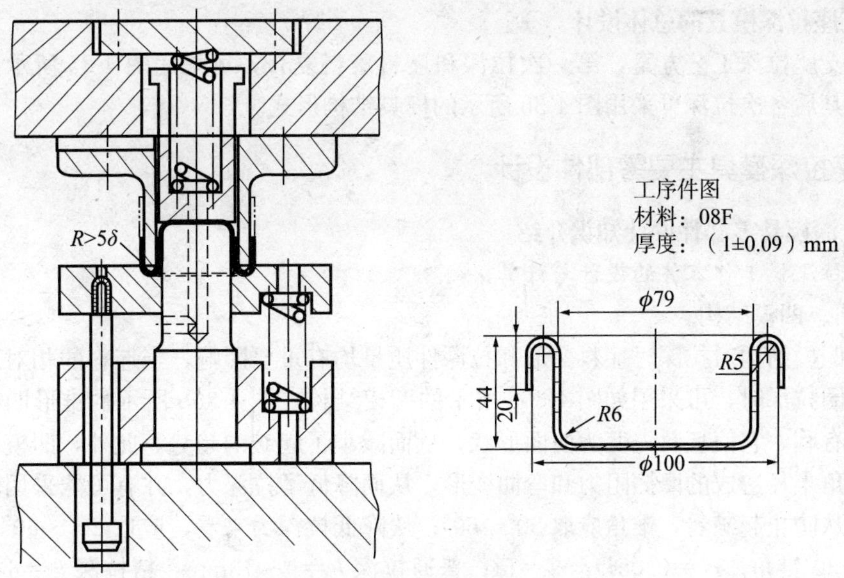

图 4-34　压边圈在下模的反向拉深模

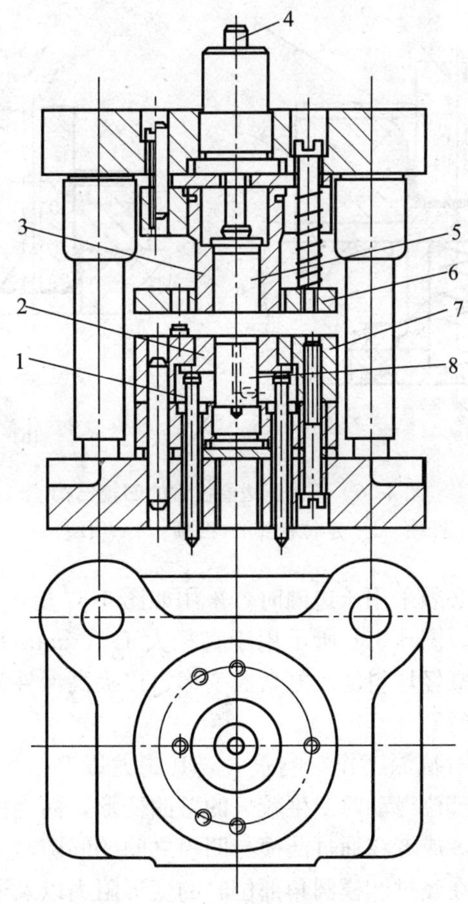

图 4-35　落料与首次拉深复合模

1—顶杆　2—压边圈　3—凸凹模　4—推杆　5—推件板　6—卸料板　7—落料凹模　8—拉深凸模

2. 支座拉深模具的总体设计

根据支座拉深工艺方案，第一次拉深和坯料落料复合，可采用图 4-35 所示的模具结构形式；其后各次拉深可采用图 4-30 所示的模具结构形式。

四、支座拉深模具主要零部件设计

1. 拉深模具零部件设计知识介绍

（1）拉深模工作零件的设计与计算。

1）凸、凹模结构。

凸、凹模结构对拉深时坯料变形和拉深件质量均有重要影响，当坯料的相对厚度大而不用压边圈拉深时，可采用如图 4-36a 所示的凹模结构。图 4-36b 所示的锥形凹模对拉深变形极为有利，它使坯料先变为曲面形状，从而减小了起皱的趋势。此外，凹模锥面减小了凹模圆角半径造成的摩擦阻力和弯曲变形，从而降低了拉深力，并有可能采用较小的拉深系数。从防止起皱看，锥角应取 30°～60°；从降低拉深力来看，应取 20°～60°，综合考虑，常用 30°锥角。$r_1=0.05D$，$r_2=5t$；普通拉深 $h=9\sim13$mm、精拉深 $h=6\sim10$mm、变薄拉深 $h=3\sim6$mm。

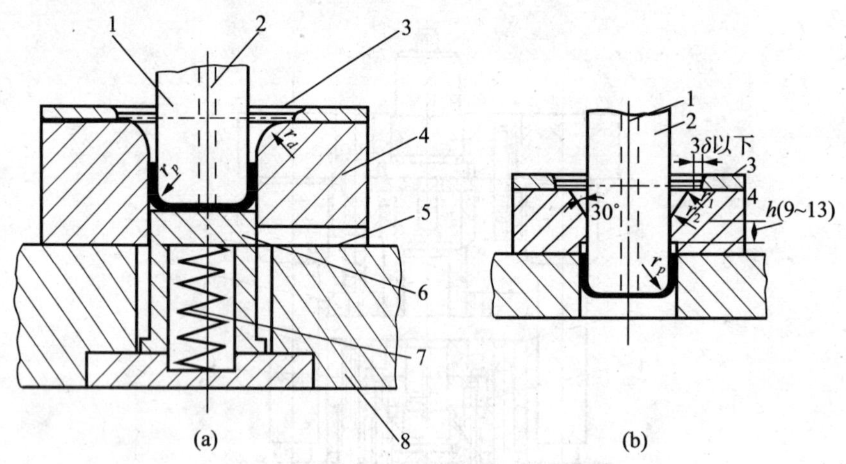

图 4-36　不用压边圈拉深的凹模结构

1、5—气孔　2—凹模　3—定位板　4—凹模　6—顶块　7—弹簧　8—底座

当坯料相对厚度较小必须采用压边圈时，采用如图 4-37 所示的模具结构。图 4-37a 所示用于尺寸较小的圆筒件，图 4-37b 所示用于直径大于 100mm 的拉深件。这种结构除具有锥形凹模特点外，还可减轻坯料的反复弯曲变形，以提高冲件侧壁质量。

2）凸、凹模的圆角半径。

凹模、凸模圆角半径对拉深工作影响很大，其中尤以凹模圆角半径 r_d 为甚。在拉深过程中，坯料在凹模圆角部位滑动时产生较大的弯曲变形，而当由凹模圆角半径区进入直壁部分时，又被重新拉直，或者在通过凸模与凹模之间的间隙时受到校直作用。假如凹模的圆角半径过小，则坯料在经过凹模圆角部位时的变形阻力以及通过模具间隙的阻力都要增大，结果势必引起总拉深力的增大和模具寿命的降低。因此，当凹模圆角半径过小时，必须采用较大的极限拉深系数。在生产中，一般应尽量避免采用过小的凹模圆角半径。凹

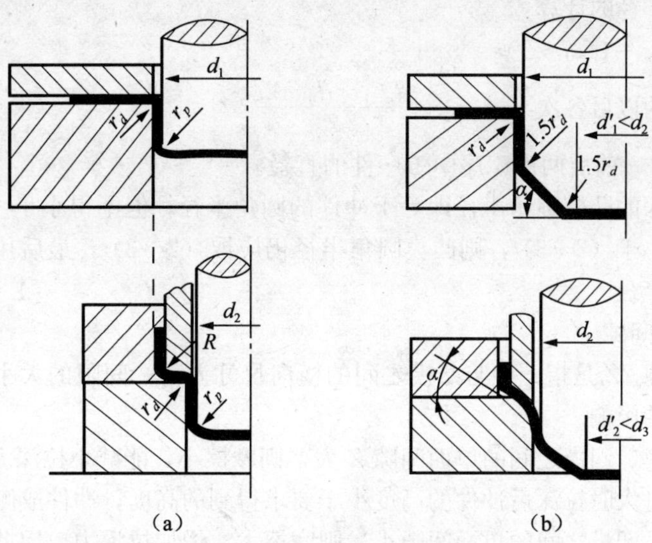

图 4-37　带压边圈凹模的结构

模圆角半径过大，使在拉深初始阶段不与模具表面接触的坯料宽度加大，因而这部分坯料很容易起皱。在拉深后期，过大的凹模圆角半径也会使坯料外缘过早地脱离压边圈的作用而起皱，尤其当坯料的相对厚度小时，这个现象十分突出。因此，在设计模具时，应该根据具体条件选取适当的圆角半径值。

凸模圆角半径 r_p 对拉深工件的影响不像凹模圆角半径 r_d 那样显著。但是过小的凸模圆角半径，会使坯料在这个部位上受到过大的弯曲变形，结果降低了坯料危险断面（底与直壁交接部分）的强度，这也使极限拉深系数增大。另外，即使坯料在危险断面不被拉裂，过小的凸模圆角半径也会引起危险断面附近坯料厚度局部变薄，而且这个局部变薄和弯曲的痕迹经过后续的拉深工序以后，还会在冲件的侧壁上遗留下来，以致影响冲件的质量。在多工序拉深时，后续工序的压边圈的圆角半径等于前次工序的凸模的圆角半径，所以当凸模圆角半径过小时，在后续的拉深工序里坯料沿压边圈的滑动阻力也要增大，这对拉深过程的进行是不利的。而凸模圆角半径过大，也会使在拉深初始阶段不与模具表面接触的坯料宽度加大，因而这部分坯料容易起皱。

①凹模圆角半径的计算：

首次拉深　$r_{d1}=0.8\sqrt{(D-d_1)\ t}$　(4-15)

式中：D——坯料直径（mm）；

d_1——首次拉深凹模内径（mm）；

t——坯料厚度（mm）。

对于以后各次拉深，可取

$$r_{d2}=(0.6\sim0.8)r_{d1}$$
$$r_{dn}=(0.7\sim0.9)r_{dn-1} \quad (4\text{-}16)$$

式中：r_{d2}——第二次拉深凹模圆角半径；

r_{dn}——第 n 次拉深凹模圆角半径。

②凸模圆角半径的计算：

首次拉深 $r_{p1}=(0.7\sim1)r_{d1}$ (4-17)

多次拉深中的以后各次 $r_{p(n-1)}=\dfrac{d_{n-1}-d_n-2t}{2}$ (4-18)

式中：d_{n-1}、d_n——前后两次工序中工序件的直径。

最后一次拉深的凸模圆角半径即等于冲件的圆角半径，但不得小于（2～3）t。如冲件的圆角半径要求小于（2～3）t，则凸模圆角半径仍应取（2～3）t，最后用一次整形来得到冲件要求的圆角半径。

3）拉深模的间隙

拉深模的间隙 $2Z$ 是指凹模与凸模之间的横向尺寸差值，间隙的大小对拉深力与拉深件的质量有一定的影响。

拉深模的凸模、凹模之间的单面间隙 Z 大，则摩擦小，能减小拉深力，但间隙大精度不易控制。间隙过大时拉深后冲件的高度小于要求得到的高度，冲件成侧凹状。

拉深模的凸、凹模之间的单面间隙小，则摩擦大，增加拉深力，因此许用拉深系数 m 数值较大。凸模和凹模的单面间隙小于材料厚度时，带有变薄拉深的倾向，拉深件的精度及表面质量较高。

一般，拉深模的单边间隙 Z 由下式计算

$$Z=t_{max}+Kt \tag{4-19}$$

式中：t_{max}——材料的最大厚度；

t——材料的公称厚度；

K——系数，由表 4-18 查出。

表 4-18 **间隙系数 K**

拉深工序数		材料厚度 t/mm		
		0.5～2	2～4	4～6
1	第一次	0.2（0）	0.1（0）	0.1（0）
2	第一次	0.3	0.25	0.2
	第二次	0.1（0）	0.1（0）	0.1（0）
3	第一次	0.5	0.4	0.35
	第二次	0.3	0.25	0.5
	第三次	0.1（0）	0.1（0）	0.1（0）
4	第一、二次	0.5	0.4	0.35
	第二次	0.3	0.25	0.2
	第三次	0.1（0）	0.1（0）	0.1（0）
5	第一、二、三次	0.5	0.4	0.35
	第二次	0.3	0.25	0.2
	第三次	0.1（0）	0.1（0）	0.1（0）

注：1. 表中数值适用于一般精度（未注公差尺寸的极限偏差）工件的拉深；

2. 末道工序括弧内的数值，适用于较精密拉深件（IT11～IT13 级）。

4）凸、凹模工作零件的尺寸计算。

①中间工序件凸、凹模尺寸的计算。

对于多次拉深的第一次拉深及中间各次拉深，工序尺寸没有严格要求，其凸、凹模尺寸取工序件尺寸即可。若以凹模为基准，则

$$D_d = D^{+\delta_d}_{0}$$
$$D_p = (D - 2Z)^{0}_{-\delta_p} \tag{4-20}$$

式中：D_d——凹模的基本尺寸；

D_p——凸模的基本尺寸；

D——工序件的基本尺寸；

Z——凸、凹模的单边间隙；

δ_d、δ_p——凸、凹模的制造公差。

②末次拉深。

当工件外形尺寸要求一定时（见图 4-38a），以凹模为准。凸模尺寸按凹模减小以取得间隙。具体计算公式为

$$D_d = (D_{max} - 0.75\Delta)^{+\delta_d}_{0}$$
$$D_p = (D_d - 2Z)^{0}_{-\delta_p} = (D_{max} - 0.75\Delta - 2Z)^{0}_{-\delta_p} \tag{4-21}$$

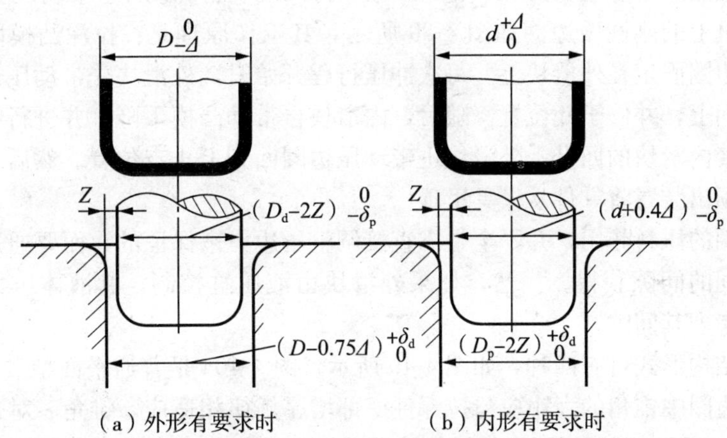

（a）外形有要求时　　（b）内形有要求时

图 4-38　拉深件尺寸与模具尺寸

当工件内形尺寸要求一定时（见图 4-38b），以凸模为准。凹模尺寸按凸模增大以取得间隙。具体计算公式为

$$d_p = (d_{min} + 0.4\Delta)^{0}_{-\delta_p}$$
$$d_d = (d_p + 2Z)^{+\delta_d}_{0} = (d_{min} + 0.4\Delta + 2Z)^{+\delta_d}_{0} \tag{4-22}$$

式中：D_d、d_d——凹模的基本尺寸；

D_p、d_p——凸模的基本尺寸；

D_{max}、d_{min}——拉深件最大外径尺寸和最小内径尺寸；

Δ——冲件的公差；

Z——凸、凹模的单边间隙；

δ_p、δ_d——凸、凹模的制造公差。

凸、凹模的制造公差可按 IT6～IT9 级选取，也可按冲件公差的 1/3～1/4 选取。

5）凸模的通气孔。

冲件在拉深时，由于拉深力的作用或润滑油等因素，使得冲件很容易被黏附在凸模上。在冲件与凸模间形成真空，会增加卸件的困难，造成冲件底部不平。为此，凸模应设计有通气孔，以便拉深后的冲件容易卸脱。拉深不锈钢件或大冲件时，由于黏附力大，可在通气孔中通高压气体或液体，以便拉深后将冲件卸下。对于一般的小型件拉深，可直接在凸模上钻出通气孔，其大小根据凸模尺寸而定，具体数值可从表 4-19 查得。

表 4-19　　拉深凸模出气孔尺寸　　(mm)

凸模直径（$d_凸$）	≤50	>50～100	>100～200	>200
出气孔直径（d）	5	6.5	8	9.5

（2）拉深模具结构零件的设计。

拉深模具的结构部分与冲裁模具的结构部分比较，除了压边圈特殊外，其他的结构基本相同，因此本模块只学习压边圈的结构设计。

拉深模具的压边圈可分为刚性压边圈和弹性压边圈两种。

1）刚性压边圈。

刚性压边圈适用于双动压力机、液压机上的拉深。也可以用于单动压力机上进行拉深。双动压力机上的刚性压边圈如图 4-39 所示，其工作原理是：拉深凸模固定在压力机内滑块上，压边圈固定在外滑块上。每次冲压行程开始时，外滑块先带动压边圈下降，压在坯料的凸缘面上，并停于此位置。随后，内滑块再带动凸模下降，并进行拉深。当拉深结束后，紧跟着内滑块的回升，外滑块也带动压边圈回到上止点位置。然后，置于压力机工作台下部的顶出装置将零件从模具里顶出。

刚性压边圈的压料作用，并不全是靠直接调整压边力来保证的，而要通过调整压边圈与凹模平面之间的间隙获得。当然，如果外滑块由液压缸控制，其液体压力可以调整选择，但仍应该考虑其间隙。

压边圈的结构形式可有四种，如图 4-40 所示。图 4-40a 是普通平面型。图 4-40b 是平锥型，这种压边圈中锥角的大小应与拉深件壁部增厚规律相适应，锥角 α 对边的高度一般取（0.2～0.5）t。平锥型压边圈不仅能使冲模的调整工作得到一定程度的简化，而且能提高拉深的极限变形程度。

图 4-40c 是大锥角的锥型压边圈结构，其锥角与锥形凹模的锥角相对应，一般取其锥角 $\beta=30°\sim45°$。它能降低极限拉深系数，实际上是增加了坯料的中间变形过程，即等于增加一次中间成形锥形件的拉深工序，而这种锥形过渡使得变形区具有更大的抗压缩失稳能力。此外，由于凸缘变形区变形的过程延长了，变形速度减慢了，因而有利于塑性变形的扩展和金属的流动，不易造成拉裂。

图 4-40d 是圆弧型压边圈，它更适用于带凸缘筒形且凸缘直径较小而圆角半径较大的情况。

2）弹性压边圈。

弹性压边圈结构适用于单动压力机。其工作原理如图 4-41 所示，压边圈由模具中的弹性系统托住，随着上模（拉深凹模）的下行，弹性压边圈的压边力急剧增大。这种结构产生的压边力曲线与拉深力曲线很不协调，而用气缸或液压缸的弹性压边系统，其压边力

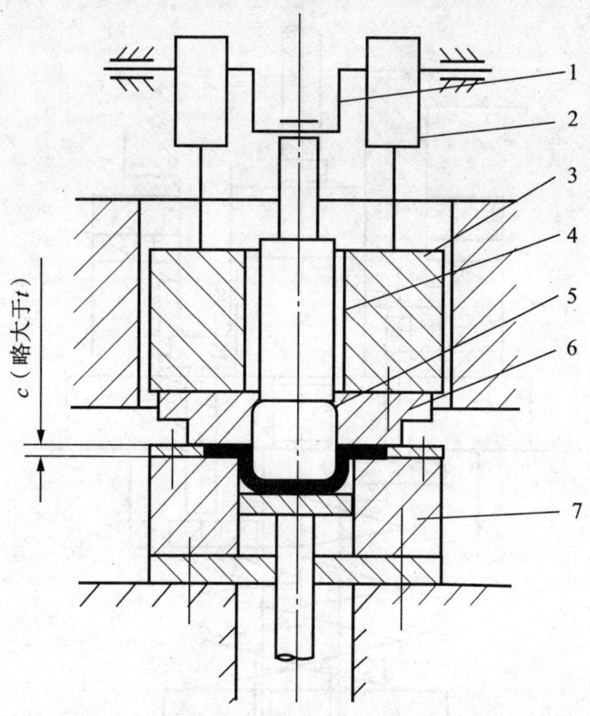

图 4-39　双动压力机用拉深模

1—凸模固定杆　2—外滑块　3—拉深凸模　4—落料凸模兼压料板
5—落料凹模　6—拉深凹模

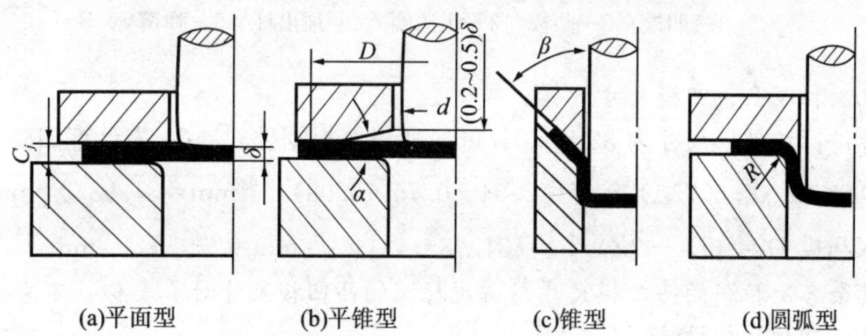

图 4-40　压边圈形状

基本上是不变化的，调整也较方便些，后者的拉深效果好于前者。

2. 支座拉深模具零部件的设计

支座拉深模具零部件的设计有工作零件的设计和结构零件的设计两部分，工作零件的设计如下：

(1) 首次拉深凸、凹模尺寸的计算。

第一次拉深后的零件直径为 55.65mm，由公式 4-19 确定拉深凸、凹模间隙值 Z，查表 4-18 得 $K=0.5$，所以间隙 $Z=2\text{mm}+0.5\times2\text{mm}=3\text{mm}$，则按公式 4-20 计算得：

首次拉深凹模 $D_A=(d_1+t)^{+\delta_A}_{0}=(55.65+2)^{+0.08}_{0}\text{mm}=57.65^{+0.08}_{0}\text{mm}$。

首次拉深凸模 $D_T=(D_A-2Z)^{0}_{-\delta_T}=(57.65-6)^{0}_{-0.05}\text{mm}=51.65^{0}_{-0.05}\text{mm}$

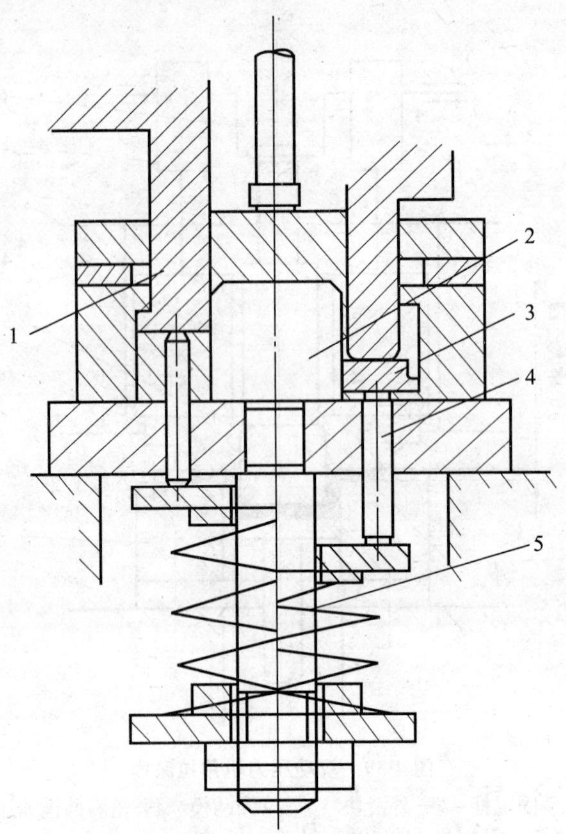

图 4-41 单动压力机上的弹性压边装置

1—凹模 2—凸模 3—压边圈 4—顶出杆 5—弹簧

(2) 末次拉深凸、凹模尺寸计算。

因为零件标注外形尺寸为 32±0.04mm，所以要根据公式 4-21 先计算凹模，即

$$D_A=(d_{max}-0.75\Delta)^{+\delta_A}_{0}=(32.04-0.75\times0.08)^{+0.08}_{0}\text{mm}=31.98^{+0.08}_{0}\text{mm}$$

则拉深凸模 $D_T=(D_A-2Z)_{-\delta_T}^{0}=(31.98-4.4)_{-0.05}^{0}\text{mm}=27.58_{-0.05}^{0}\text{mm}$

(3) 其余各次拉深的凸凹模尺寸与首次拉深的凸凹模尺寸计算类似，不再介绍。

(4) 凸、凹模结构设计。

1) 首次拉深凸、凹模结构设计。

根据公式 4-15 和式 4-17 分别计算如下：

$$r_{d1}=0.8\sqrt{(D-d_1)t}=7.95$$

考虑方便加工，取 $r_{d1}=8$

$$r_{p1}=(0.7\sim1)r_{d1}=7$$

2) 末次拉深凸、凹模结构设计。

最后一次拉深，凸模圆角半径与产品的圆角半径相等，即为 3，凹模圆角半径可取 6。

首次落料拉深复合模具的凸凹模的结构见装配图 4-42，其余的各次拉深模具的设计与此类似，不再介绍。

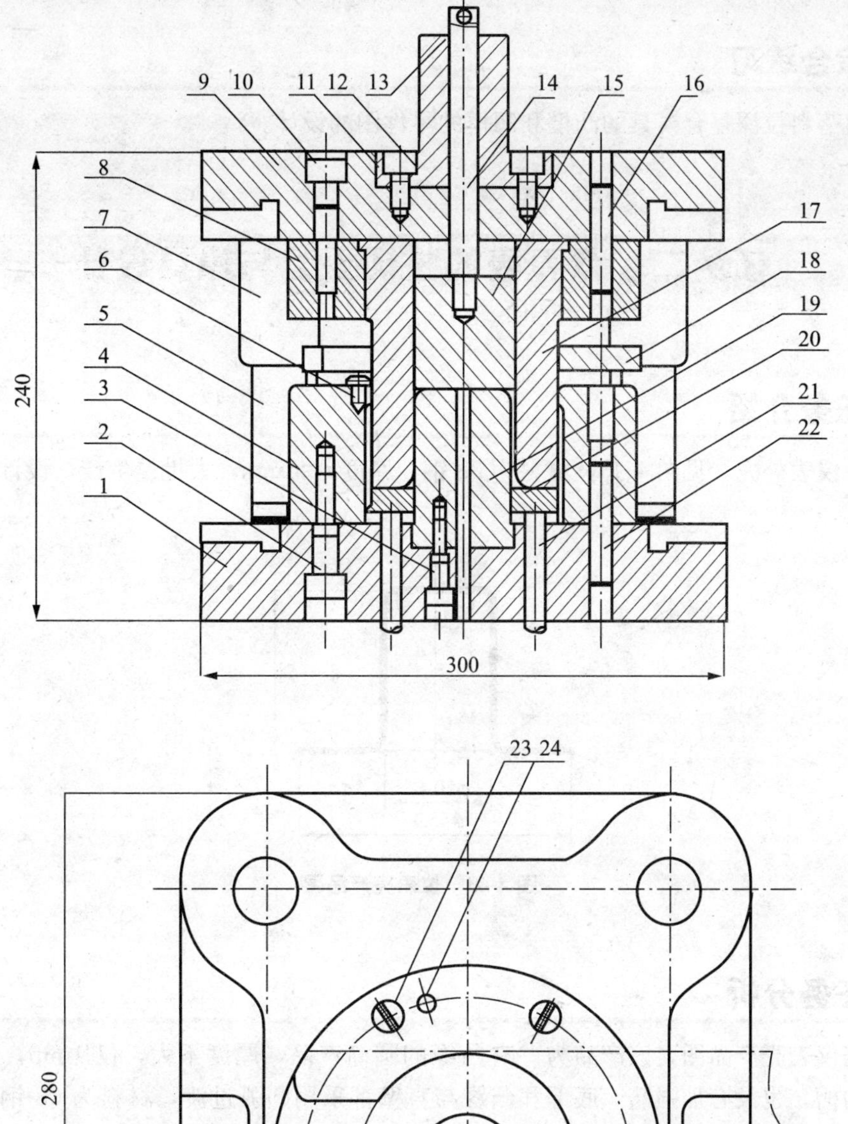

图 4-22　落料拉深复合模

1、9—下、上模座　2、3、10、12、23—螺钉　4—落料凹模　5—导柱　6—挡料销　7—导套　8—凸凹模固定板　11—模柄　13—横销　14—打杆　15—推件块　16、22、24—销钉　17—凸凹模　18—卸料板　19—凸模　20—压边圈　21—顶杆

综合练习

完成支座落料拉深复合模具的凸模和凹模的零件图的设计。

任务二 仪表壳的拉深工艺与模具设计

任务介绍

有一仪表外壳，见图 4-43，材料为 08 钢，厚度 t=1mm，大批量生产，设计其拉深工艺与模具。

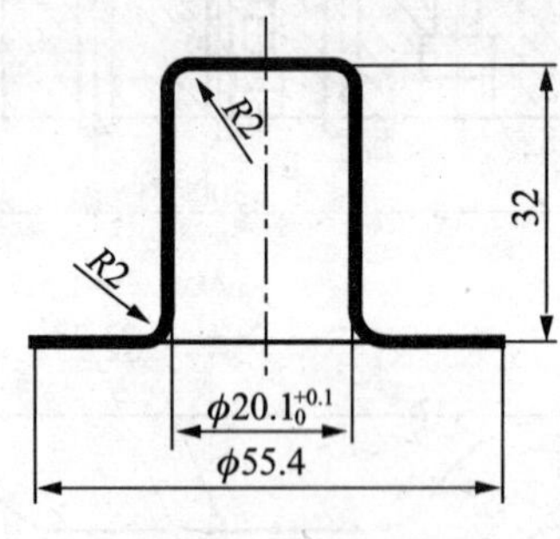

图 4-43 仪表壳产品图

任务分析

根据仪表壳产品图，该产品为一有凸缘的圆筒产品，厚度不大，仅 1mm，产品没有孔洞和沟槽，也没有加强筋，底部和凸缘与直壁都采用圆弧过渡，材料为 08 钢，塑性很好，生产批量大，适合冲压成形。

任务实施

一、仪表壳拉深工艺设计

1. 工艺性分析

(1) 结构分析。

仪表壳为带凸缘圆筒形件，要求内形尺寸，料厚 t=1mm，没有厚度不变的要求；零件的形状简单、对称，底部圆角半径 r=2mm>t，凸缘处的圆角半径 R=2mm=2t，满足拉深工艺对形状和圆角半径的要求。

（2）精度分析。

仪表壳只有一个尺寸有要求，即 $\phi 20.1^{+0.2}_{0}$ mm 为 IT12 级，其余尺寸为自由公差，满足拉深工艺对精度等级的要求。

（3）材料分析。

仪表壳所用材料为 08 钢，拉深性能较好，易于拉深成形。

综上所述，该产品的拉深工艺性较好，可用拉深工艺加工。

2. 确定工艺方案

根据工艺分析，仪表壳采用拉深工艺成形，其成形过程有毛坯的制造、凸缘和筒体的拉深、切边、辅助工序等过程，其生产方案如下：

方案一：采用单工序生产，即毛坯用落料的方式生产、采用拉深工艺成形凸缘和筒体、用模具或切削方式切边。该方案的优点是模具结构简单；缺点是模具数量多、生产效率低。

方案二：采用复合工序生产，即毛坯的落料和第一次拉深用复合工序生产，其后各次拉深用单工序生产，最后用切削方式切边。该方案的优点是模具数量比第一方案少，效率高；缺点是模具结构复杂一点。

比较方案一和二，根据产品的生产要求，生产批量大，所以采用方案二生产。

仪表壳的生产方案为：落料和第一次拉深复合、以后各次拉深、机修切边。

二、仪表壳拉深模具设计工艺计算

1. 毛坯尺寸的计算

根据产品图，凸缘的相对直径为 55.4/20.1＝2.76，查表 4-6 得修边余量为 2.2，所以毛坯尺寸计算公式里凸缘直径为 55.4＋2×2.2＝59.8，查附表 9，毛坯尺寸为：

$$
\begin{aligned}
D &= \sqrt{d_F^2 + 4dh - 3.44rd} \\
&= \sqrt{59.8^2 + 4\times 20.1\times 32 - 3.44\times 2\times 20.1} \\
&= 77.5
\end{aligned}
$$

经圆整，$D=78$

2. 拉深次数及工序尺寸的确定

（1）判定能否一次拉成。

零件的坯料相对厚度 $\frac{t}{D}\times 100=1.28$，凸缘相对直径等于 2.76，查表 4-12，其第一次拉深极限拉深系数 $[m_1]=0.35$，计算零件的总拉深系数 $m_{总}=\frac{20.1}{78}=0.26$，小于 $[m_1]$，所以需要多次拉深。

（2）预定首次拉深工序件尺寸。

为了在拉深过程中不使凸缘部分再变形，取第一次拉入凹模的材料比零件相应部分表面积多 5%，故坯料直径应修正为

$$D=\sqrt{(F_{凸}+1.05F)4/\pi}\approx 79\text{mm}$$

初选$\frac{d_F}{d}=1.3$，由表 4-12 查得首次拉深极限拉深系数 $[m_1]=0.49$，取 $m_1=0.50$，则首次拉深筒形件直径为

$$d_1=m_1D=0.50\times79=39.5\text{mm}$$

取首次拉深凸、凹模圆角半径

$$\begin{aligned}r_{A1}=r_{T1}&=0.8\sqrt{(D-d_1)t}\\&=0.8\sqrt{(79-39.5)\times1}\approx5\text{mm}\end{aligned}$$

则第一次拉深高度按公式 4-9 计算为：

$$\begin{aligned}h_1&=\frac{0.25}{d_1}(D^2-d_F^2)+0.43(R_1+r_1)\\&=\frac{0.25}{39.5}(79^2-59.8^2)+0.43(5+5)\\&=21.2\text{mm}\end{aligned}$$

(3) 验算 m_1 是否合理。

第一次拉深的相对高度$\frac{h_1}{d_1}=\frac{21.2}{39.5}=0.53$，可查表 4-13 得当凸缘相对直径$\frac{d_F}{d_1}=\frac{59.8}{39.5}=1.51$，坯料相对厚度$\frac{t}{D}\times100=\frac{1}{79}\times100=1.27$ 时，第一次拉深允许的相对高度为$\frac{h_1}{d_1}=0.45\sim0.53$，与计算的 0.53 一致，所以预定的 m_1 是合理的。

(4) 计算以后各次拉深的工序件直径。

查表 4-7 得以后各次拉深极限拉深系数分别为 $[m_2]=0.76$，$[m_3]=0.79$，$[m_4]=0.81$，则拉深后筒形件直径分别为

$$\begin{aligned}d_2&=[m_2]d_1=0.76\times39.5=30.02\text{mm}\\d_3&=[m_3]d_2=0.79\times30.02=23.72\text{mm}\\d_4&=[m_4]d_3=0.81\times23.72=19.2\text{mm}<20.1\end{aligned}$$

所以零件共需进行 4 次拉深。调整各次拉深系数，取第二次实际拉深系数 $m_2=0.765$，$m_3=0.795$，则拉深后直径应为：

$$\begin{aligned}d_2&=m_2d_1=0.765\times39.5\text{mm}=30.2\text{mm}\\d_3&=m_3d_2=0.795\times30.2\text{mm}=24\text{mm}\end{aligned}$$

计算第四次拉深的实际拉深系数 $m_4=\frac{20.1}{24}\approx0.84$，其数值大于第四次拉深极限系数 $[m_4]$，所以，以上调整合理。

(5) 计算以后各次拉深的工序件高度。

取第二次拉深凸、凹模圆角半径为 $r_{A2}=r_{T2}=0.8r_{A1}=0.8\times5=4\text{mm}$，第三次拉深的凸凹模圆角半径为 3，按公式 4-10 计算各次拉深的高度等数据，见表 4-20。

表 4-20　　拉深次数与各次拉深工序件尺寸　　(mm)

拉深次数 n	凸缘直径 d_t	筒体直径 d（内形尺寸）	高度 H	圆角半径	
				R（外形尺寸）	r（内形尺寸）
1	ϕ59.8	ϕ39.5	21.2	5	5
2	ϕ59.8	ϕ30.2	24.8	4	4
3	ϕ59.8	ϕ24	28.7	3	3
4	ϕ59.8	ϕ20.1	32	2	2

根据上述计算结果，本零件需要落料（制成 ϕ79mm 的坯料）、四次拉深和切边（达到零件要求的凸缘直径 ϕ55.4mm）共六道冲压工序。考虑该零件的首次拉深高度较小，且坯料直径（ϕ79）与首次拉深后的筒体直径（ϕ39.5）的差值较大，为了提高生产效率，可将坯料的落料与首次拉深复合。

仪表壳的冲压工艺为：落料与首次拉深复合⟶第二次拉深⟶第三次拉深⟶第四次拉深⟶切边。

拉深工序件图见图 4-44。

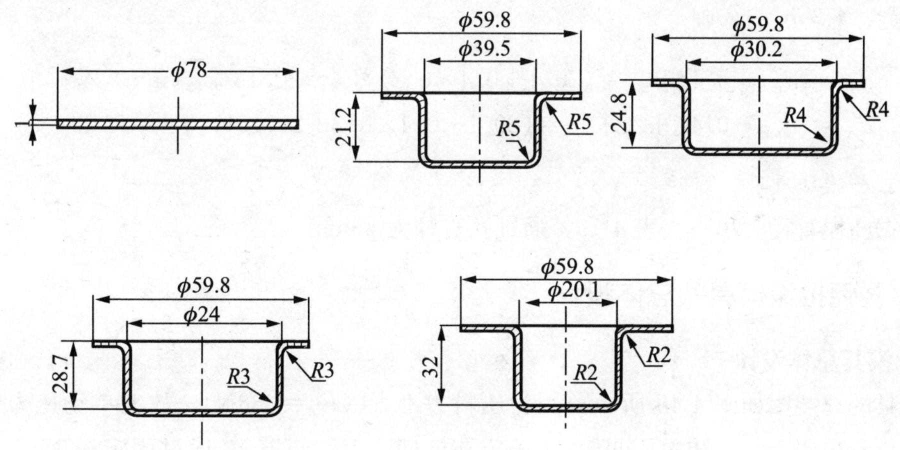

图 4-44　仪表壳拉深工序件图

3. 拉深力与压料力计算

仪表壳的拉深需 4 次，落料与第一次拉深复合任务一已经学习，本任务以只学习与最后一次拉深有关的计算及模具设计。

（1）拉深力。

拉深力根据公式 4-11 计算，由设计手册查得 08 钢的强度极限 σ_b＝400MPa，由 m_4＝0.84 查表 4-15 得 K_2＝0.70，则

$$F=K2\pi d4t\sigma_b=0.70\times3.14\times20.1\times1\times400=17\,672(\mathrm{N})$$

（2）压边力。

首先根据表 4-16 查得压边圈为“可用可不用”，为保证产品质量，应该用压边圈。

压料力根据公式 4-13 计算，查表 4-17 取 $p=2.5\text{MPa}$，则

$$F_Y=\pi(d_1^2-d_4^2)p/4=3.14\times(242-20.12)\times2.5/4=338(\text{N})$$

（3）压力机标称压力。

根据公式 4-14，$F_\Sigma=F+F_Y$，取 $F_g\geqslant1.8F_\Sigma$，则

$$F_g\geqslant1.8\times(17\,672+338)=32\,418(\text{N})=32.4\text{kN}$$

（4）压力机的初选。

根据压力机的标称压力，初选压力机型号为 J23－40。

4. 模具工作部分尺寸的计算

（1）凸、凹模间隙。

由表 4-18 查得凸、凹模的单边间隙系数为 0.1，根据公式 4-19 计算，$Z=1.1$。

（2）凸、凹模圆角半径。

因是最后一次拉深，故凸、凹模圆角半径应与拉深件相应圆角半径一致，故凸模圆角半径都为 2mm。

（3）凸、凹模工作尺寸。

由于工件要求内形尺寸，故凸、凹模工作尺寸按公式 4-22 计算。查设计手册，取 $\delta_T=0.02$，$\delta_A=0.04$，则

$$d_T=(d_{min}+0.4\Delta)_{-\delta_T}^{\ 0}=(20.1+0.4\times0.2)_{-0.02}^{\ 0}=20.18_{-0.02}^{\ 0}(\text{mm})$$

$$d_A=(d_{min}+0.4\Delta+2Z)^{+\delta_A}_{\ 0}=(20.1+0.4\times0.2+2\times1.1)^{+0.04}_{\ 0}=22.38^{+0.04}_{\ 0}$$

（4）凸模通气孔。

根据凸模直径大小，查表 4-19，通气孔直径为 $\phi5\text{mm}$。

三、仪表壳拉深模具的总体设计

1. 模具总体设计

模具的总装图如图 4-45 所示。因为压料力不大（$F_Y=338\text{N}$），故在单动压力机上拉深。本模具采用倒装式结构，凹模 11 固定在模柄 7 上，凸模 13 通过固定板 15 固定在下模座 3 上。由上道工序拉深的工序件套在压料圈 14 上定位，拉深结束后，由推件块 12 将卡在凹模内的工件推出。

2. 压力机校核

根据滑块行程 $S\geqslant2h_{工件}=2\times32=64\text{mm}$ 及模具闭合高度 $H=188\text{mm}$，初选设备为型号为 J23－40 的开式双柱可倾式压力机，能保证滑块行程和模具的高度要求，设备选择合理。

四、模具主要零件设计

根据模具总装图结构、拉深工作要求及模具工作部分的计算，设计出的拉深凸模、拉深凹模及压边圈分别见图 4-46、图 4-47 和图 4-48，其他零件比较简单，不再列出。

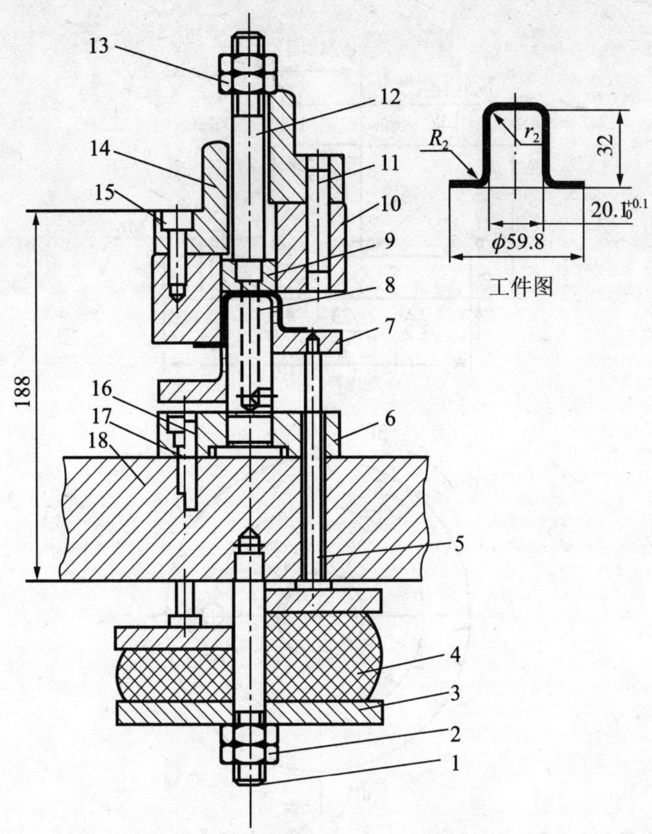

图 4-45　仪表壳最后一次拉深模总装图

1—螺杆　2—橡胶　3—下模座　4、6—螺钉　5、10—销钉　7—模柄　8、18—螺母　9—打杆　11—凹模　12—推件块　13—凸模　14—压料圈　15—固定板　16—顶杆　17—托板

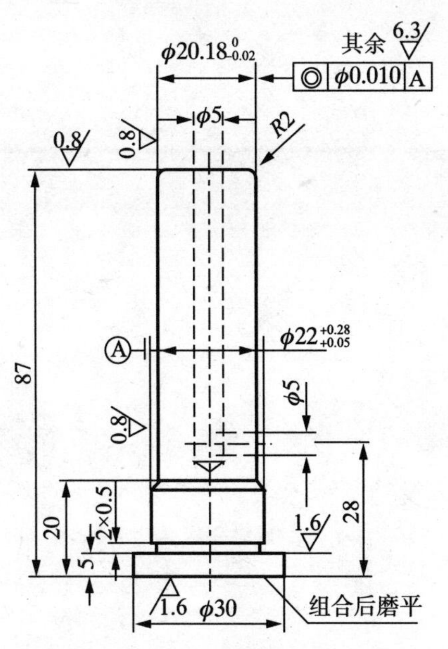

图 4-46　拉深凸模

材料：T10A　热处理：60～64HRC

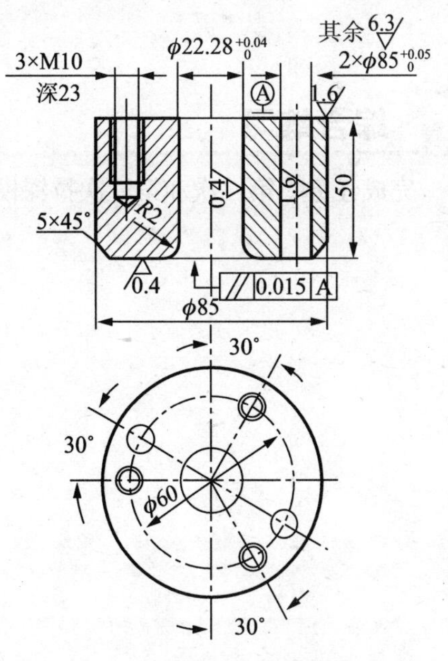

图 4-47　拉深凹模

材料：T10A　热处理：58～62HRC

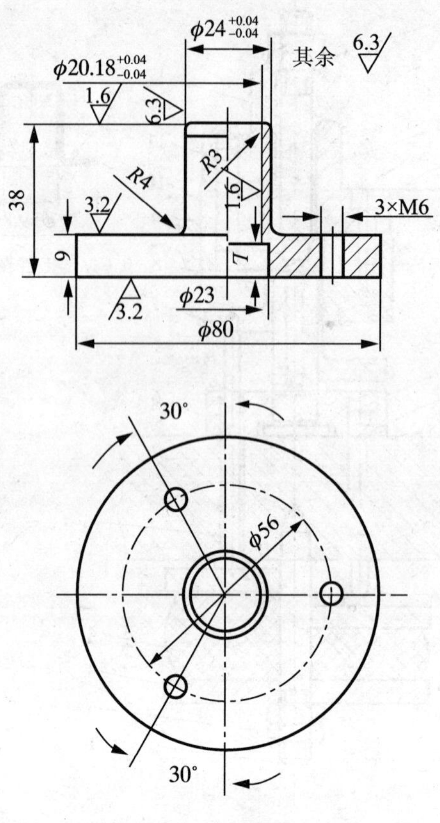

图 4-48　压边圈

材料：T8A　热处理：54～58HRC

综合练习

完成任务二第二次和第三次拉深模具的设计。

模块五 其他成形工艺与模具设计知识

在冲压生产中，除冲裁、弯曲、拉深等工序外，还有一些工序，包括胀形、翻边、缩口、校形、旋压等，通常称为成形工序。成形工序是指用各种局部变形的方法来改变坯料或工序件形状的加工方法，它们常和其他冲压工序组合在一起，加工某些复杂形状的零件。如图 5-1 所示的自行车接头，其主要加工工序有切管、胀形、制孔、圆孔翻边等，而胀形和圆孔翻边是成形该零件的关键工序。本模块主要介绍几种典型成形工序的特点、应用、工艺计算及模具结构。

任务一 胀形

任务介绍

本任务了解胀形的概念及特点和应用。

任务分析

胀形是将空心件或管状件沿径向向外扩张的成形工序，可以实现局部变形。胀形主要用于加强筋、花纹图案、标记等平板毛坯的局部成形；波纹管、高压气瓶、球形容器等空心毛坯的胀形；管接头的管材胀形；飞机和汽车蒙皮等薄板的拉张成形。汽车覆盖件等复杂形状零件成形时也常常包含胀形成分。胀形与其他冲压成形工序的主要不同之处是，胀形时变形区在板面方向呈双向拉应力状态，在板厚方向上是减薄，即厚度减薄表面积增加。

任务实施

冲压生产中，一般将空心件或管状件沿径向向外扩张的成形工序称为胀形，这种成形工序和平板坯料的局部凸起变形，在变形性质上基本相同，因此，可以把在坯料的平面或曲面上使之凸起或凹进的成形统称为胀形，如图 5-2 所示为各种胀形件。

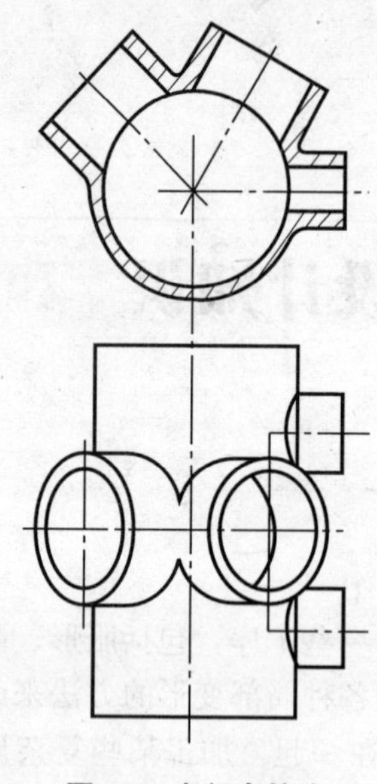
图 5-1　自行车接头

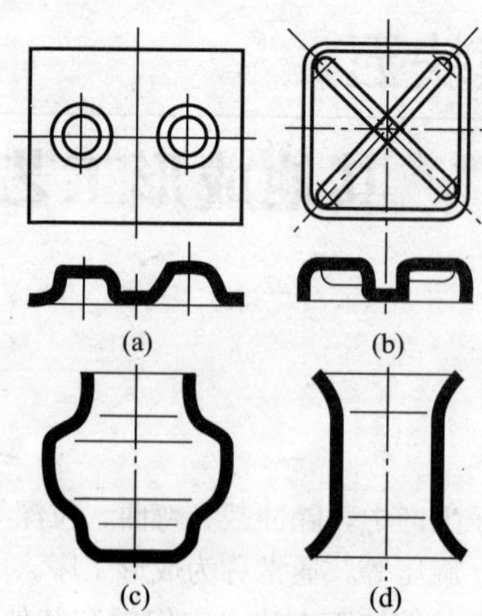

图 5-2　各种胀形件

一、变形特点

用图 5-3 所示的球形凸模对平板坯料进行胀形可说明胀形的基本特点。由于坯料被压料筋的压边圈压住，故变形区限制在凹模口以内。在凸模的作用下，变形区大部分材料受双向拉应力作用而变形，其厚度变薄、表面积增大，形成一个凸起。在一般情况下，胀形变形区内金属不会产生失稳起皱，表面光滑、质量好。由于坯料的厚度相对于坯料的外形尺寸极小，胀形时双向拉应力在板厚方向上的变化很小，从坯料的内表面到外表面分布较均匀，因此当胀形力去除后，零件内、外回弹方向一致，这样回弹就小，零件形状容易保持，精度也容易保证。

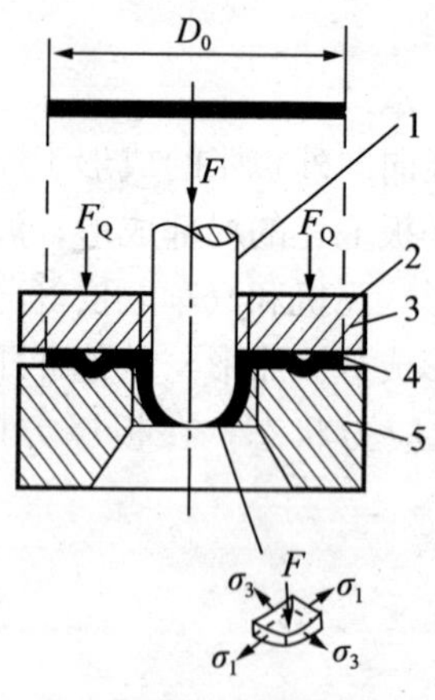

图 5-3　胀形变形的特点

1—凸模　2—压料筋　3—压边圈　4—坯料　5—凹模

由于胀形属于伸长类变形，故其成形极限受到拉裂的限制。材料的塑性越好，硬化指数 n 值越大，可能达到的极限变形程度越大。此外，模具结构、零件形状、润滑条件及材料厚度等均影响胀形区金属的变形。因此凡是能使变形均匀、降低危险部位拉应变值的各种因素，均有利于提高极限变形程度。

二、起伏成形

平板坯料在模具的作用下，产生局部凸起的冲压方法称为起伏成形。起伏成形主要用于增加零件的刚度和强度，如压加强筋、压加强窝，也可按零件要求压凸包、压字、压花纹等。图 5-4 所示是起伏成形的一些例子，起伏成形常采用金属冲模。

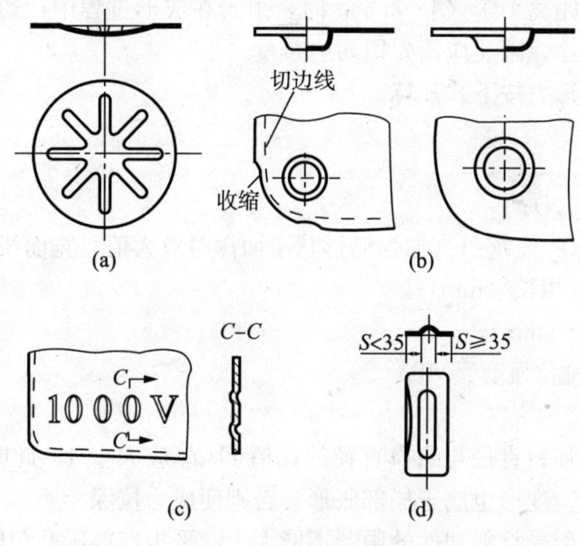

图 5-4　起伏成形举例

1. 压加强筋

由于压加强筋后零件惯性矩的改变和材料加工后的硬化能够有效地提高零件的刚度和强度，因而压加强筋工艺在生产中应用广泛。

在平板坯料上压加强筋，变形区材料主要承受拉应力，塑性差的材料或变形过大时，则可能产生裂纹。

对于形状较复杂的加强筋，成形时的应力应变情况比较复杂，其危险部位和极限变形程度，一般可通过试验的方法确定。

对于一般的压有形状比较简单的加强筋的零件（如图 5-5 所示），按下式近似地确定其极限变形程度。

$$\frac{l-l_0}{l_0}<(0.7\sim0.75)[\delta]$$

式中：l_0、l——分别为起伏成形前后的材料长度。

$[\delta]$——材料的伸长率。

系数 0.7～0.75 视筋的形状而定，弧形筋取大值，梯形筋取小值。

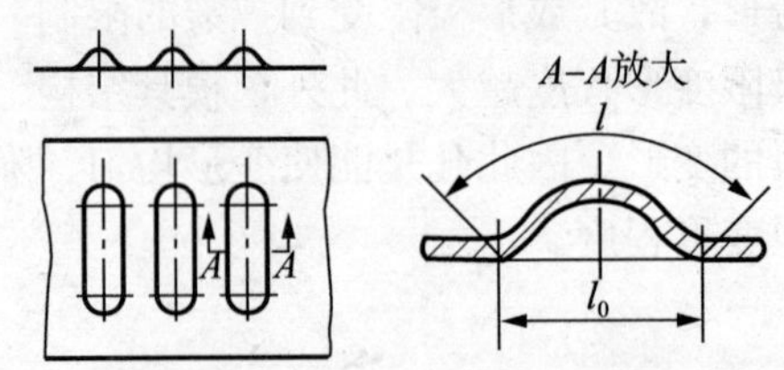

图 5-5 起伏成形前后材料的长度

如果计算结果符合上述条件，则可一次成形。否则，应先压制弧形过渡形状，然后再压出零件所需形状。

当加强筋与边缘距离小于（3～3.5）δ 时，由于在成形过程中，边缘材料要向内收缩，成形后需增加切边工序，因此应预先留切边余量。

冲压加强筋的变形力按下式计算

$$F=KL\delta\sigma_b \tag{5-1}$$

式中：F——变形力（N）；

K——系数，$K=0.7\sim1$（加强筋形状窄而深时取大值，宽而浅时取小值）；

L——加强筋的周长（mm）；

δ——材料厚度（mm）；

σ_b——材料的抗拉强度（MPa）。

2. 压凸包

压凸包时，有效坯料直径与凸模直径的比值 D/d_p 应大于 4。此时坯料外区是相对的强区，不会向里收缩。变形也属于局部胀形，否则便成为拉深。

冲压凸包的高度因受材料塑性的限制不能太大，平板坯料压凸包时的许用成形高度可由设计手册查得。凸包成形高度还与凸模形状与润滑有关，球形凸模较平底凸模成形高度大，润滑条件好时成形高度较大。

零件凸包高度超出极限值时，则可采用图 5-6 所示的方法，第一道工序用大直径的球形凸模胀形，达到在较大范围内聚料和均匀变形的目的，用第二道工序最后成形得到所要求的尺寸。

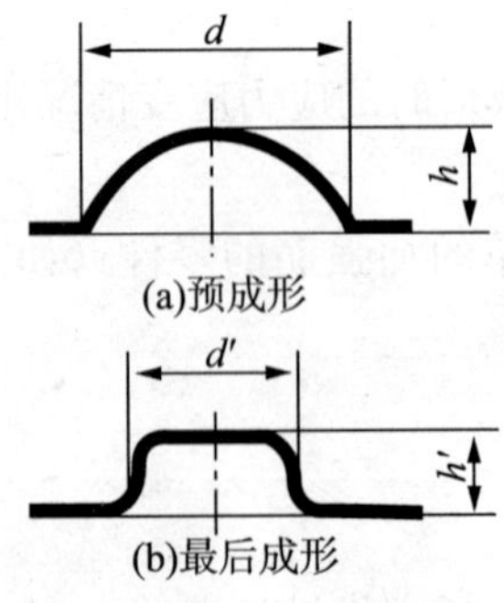

图 5-6 深度较大的局部胀形法

三、空心坯料的胀形

空心坯料胀形迫使材料沿径向伸展，胀出所需的凸起曲面，可用于制造许多形状较为复杂的零件，如壶嘴、带轮、波纹管、各种接头等。图 5-7 是自行车中接头胀形的示意图。

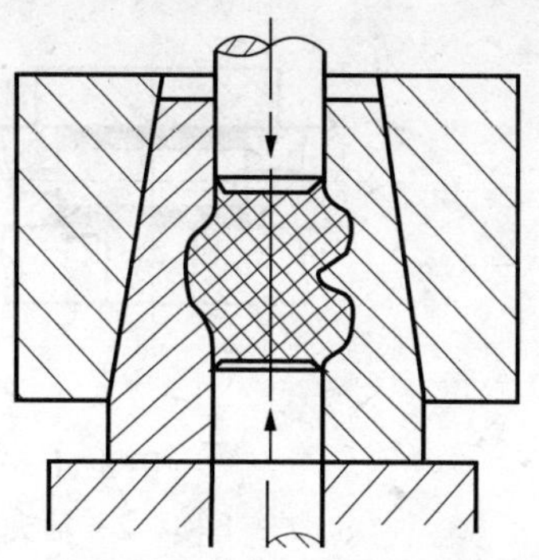

图 5-7　自行车接头的胀形

1. 胀形方法

空心坯料胀形根据模具的不同分成两类：一类是刚性凸模胀形，如图 5-8 所示，利用锥形芯块将分块凸模向四周顶开，使坯料形成所需的形状，分块凸模数多有助于提高零件精度。但模具结构复杂，成本较高，且难以得到精度较高的旋转体零件；另一类是软模胀形，其原理是利用橡胶、液体、气体或钢丸等代替刚性凸模。橡胶胀形如图 5-9 所示，以橡胶作为凸模，在压力作用下使橡胶变形，把坯料沿凹模内壁胀开成所需的形状。橡胶胀形的模具结构简单，坯料变形均匀，能成形复杂形状的零件。近年来广泛采用聚氨酯橡胶胀形，它与一般橡胶相比具有强度高、弹性好、耐油性好和使用寿命长的优点。

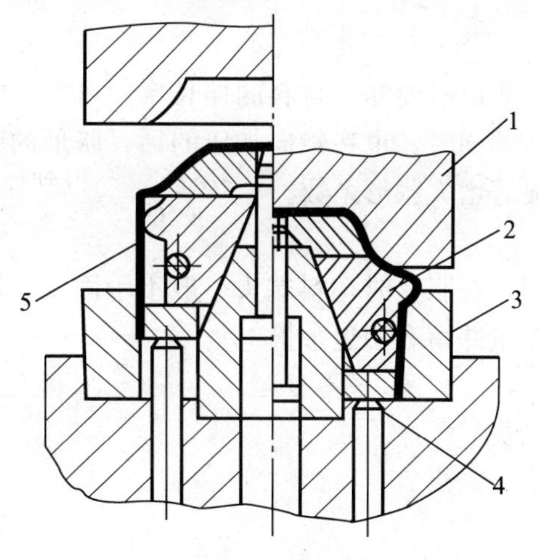

图 5-8　用刚性凸模的胀形

1—凹模　2—分块凸模　3—拉簧
4—锥形芯块　5—零件

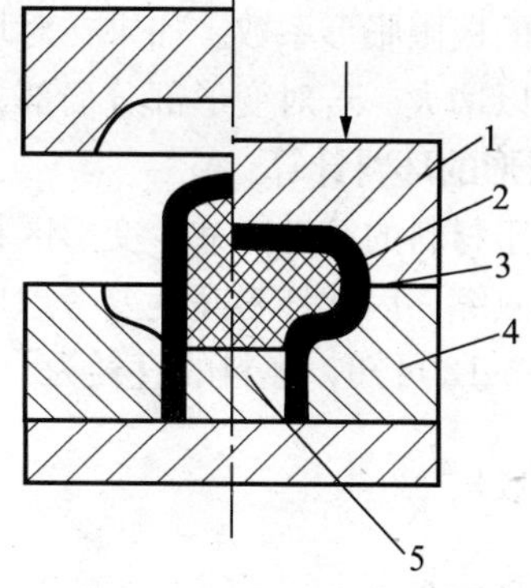

图 5-9　橡胶胀形

1—凹模　2—零件　3—橡胶凸模
4—下凹模　5—软垫块

图 5-10 所示为液体胀形。液体胀形时，凹模内的坯料在高压液体作用下直径胀大，最终贴靠凹模内壁成形。液体胀形可加工大型零件，且液体的传力均匀，零件表面质量好。

图 5-11 是轴向压缩和高压液体联合作用的胀形方法。首先将管坯置于下模，然后将上模压下，再使两端的轴头压紧管坯端部，继而从两轴头孔内通入高压液体，在高压液体和轴向压缩力的共同作用下胀形而获得所需零件，用这种方法可加工高精度零件。

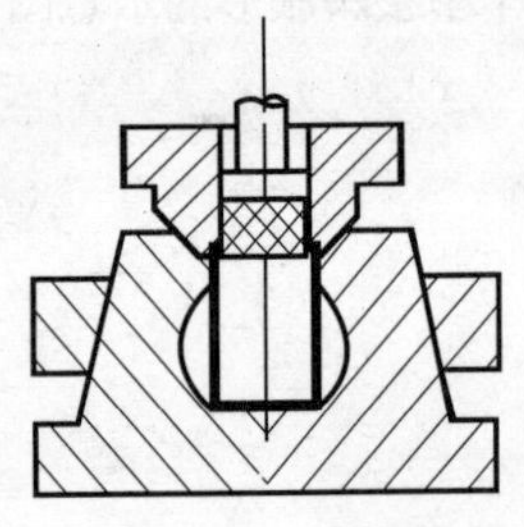

图 5-10　液体胀形

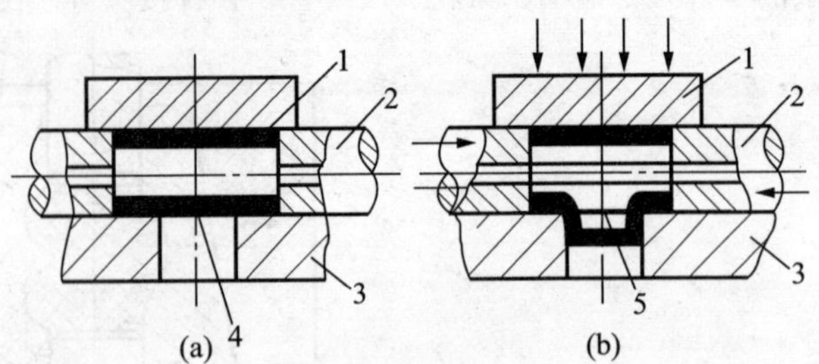

图 5-11　加轴向压缩的液体胀形

1—上模　2—轴头　3—下模　4—管坯　5—零件

2. 胀形的变形程度

胀形时，材料切向受拉伸，其极限变形程度受最大变形处材料许用伸长率的限制，生产中常用胀形系数 K 表示空心坯料变形程度，胀形系数的表达式为

$$K=\frac{d_{\max}}{D} \tag{5-2}$$

式中：$d_{\max}$——胀形处最大直径；

D——空心坯料原来的直径。

胀形系数 K 和材料伸长率 δ 的关系为：

$$\delta=\frac{d_{\max}-D}{D}=K-1$$

或

$$K=1+\delta \tag{5-3}$$

由于坯料的变形程度受到材料伸长率的限制，所以只要知道材料的伸长率便可按上式求出相应的极限胀形系数。如果在对坯料径向加压的同时，也在轴向加压的话，胀形的变形程度可以增大。若对变形部分局部加热，则能显著增大胀形系数。

3. 胀形的坯料计算

为便于材料的流动，减少变形区材料的变薄率，在胀形时坯料端头一般不予固定，使其能自由收缩，因此坯料高度要考虑增加一个必缩量并留有切边余量。

由图 5-12 可知，坯料的直径为：

$$D=\frac{d_{\max}}{K}$$

坯料长度为

$$L=l[1+(0.3\sim0.4)\delta]+b \tag{5-4}$$

式中：l——变形区母线长度（mm）；

δ——坯料切向拉伸的切向伸长率（%）；

b——切边余量，一般取 5～15mm；

0.3～0.4——切向伸长而引起的高度减小所需的系数。

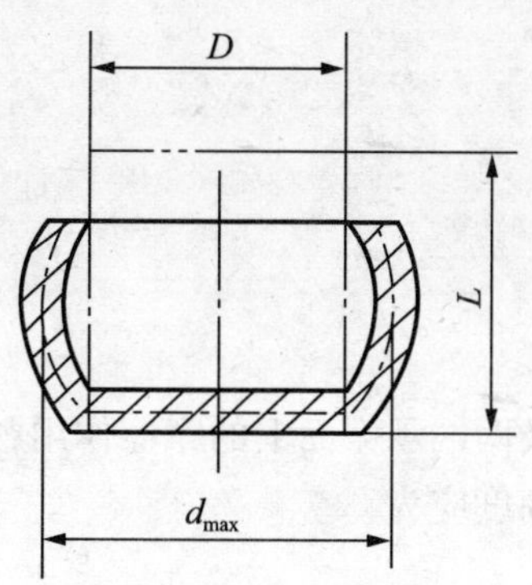

图 5-12　空心坯料胀形尺寸

4. 胀形力

胀形力的大小与胀形方法、零件的复杂程度等因素有关。在生产中，胀形力的大小往往通过试压才能准确确定，胀形力的估算可参考有关资料。

5. 胀形模的结构

胀形模的凹模一般采用钢、铸铁、锌基合金、环氧树脂等材料制造，其结构可分为整体式和分块式两大类。整体式凹模必须有足够的强度，因为工作压力都由它承受。受力较大的胀形凹模，可带有铸造加强筋；也可以在凹模外面套上一个或几个加强环箍，凹模和环箍间采用过盈配合，组成预应力组合凹模，这比单纯增加凹模壁厚更有效。

分块式胀形凹模必须根据零件合理选择分模面，分块数应尽量减少。在闭合状态下，分模面应紧密贴合，形成完整的凹模型腔，在对缝处不应有间隙和不平。分模块用整体模套紧固。一般取 $\alpha=10^\circ\sim15^\circ$为宜，太大不易自锁，太小不便于使用。为了防止模块错位，模块之间应有定位销连接，如图 5-13 所示。

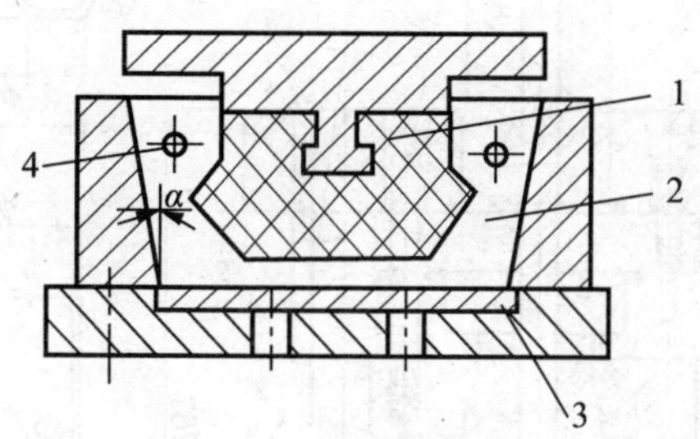

图 5-13　橡胶胀形模

1—橡胶凸模　2—组合凹模　3—推板　4—定位销

橡胶胀形凸模的结构尺寸需设计合理。由于橡胶凸模是主要的承力和传力件，所以必须采用具有一定强度、硬度和弹性的橡胶。橡胶凸模一般在封闭状态下工作，其形状和尺寸应根据零件而定，不仅要保证能顺利进入空心坯料，还要有利于压力的合理分布，使零件的各部位都能很好地紧靠凹模腔。为了制作方便，橡胶凸模最好简化成柱形、锥形和环形等简单的几何形状，橡胶凸模的直径应略小于坯料的内径，如图 5-13 所示。橡胶凸模的直径和高度按下式计算：

$$d=0.895D$$

$$h_1=\frac{LD^2}{d^2} \tag{5-5}$$

式中：d——橡胶凸模直径；

D——空心坯料内径；

h_1——橡胶凸模高度；

L——空心坯料长度。

考虑橡胶棒受压体积缩小及两端承力面上的摩擦作用影响局部变形力的发挥，橡胶凸模还应适当增加高度，其总的高度应为

$$H=h_1+h_2+h_3 \tag{5-6}$$

式中：h_1——橡胶凸模的高度；

h_2——压缩后体积减小的高度；

h_3——为提高零件两端变形力而增加的高度。

通常 $h_2+h_3=(0.1\sim0.2)h_1$。

图 5-14 所示为罩盖胀形模。该模具采用聚氨酯橡胶进行软模胀形，为使零件胀形后便于取出，将凹模分上下两个部分，胀形上、下模间以止口定位，单边间隙为 0.05mm。零件侧壁靠橡胶的胀开成形，底部靠压包凸、凹模成形。当模具闭合时，先由弹簧压紧上、下凹模，然后胀形。

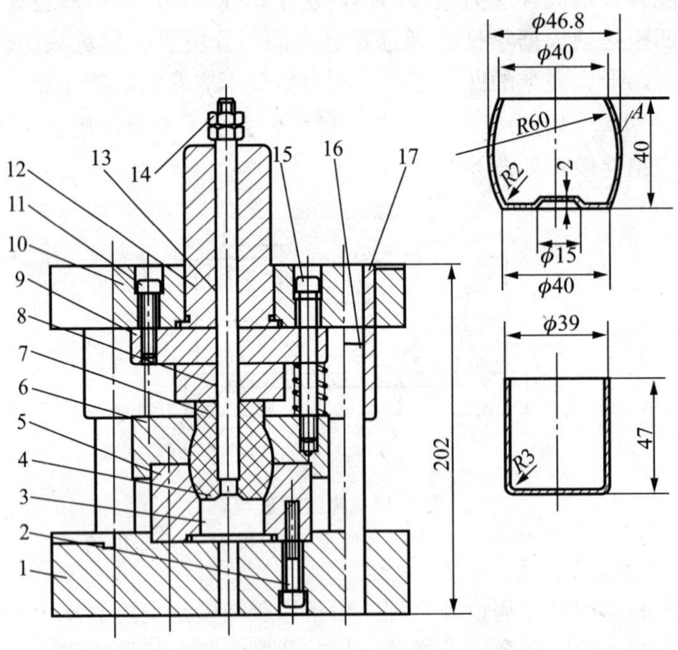

图 5-14　罩盖胀形模

1—下模板　2—螺栓　3—压包凸模　4—压包凹模　5—胀形下模　6—胀形上模　7—橡胶　8—拉杆　9—上固定板　10—上模板　11—螺钉　12—模柄　13—弹簧　14—螺母　15—拉杆螺钉　16—导柱　17—导套

任务二　翻边

任务介绍

本任务了解翻边的概念及特点和应用。

任务分析

用翻边方法可以加工形状较为复杂且有良好刚度的立体零件，能在冲压件上制取与其他零件装配的部位，如客车中的墙板翻边、客车脚蹬门压铁翻边、汽车外门板翻边、摩托车油箱翻孔、金属板小螺纹孔翻边等。翻边可以代替某些复杂零件的拉深工序，改善材料的塑性流动以免破裂或起皱。代替先拉后切的方法制取无底零件，可减少加工次数，节省材料。

任务实施

翻边是在模具的作用下，将坯料的孔边缘或外边缘翻成竖立直边的成形方法，图 5-15 所示均为翻边后的零件。

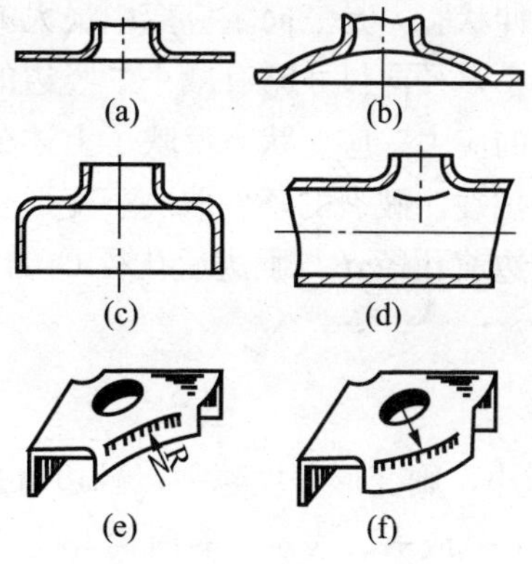

图 5-15　翻边后的零件

(a)、(b)、(c)、(d) —内孔翻边　(e)、(f) —外缘翻边

利用翻边可以加工各种具有特殊空间形状和良好刚度的立体零件（如汽车门外板、自行车中接头等），还能在冲件上制取与其他零件装配的部位（如铆钉孔、螺纹底孔和轴承座等）。成形大型冲压件时，还可以利用翻边形成加强区以免发生破裂或起皱。

翻边是冲压生产中的常用工序之一。根据冲件边缘的形状和应力、应变状态的不同，翻边可以分为内孔翻边和外缘翻边，也可分为伸长类翻边和压缩类翻边等。

一、圆孔翻边

1. 圆孔翻边的变形特点与翻边系数

如图 5-16 所示，翻边前坯料孔径为 d，翻边变形区是内径为 d、外径为 D 的环形部分。当凸模下行时，d 不断扩大，凸模下面的材料向侧面转移，最后使平面环形变成竖边。

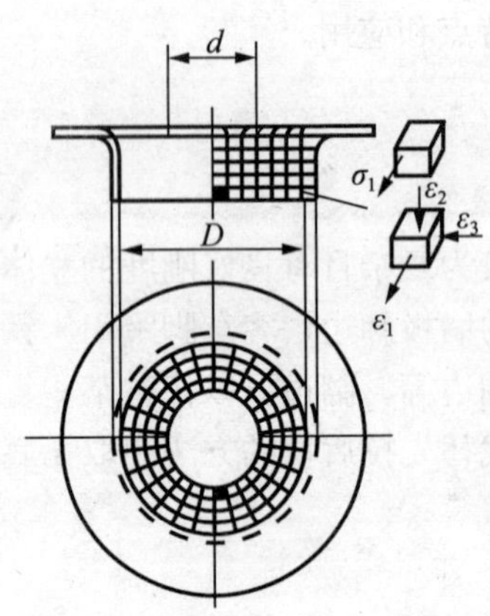

图 5-16　圆孔翻边变形区的应力与应变

圆孔翻边时的变形情况同样可以通过观察变形前后网格的变化来进行分析，如图 5-16 所示。从图中可见，变形区坐标网格由扇形变成矩形，说明变形区材料沿切向伸长，越靠近孔口伸长越大，接近于线拉伸状态，是三向主应变中最大的主应变。同心圆之间的距离变化不明显，即其径向变形很小，径向尺寸略有减小。竖边的壁厚有所减薄，尤其在孔口处，减薄较为严重。图中所示的应力、应变状态反映了上述分析的这些变形特点。圆孔翻边的主要危险在于孔口边缘被拉裂，破裂的条件取决于变形程度的大小。

圆孔翻边的变形程度以翻边前孔径 d 与翻边后孔径 D 的比值 K 来表示。即

$$K=\frac{d}{D} \tag{5-7}$$

K 称为翻边系数。K 值越小，则变形程度越大。翻边时孔边不破裂所能达到的最小 K 值，称为极限翻边系数，以〔K〕或 K_{min} 表示，有时简写为 K。极限翻边系数与许多因素有关，主要有：

(1) 材料的力学性能。

塑性好的零件，极限翻边系数可以小些。

(2) 孔的边缘状况。

翻边前孔边表面质量高（无撕裂，无毛刺）时就有利于翻边成形，极限翻边系数可小些。因此，为了提高变形程度，有时采用先钻孔再翻边或整修冲孔边缘后再翻边的工艺。

(3) 翻边的孔径 d 和材料厚度 δ 的比值 d/δ 小，即相对坯料厚度大时，在断裂前材料的绝对伸长可以大些。因此，较厚材料的极限翻边系数可以小些。

(4) 凸模的形状。

球形（抛物线或锥形）凸模（见图 5-17）较平底凸模对翻边有利，因为前者在翻边时，孔边圆滑地逐渐张开，所以极限翻边系数可以小些。

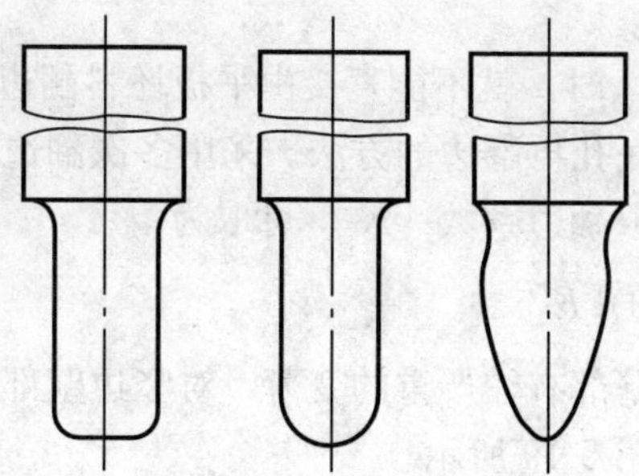

图 5-17　翻边凸模的头部形状

不同材料的极限翻边系数可由设计手册查得。

2. 圆孔翻边的工艺计算

进行翻边工艺计算时，需要根据零件的尺寸 D 计算出预冲孔直径 d，并核算其翻边高度 H，如图 5-18 所示。当平板坯料不能直接翻出所要求的高度 H 时，则应预先拉深，然后在此拉深件的底部冲孔再进行翻边，如图 5-19 所示。有时也可以进行多次翻边。由于翻边时材料主要是切向拉伸，厚度变薄，而径向变形不大，因此，在进行工艺计算时可以根据弯曲件中性层长度不变的原则近似地进行预冲孔径大小的计算，现分别讨论如下。

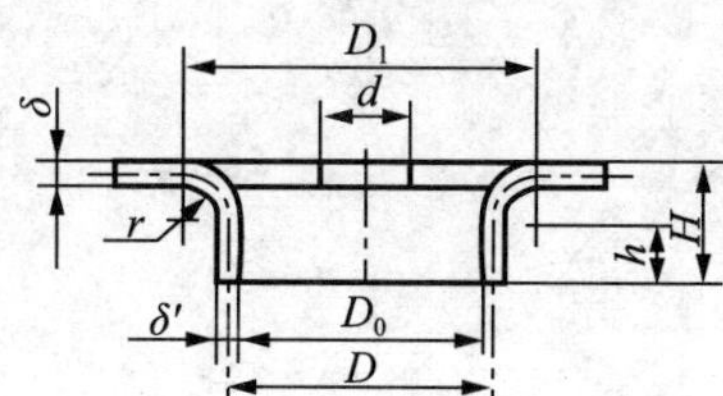

图 5-18　平板坯料翻边尺寸计算

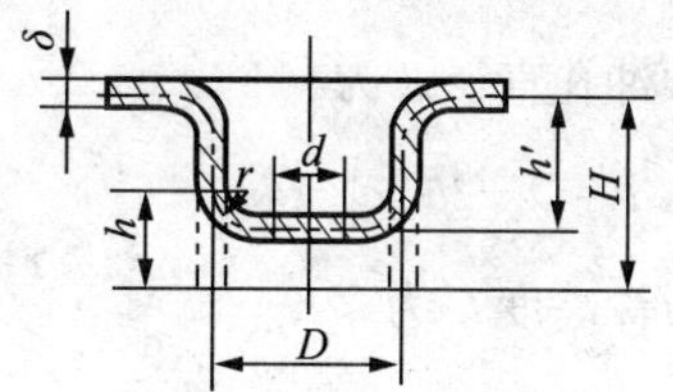

图 5-19　预先拉深的翻边

(1) 平板坯料翻边的工艺计算：

当在平板坯料上翻边时，其预冲孔的直径 d 按弯曲展开的原则求出

$$d=D_1-2\left[\frac{\pi}{2}\left(r+\frac{\delta}{2}\right)+h\right] \tag{5-8}$$

因为 $D_1=D+2\delta+2r$，$h=H-r-\delta$

因此代入上式得

$$d=D-2(H-0.43r-0.72\delta)$$

由上式可得到翻边高度 H 的表达式

$$H=\frac{D-d}{2}+0.43r+0.72\delta \tag{5-9}$$

或　$$H=\frac{D}{2}\left(1-\frac{d}{D}\right)+0.43r+0.72\delta=\frac{D}{2}(1-K)+0.43r+0.72\delta$$

若将 K_{min} 代入上式，则可得到一次翻边可达到的极限高度为

$$H_{min}=\frac{D}{2}(1-K_{min})+0.43r+0.72\delta \tag{5-10}$$

当零件要求高度 $H>H_{max}$ 时，就不能直接由平板坯料翻边成形，这时可以采用加热翻边、多次翻边或先拉深后冲底孔再翻边的方法。采用多次翻边时，应在每两次工序间进行退火。第一次翻边以后的极限翻边系数 $[K']$ 可取为

$$[K']=(1.15\sim1.20)[K]$$

多次翻边所得冲件竖边壁部有较严重的变薄，对竖边壁部厚度有要求时，则可采用拉深后再冲孔翻边的方法，如图 5-19 所示。

(2) 先拉深后冲孔再翻边的工艺计算。

在拉深件底部冲孔翻边时，应先决定翻边所能达到的最大高度 h，然后根据翻边高度 h 及工件高度 H 来确定拉深高度 h'。由图 5-19 可知，翻边高度 h 可按板厚中线尺寸计算如下

$$h=\frac{D-d}{2}-\left(r+\frac{\delta}{2}\right)+\frac{\pi}{2}\left(r+\frac{\delta}{2}\right)\approx\frac{D}{2}\left(1-\frac{d}{D}\right)+0.75r$$

若以 K_{min} 代替上式中的 $K=d/D$，即可求得极限翻边高度 h_{max} 为

$$h_{max}=\frac{D}{2}(1-K_{min})+0.57r \tag{5-11}$$

其预冲孔直径 d 为

$$d=D-2h+1.14r。 \tag{5-12}$$

其拉深高度 h' 为

$$h'=H-h+r+\delta。 \tag{5-13}$$

翻边时，竖边口部变薄现象较为严重，其近似厚度 $\delta'=\delta\sqrt{d/D}$。

二、外缘翻边

1. 变形程度

平面外缘翻边如图 5-20 所示。图 5-20a 为外凸的外缘翻边，其变形情况近似于浅拉深，变形区主要为切向受压；在变形过程中，材料容易起皱；图 5-20b 为内凹的外缘翻边，其变形特点近似于圆孔翻边，变形区主要为切向拉伸，边缘容易拉裂。

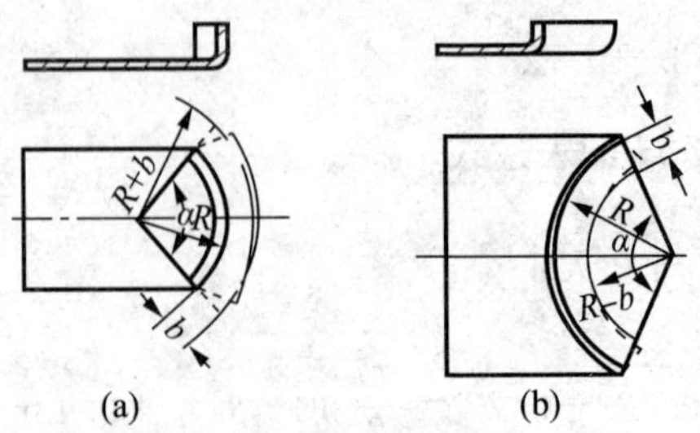

图 5-20　外缘翻边

外缘翻边的变形程度可用下式表示，即

外凸的外缘翻边变形程度

$$\varepsilon_p=\frac{b}{R+b} \tag{5-14}$$

内凹的外缘翻边变形程度

$$\varepsilon_d=\frac{b}{R-b} \tag{5-15}$$

外缘翻边的极限变形程度可由设计手册查得。

2. 坯料计算

外缘翻边可根据翻边形式来计算，对于外凸的外缘翻边，坯料形状按浅拉深件坯料的计算方法；对于内凹的外缘翻边，坯料形状按一般孔的翻边方法计算。外缘翻边是沿不封闭的曲线的翻边，坯料变形区内应力、应变的分布是不均匀的，中间变形大，两端变形小。若采用宽度 b 一致的坯料形状，则翻边后，零件的高度就不是平齐的，竖边的端线也不垂直。为了得到平齐一致的翻边高度，应对坯料的轮廓线作必要的修正，采用如图 5-20 中虚线所示的形状，其修正值根据变形程度和 a 的大小而不同。如果翻边的高度不大，而且翻边沿线的曲率半径很大时，则可不作修正。

三、翻边模

图 5-21 是圆孔翻边模，采用倒装结构，使用大圆角圆柱形翻边凸模 7，零件预冲孔套在定位销 9 上定位，压边力由压力机及装于下模座下方的标准弹顶器提供，零件若留在上模，则由打料杆推动推件板推下。

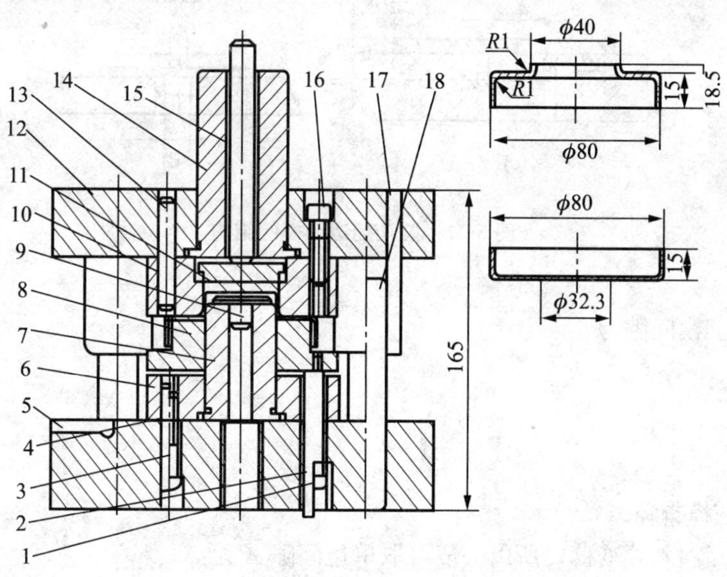

图 5-21　翻边模

1—限位钉　2—顶杆　3、16—螺钉　4、13—销钉　5—下模座　6—下固定板　7—凸模　8—托料板　9—定位销　10—凹模　11—上顶出器　12—上模座　14—模柄　15—打料杆　17—导套　18—导柱

翻边模的结构与拉深模相似。凹模圆角对翻边成形影响不大，可按冲件圆角确定。翻边凸模圆角半径一般较大，对于平底凸模一般取 $r_p \geqslant 4\delta$，翻边模采用压边圈时，凸模台肩可以不用。为改善翻边时塑性流动条件，可采用抛物形凸模或球形凸模。

图 5-22 是四种常用的圆孔翻边凸模形状，其中：图 5-22a 可用于冲孔和翻边（竖边内径 $d<4$mm）；图 5-22b 适于竖边内径 d 小于或等于 10mm 的翻边；图 5-22c 适于竖边内径 d 大于 10mm 的翻边；图 5-22d 可用于任意孔翻边。

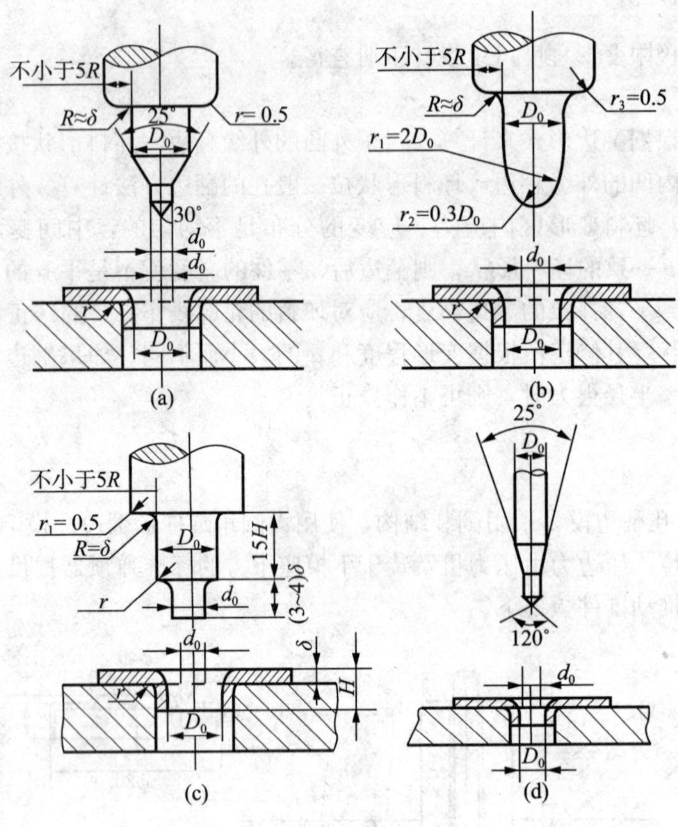

图 5-22　圆孔翻边凸模的结构

翻边凸、凹模间隙为

$$Z=\frac{D-d}{2} \tag{5-16}$$

式中：D——凹模直径；

D——凸模直径。

由于翻边后材料要变薄，所以一般可取单边间隙 Z 为：

$$Z=0.85\delta$$

任务三　缩口

任务介绍

本任务了解缩口的概念及特点和应用。

任务分析

缩口工序的应用比较广泛，可用于子弹壳、炮弹壳、钢制气瓶、自行车车架立管、自行车坐垫鞍管等零件的成形。对细长的管状类零件，有时用缩口代替拉深可取得更好的效果。

任务实施

缩口是将先拉深好的圆筒形件或管件坯料，通过缩口模具使其口部直径缩小的一种成形工序。它广泛地用于国防工业、机械制造业和日用工业中。若用缩口代替拉深工序加工某些零件，可以减少成形工序。如图 5-23 所示的冲件，原来采用拉深工艺需要五道工序，现改用管料缩口工艺后只要三道工序。

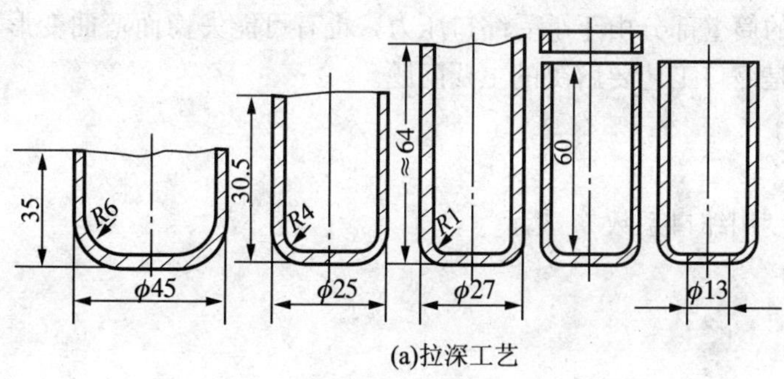

(a)拉深工艺

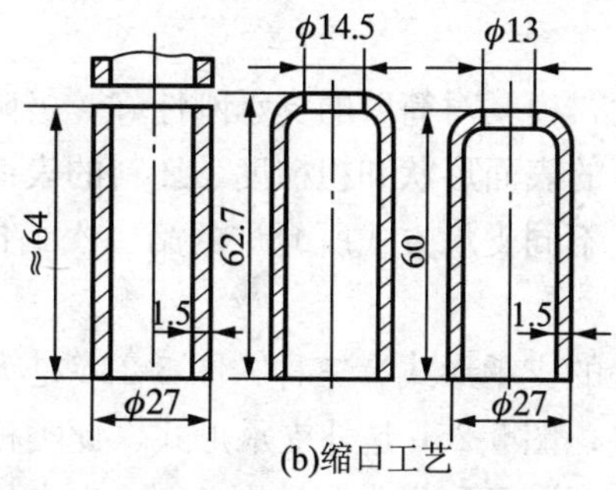

(b)缩口工艺

图 5-23　缩口与拉深工艺比较

一、变形特点

缩口的变形特点如图 5-24 所示，在压力 F 的作用下，模具工作部分压迫坯料的口部，使变形区的材料基本上处于两向受压的平面应力状态和一向压缩、两向伸长的立体应变状态。在切向压缩主应力 σ_3 的作用下，产生了切向压缩主应变 ε_3，由此引起的材料转移导致高度和厚度方向的伸长应变 ε_1 和 ε_2。变形主要是直径因切向受压而缩小，同时高度和厚度有相应的增加。

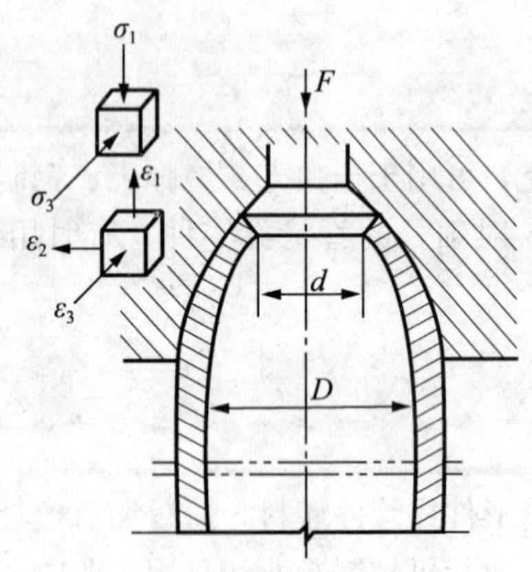

图 5-24　缩口变形应力应变

坯料端部直径在缩口前后不宜相差太大，否则切向压应力值过大，易使变形区失稳起皱。在非变形区的筒壁部分由于承受缩口压力，也有可能失稳而弯曲变形，所以防止失稳起皱和弯曲变形是缩口工艺要解决的主要问题。

二、缩口系数

缩口变形程度用缩口系数 m 表示

$$m=\frac{d}{D} \tag{5-17}$$

式中：d——缩口后直径；

D——缩口前直径。

材料的塑性好、厚度大，模具对筒壁的支承刚性好，极限缩口系数就小。此外，极限缩口系数还与模具工作部分的表面形状和粗糙度、坯料的表面质量、润滑等有关。不同材料和厚度的平均缩口系数、不同支承方式所允许的第一次缩口的极限缩口系数［m］可参见设计手册。

缩口模具对缩口件筒壁的支承形式有三种：图 5-25a 是无支承形式，此类模具结构简单，但坯料筒壁的稳定性差；图 5-25b 是外支承形式，此类模具较前者复杂，对坯料筒壁的支承稳定性好，极限缩口系数可取得小些；图 5-25c 为内外支承形式，此类模具最为复杂，对坯料筒壁的支承稳定性最好，极限缩口系数可取得更小。

缩口工件的 d/D 值大于极限缩口系数时，则一次缩口即成；当 d/D 值小于极限缩口

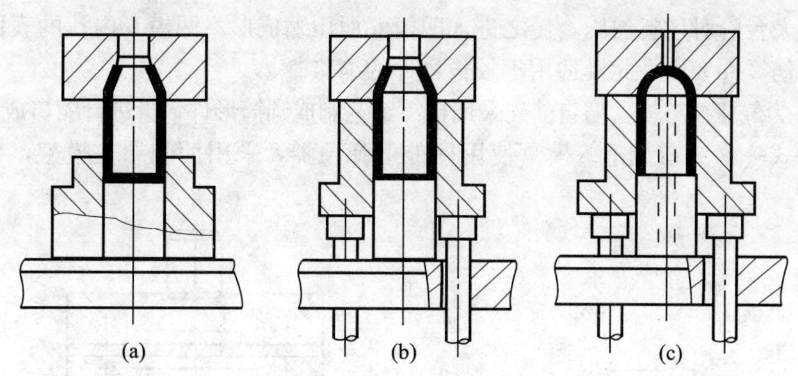

图 5-25　不同支撑方式的缩口

系数时，则需多次缩口，每次缩口工序后最好进行中间退火。

首次缩口系数 $[m_1]=0.9\overline{m}$，以后各次缩口系数 $[m_n]=(1.05\sim1.1)\overline{m}$。缩口次数为 $n=\dfrac{\ln d-\ln D}{\ln \overline{m}}$

三、坯料尺寸计算

缩口坯料尺寸主要是指缩口前坯料的高度，一般根据变形前后体积不变的原则计算，各种形状工件缩口前高度的计算公式可查设计手册。

缩口后口部的厚度略为变厚，一般可忽略不计，精确时按下式计算

$$\delta_1=\delta\sqrt{\frac{D}{d}}$$

$$\delta_n=\delta_{n+1}\sqrt{\frac{d_{n-1}}{d_n}} \tag{5-18}$$

式中：δ_n——各次缩口后材料的厚度；

d_n——各次缩口后颈部直径；

δ——缩口前材料的厚度；

D——缩口前口部的直径。

四、缩口模

缩口模工作部分的尺寸根据缩口部分的尺寸来确定，并应考虑缩口件产生的比缩口模实际尺寸大 0.5%～0.8%的弹性恢复量，以减少试冲后模具的修正量。缩口凹模的半锥角对缩口成形很重要，小些对缩口变形有利，一般半锥角＜45°，最好半锥角＜30°。当半锥角值合理时，极限缩口系数可比平均缩口系数小 10%～15%。

图 5-26 为无支承衬套缩口模，适用于管子高度不大、带底零件的锥形缩口。

图 5-27 为倒挤式缩口模。此模通用性好，更换不同尺寸的凹模 6 和导正圈 5 以及凸模 3，就可进行不同孔径的缩口。导正圈主要起导向和定位作用，同时起一定的外支承筒壁的作用。凸模加工成台阶形式，下部小直径恰好深入坯料内孔起定位导向及内支承作用。

冲压时凸模大台阶对坯料加压，使之进入凹模 6 而压缩成形。凹模 6 内孔的表面粗糙度要小，以防刮伤零件表面，此模适用于较长零件的缩口。

图 5-28 为气瓶缩口模。缩口前先采用拉深工艺制成圆筒形件，再进行缩口成形，缩口模采用外支承式一次缩口成形。模具使用标准下弹顶器，采用后侧导柱模架，导柱、导套加长。

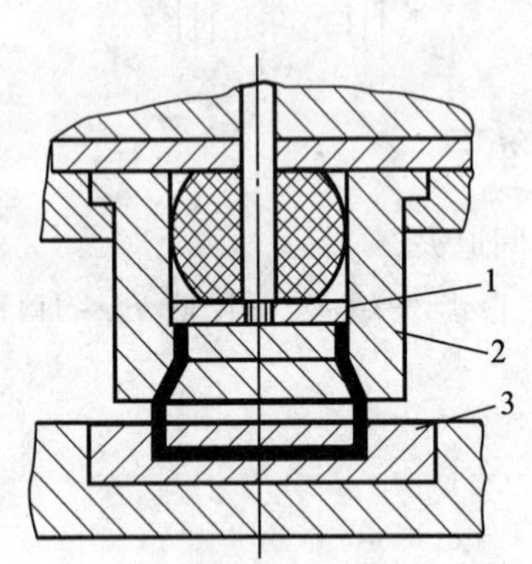

图 5-26　无支撑衬套缩口模

1—卸料板　2—缩口凹模　3—定位座

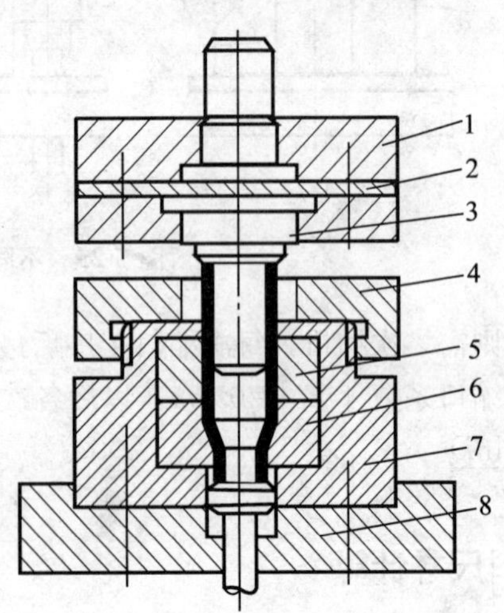

图 5-27　倒挤式缩口模

1—上模座　2—垫板　3—凸模　4—紧固套　5—导正圈　6—凹模　7—凹模套　8—下模座

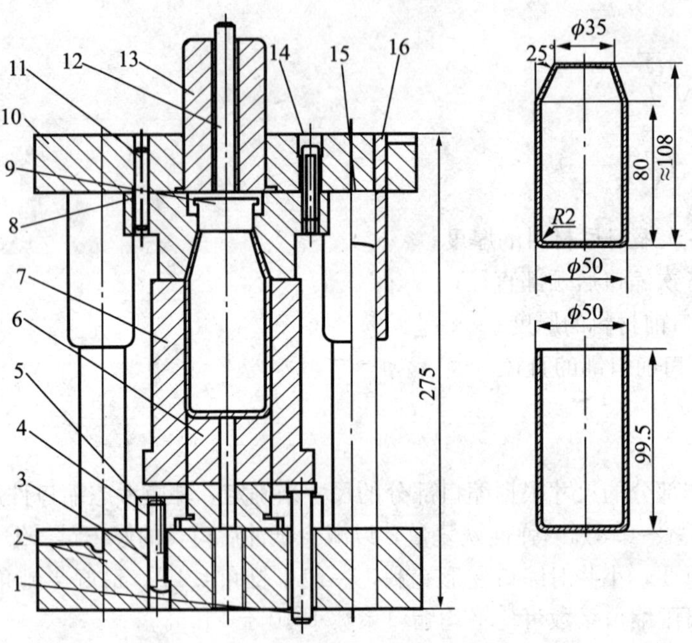

图 5-28　气瓶缩口模

1—顶杆　2—下模座　3、14—螺钉　4、11—销钉　5—下固定板　6—垫板　7—外支撑套　8—缩口凹模　9—顶出器　10—上模座　12—打料杆　13—模柄　15—导柱　16—导套

任务四　校平与整形

任务介绍

校平和整形属于修整性成形工序，大都是在冲裁、弯曲、拉深等冲压工序后进行。通过本任务的学习，了解校平和整形的工艺特点及应用。

任务分析

校平和整形是使经过各种基本成形工序后的零件再产生不大的塑性变形，以达到零件规定的形状和尺寸精度要求的工艺。

任务实施

校平和整形主要是为了提高冲件表面的平面度或把冲件的圆角半径及某些形状尺寸修整到符合零件的要求，这类工序关系到产品的质量及其稳定性，因而应用广泛。

这类工序的特点是：

（1）变形量很小，通常是在局部地方成形以达到修整的目的，使冲件符合零件图样的要求。

（2）要求校平和整形后，冲件的误差比较小，因而模具的精度要求比较高。

（3）要求压力机的滑块到达下极点时，对冲件要施加校正力，因此，所用设备要有一定的刚性。这类工序最好使用精压机，若用一般的机械压力机，则必须带有保护装置，以防损坏设备。

一、校平

把不平整的冲件放入模具内压平的校形称为校平，主要用于提高冲件的平面度。冲裁件受模具作用呈现出的拱弯，无压料的弯曲件底部常有的拱弯，以及坯料的平面度误差太大时，都需进行校平。

1. 校平变形特点与校平力

校平的变形情况如图 5-29 所示，在校平模的作用下，坯料产生反向弯曲变形而被压平，并在压力机的滑快到达下极点时被强制压紧，使材料处于三向压应力状态。校平的工作行程不大，但压力很大。

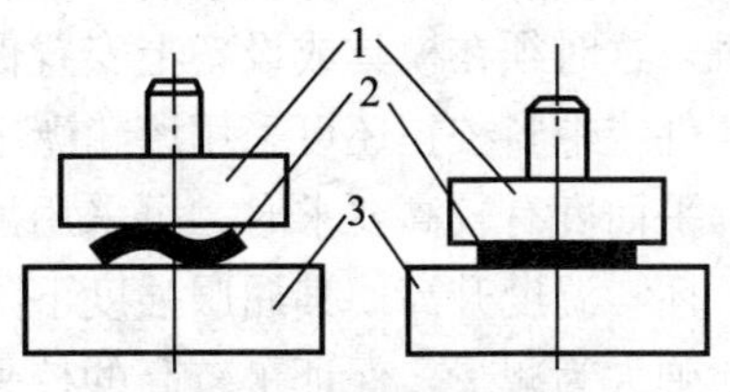

图 5-29　校平的变形

1—上模　2—冲件　3—下模

校平力 F 用下式概略估算

$$F=pA \tag{5-18}$$

式中：p——单位面积上的校平压力（MPa）

A——校平面积（mm^2）

2. 平板校平模

平板冲件的校平模分光面校平模和齿面校平模两种。

图 5-30a 为光面校平模，模具的压平面是光滑的，因而作用于平板料的有效单位压力较小，对改变材料内部应力状态的效果较弱，卸载后零件有一定的回弹，对于高强度材料的零件效果更差，为使校平不受板厚偏差或压力机滑块运动精度的影响，光面校平模可采用如图 5-31 所示的浮动模柄或浮动凹模的结构。光面校平模主要用于平面度要求不高，表面不许有压痕的落料件和软金属（如铝、软黄铜等）制成的小型零件的校平。

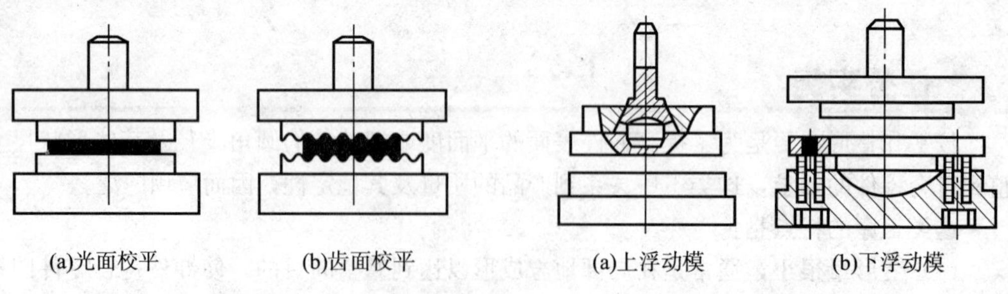

(a)光面校平　(b)齿面校平

图 5-30　平板冲件校平模

(a)上浮动模　(b)下浮动模

图 5-31　平面浮动校平

图 5-30b 为齿面校平模，由于齿压入坯料形成许多塑性变形的小网点，有助于彻底地改变材料原有的应力应变状态，故能减少回弹，因而校平效果好。根据齿形不同，齿面校平又有尖齿和平齿之分。尖齿齿形有方形和菱形两种，工作时上模齿与下模齿应错开，否则校平作用较差，且易使齿尖过早磨平。尖齿压入零件表面的压痕深，零件易黏在模具上，这种模具主要用于平面度要求较高，强度大而硬的材料，表面允许有压痕或板料厚（$\delta=3\sim15$mm）的冲件的校平。平齿齿形齿尖被削成具有一定面积的平齿顶，因而压入坯料表面的压痕浅，生产中常用此校平模校平薄材料和软金属的冲件。当零件表面单面不许有压痕时，可采用一面平板，一面齿板的校平。

3. 校平方式及设备

校平方式有多种，如模具校平、手工校平和在专门设备上校平等。模具校平多在摩擦压力机上进行；厚料校平多在精压机或摩擦压力机上进行；大批量生产中，厚板件还可成叠地在液压机上校平，此时压力稳定并可长时间保持；当校平与拉深、弯曲等工序复合时，可采用曲轴或双动压力机，这时须在模具或设备上安置保险装置，以防材料厚度的波动损坏设备；对于不大的平板件或带料校正还可采用滚轮碾平。当零件的两个面都不许有压痕或校平面积较大，而对其平面度有较高要求时，可采用加热校平。将成叠的零件用夹具压平，然后整体入炉加热，坯料温度升高使其屈服强度下降，压平时反向弯曲变形引起的内应力也随之下降，从而回弹大为减少，保证了较高的校平精度。

二、整形

整形一般用于拉深、弯曲或其他成形工序之后，用整形的方法可以提高拉深件或弯曲件的尺寸和形状准确度，减小圆角半径。整形模与一般成形模相似，只是工作部分的精度和表面粗糙度要求更高，圆角半径和凸、凹模之间的间隙取得更小。

由于各种冲件的几何形状、精度以及整形内容不同，所用的整形方法也有所不同。

1. 弯曲件整形

弯曲件的整形方法主要有压校和镦校两种。

(1) 压校。

图 5-32 所示压校中由于材料沿长度方向无约束，整形区的变形特点与该区弯曲时相似，材料内部应力状态的性质变化不大，因而整形效果一般。压校 V 形件时，应使两个侧面的水平分力大致平衡和压应力分布大致均匀，如图 5-33 所示。这对两侧面积对称的弯曲件是容易做到的，否则应注意合理布置弯曲件在模具中的位置。压校 U 形件时，若单纯整形圆角，应采用两次压校，每次只压一个圆角，才有较好的整形效果。压校特别适用于折弯件和对称弯曲件的整形。

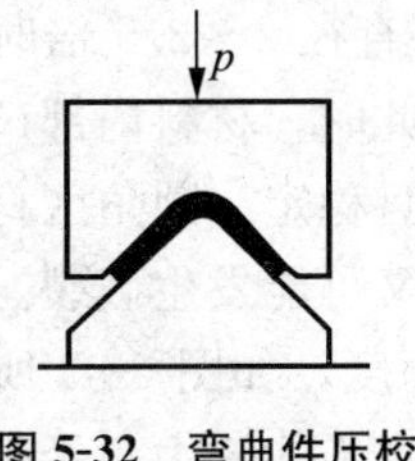

图 5-32　弯曲件压校

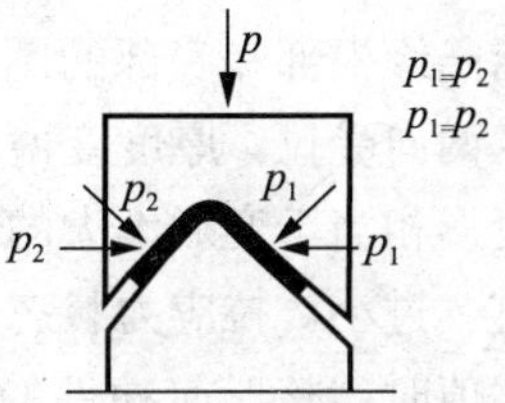

p

p_1=p_2

p_1=p_2

p_2　p_1

p_2　p_1

图 5-33　V 形件的布置

(2) 镦校。

图 5-34 所示镦校前的冲件长度尺寸应稍大于零件的长度，这样变形时长度方向的材料在补入变形区的同时，仍然受到极大的压应力作用而产生微量的压缩变形，从而在本质上改变了材料内原有的应力状态，使之处于三向压应力状态中，厚度上压应力分布也较均匀，因而整形效果好。但此法的应用常受零件形状的限制，对带大孔和宽度不等的弯曲件都不适用，否则造成孔形和宽度不一致的变形。

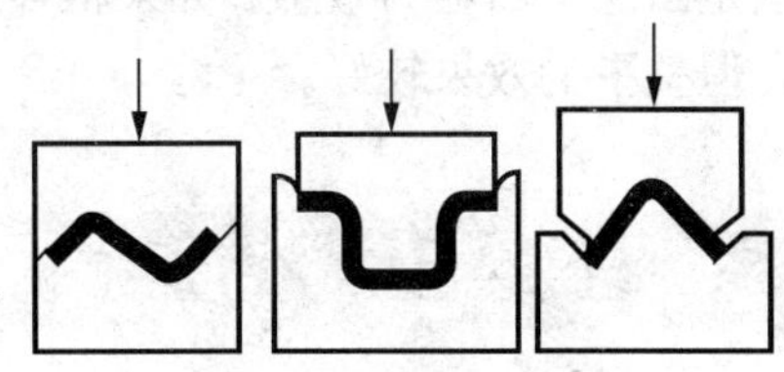

图 5-34　弯曲件的镦校

2. 拉深件整形

如果拉深件凸缘平面、底面平面、侧壁曲面等未达到具体形状要求，或者对于圆筒形拉深件筒壁与筒底的圆角半径 $r<\delta$，或筒壁与凸缘的圆角半径 $R<2\delta$，对于矩形件，壁间

的圆角半径 $r_3<3\delta$，则应进行整形才能达到冲件要求。

图 5-35 为拉深件的整形。拉深件上整形的部位不同，所采用的整形方法也不同。

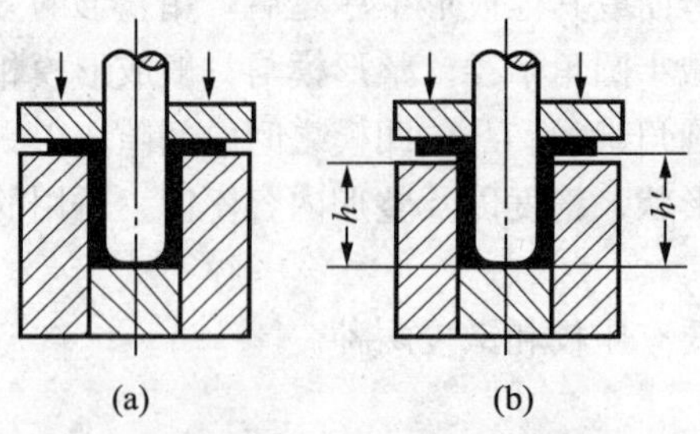

图 5-35 拉深件整形

(1) 拉深件筒壁整形。

对于直壁拉深件的整形，一般采用负间隙拉深整形法，整形模凸、凹模间隙 $Z=(0.9\sim0.95)\delta$，整形时直壁稍有变薄。经常把整形工序和最后一道拉深工序相结合，这时拉深系数应取得大些。

(2) 拉深件圆角整形。

圆角包括凸缘根部和底部的圆角。凸缘直径大于筒部直径 2～2.5 倍时，整形中圆角区及其邻近区两向受拉，厚度变薄，以此实现圆角整形。此时，材料内部产生的拉应力均匀，圆角区变形相当于变形不大的胀形，所以整形效果好且稳定。圆角区材料的伸长量以 2%～5%为宜，过小，拉应力状态不足且不均匀；过大，又可能发生破裂。圆角区变形伸长量超过上述值时，整形前冲件的高度稍微大于零件的高度，如图 5-35 所示，以补充材料的流动不足，防止圆角区胀形过大而破裂。冲件的高度也不能过大，否则因冲件面积大于或等于零件面积，使圆角区不产生胀形变形，整形效果不好。更甚者因材料过剩，在筒壁等非变形区形成较大的压应力，使冲件表面失稳起皱，反使质量恶化。如果凸缘直径小于 2～2.5 倍的筒部直径，整形圆角时凸缘可产生微量收缩，以缓解因圆角变化过大而产生的过分伸长，因而整形前冲件的高度尺寸应等于零件的高度尺寸。

拉深件的凸缘平面和底部的整平，主要是利用模具的校平作用。当拉深件的筒壁、圆角、凸缘平面和底部同时整形时，应从冲件的高度和表面积上进行控制，使整形各部分都处于相适应的应力状态，否则筒壁和圆角区的几何参数和应力状态稍有变化，都会使凸缘和底部的平面发生翘曲，特别是凸缘平面更为敏感。如果将各部分整形分开，则要增加工序，整形的综合效果不太好，但整平的效果较好。

任务五 旋压

任务介绍

旋压成形是将平板坯料或空心坯料固定在旋压机的模具上，在坯料随同机床主轴转动的同时，用旋轮或赶棒加压于坯料，使其逐渐变形并紧贴于模具，从而获得所要求的零件的成形方式，如图 5-36 所示。

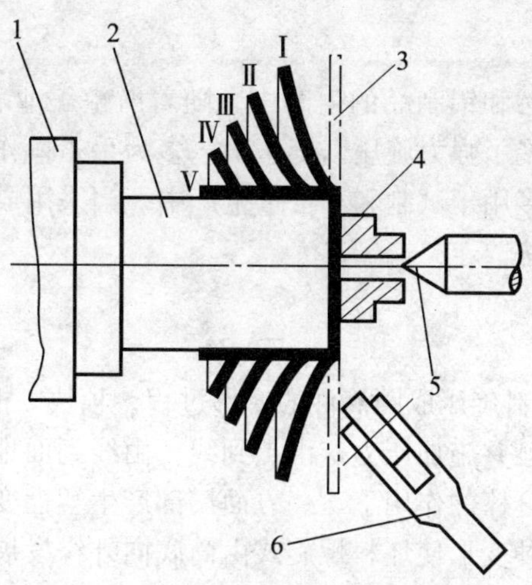

图 5-36　旋压成形

1—主轴　2—模具　3—坯料　4—顶块　5—顶尖　6—赶棒或旋轮

任务分析

旋压能加工各种形状复杂的旋转体零件（见图 5-37），从而可替代这些零件的拉深、翻边、缩口、胀形、弯边等工序。旋压所用的设备和工具都较简单，旋压机还可用车床改装。

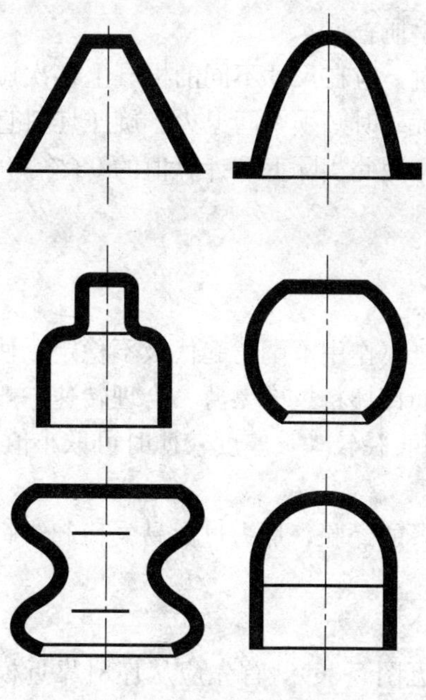

图 5-37　各种旋压件

任务实施

旋压广泛应用于日用品和铝制品的生产中。随着航空工业和火箭、导弹生产的发展，在普通旋压的基础上又发展了强力旋压。旋压工艺多为手工操作，劳动强度大，质量不够稳定，生产率较低，因而多用于试制和小批量生产中。当采用成形模经济性差和制造周期太长时，也常用旋压的方法。

一、变形特点

图 5-36 所示为平板坯料旋压成圆筒件的变形过程。顶块 4 把坯料压紧在模具 2 上，旋转时赶棒 6 与坯料 3 点接触并施加压力，由点到线，由线到面地反复赶碾，使坯料逐步紧贴于模具而成形。坯料在赶棒的作用下，一方面局部产生塑性变形流动；另一方面坯料沿赶棒加压的方向倒伏。前种变形使坯料螺旋式由筒底向外缘发展，致使坯料切向收缩和径向延伸而最终成形。倒伏则易使坯料失稳而产生皱折和颤动。另外，圆角处坯料容易变薄旋裂。旋压在瞬间是坯料的局部点变形，所以可用较小的力加工尺寸大的零件。

二、旋压系数

旋压的变形程度以旋压系数表示：

$$m=\frac{d}{D} \tag{5-19}$$

式中：d——零件直径，零件为锥形时，d 取圆锥的最小直径；

D——坯料直径。

极限旋压系数可由设计手册查得。

当旋压的变形程度较大时，应在尺寸不同的模具上多次旋压，且最好以锥形过渡。旋压加工硬化比拉深大，多次旋压时必须中间退火。旋压坯料直径的计算可参照拉深，由于旋压时的材料变薄比拉深大，因此实际上取计算值的 93%～95%。

三、旋压的基本要点

1. 合理的转速

如果转速太低，坯料在赶棒作用下翻腾起伏极不稳定，使旋压工作难以进行。转速太高，则赶棒与材料过多接触而使坯料过度碾薄。合理转速一般是：软钢为 400～600r/min；铝为 800～1 200r/min。坯料直径较大，厚度较薄时可取小值，反之则取较大值。

2. 合理加力

赶棒的加力大小凭操作者的经验，加力过大易失稳起皱；赶棒的着力点应逐渐而均匀地转移，以使材料变形均匀。

3. 合理的过渡形状

旋压成形的过渡形状（见图 5-36）。首先应从坯料靠近模具底部圆角处开始赶碾，然后由内向外赶成浅锥形，由于锥形件和平板件相比不易起皱，这就为以后逐步过渡到筒形件创造了条件。

4. 选择适当的润滑剂以及赶棒或旋轮

如图 5-38 所示，选择合适的赶棒和旋轮有助于获得表面质量好的零件。

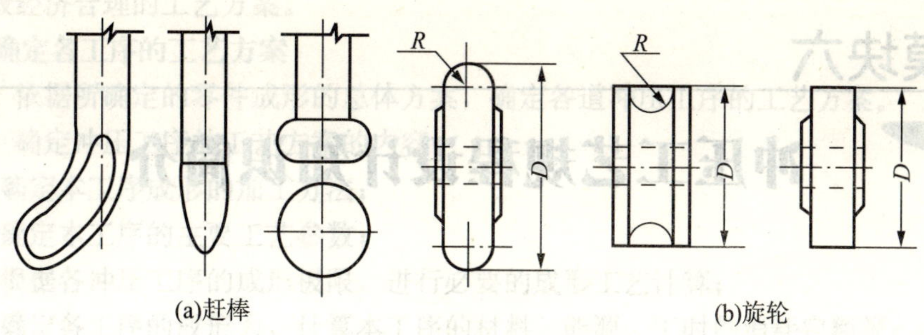

图 5-38 各种赶棒与旋轮

综合练习

试设计计算图 5-39 所示翻边件的预制孔直径及翻边系数。材料：Q235。

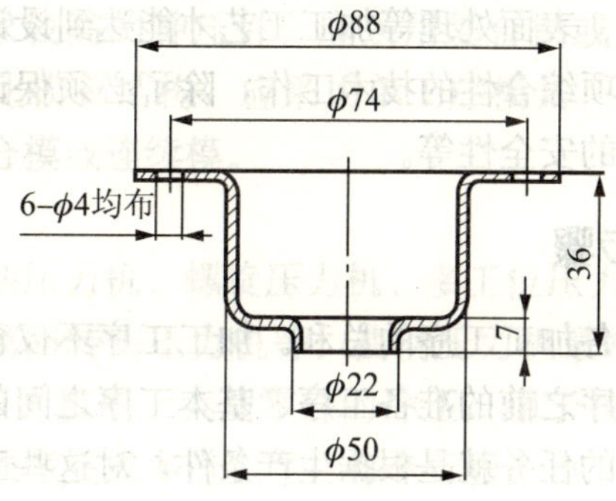

图 5-39 翻边件

在某些情况下，需进行必要的分析比较，才能准确地确定出工序性质。有时，为了改善冲压变形条件或方便定位，往往需要增加一些辅助工序。

2. 工序数目的确定

工序数目的确定主要考虑以下几点：

(1) 冲压件的形状、尺寸要求。

(2) 工序合并情况。

料薄、尺寸小的冲压件，宜通过工序合并，用级进工序进行冲压；形位精度高的冲压件，宜通过工序合并，用复合工序加工相关尺寸，反之宜采用单工序分散冲压。工序合并与否，还需要考虑冲压设备能力、模具制造能力、模具造价及使用的可靠性。

(3) 冲压件的尺寸精度及形位公差要求。

弯曲件弯曲角度公差要求较高时，需增加校正弯曲；有凸缘拉深件底部与凸缘有平面度要求时，要增加整形工序。拉深件的口部、翻边件的边缘等都难以直接做到规则而平齐，因而一般情况下，拉深件、翻边件等最后都有一道修边工序。若对周边口部没有较高要求时，修边工序可省略。

(4) 操作安全与方便方面的要求。

工人操作是否安全、方便也是在确定工艺方案时要考虑的一个十分重要的问题。例如，对于一些形状复杂、需要进行多道工序冲压的小型件，如果用单工序模分步冲压，需要用手工放置或取出坯料/工序件/制件，多次进出危险区域，很不安全。还可能出现定位困难。为此，有时即使批量不大，也采用比较安全的级进模进行冲压。

三、工序顺序的安排

工序顺序是指冲压加工过程中各道工序进行的先后次序。冲压工序的顺序应根据工件的形状、尺寸精度要求、工序的性质以及材料变形的规律进行安排。一般遵循以下原则：

(1) 对于带孔或有缺口的冲压件，选用单工序模时，通常先落料再冲孔或冲缺口。选用连续模时，则落料安排为最后工序。

(2) 如果工件上存在位置靠近、大小不一的两个孔，则应先冲大孔后冲小孔，以免大孔冲裁时的材料变形引起小孔的形变。

(3) 对于带孔的弯曲件，在一般情况下，可以先冲孔后弯曲，以简化模具结构。当孔位于弯曲变形区或接近变形区，以及孔与基准面有较高要求时，则应先弯曲后冲孔。

(4) 对于带孔的拉深件，一般先拉深后冲孔。当孔的位置在工件底部，且孔的尺寸精度要求不高时，可以先冲孔再拉深。

(5) 多角弯曲件应从材料变形影响和弯曲时材料的偏移趋势安排弯曲的顺序，一般应先弯外角后弯内角。

(6) 对于复杂的旋转体拉深件，一般先拉深大尺寸的外形，后拉深小尺寸的内形。对于复杂的非旋转体应先拉深小尺寸的内形，后拉深大尺寸的外形。

(7) 整形工序、校平工序、切边工序，应安排在基本成形以后。

四、工序件/半成品形状与尺寸的确定

正确地确定冲压工序间半成品形状与尺寸可以提高冲压件的质量和精度，确定时应注

意下述几点：

(1) 对某些工序的半成品尺寸，应根据该道工序的极限变形参数计算求得。如多次拉深时各道工序的半成品直径、拉深件底部的翻边前预冲孔直径等，都应根据各自的极限拉深系数或极限翻边系数计算确定。图 6-1 所示为工件出气阀罩盖的冲压过程。该冲压件需分六道工序进行，第一道工序为落料拉深，该道工序拉深后的半成品直径 $\phi22$ 是根据极限拉深参数计算出来的结果。

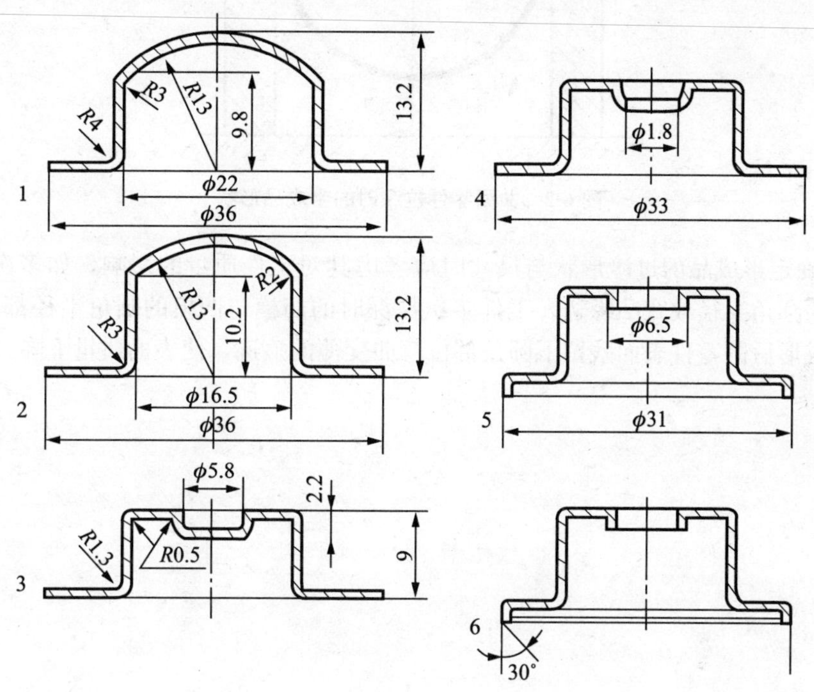

图 6-1　出气阀罩盖的冲压过程

1—落料、拉深　2—再拉深　3—成形　4—冲孔、切边　5—内孔、外缘翻边　6—折边

(2) 确定半成品尺寸时，应保证已成形的部分在以后各道工序中不再产生任何变动，而待成形部分必须留有恰当的材料余量，以保证以后各道工序中形成工件相应部分的需要。例如图 6-1 中第二道工序为再次拉深，拉深直径为 $\phi16.5$，该成形部分的形状尺寸与工件相应部分相同，所以在以后各道工序中必须保持不变。假如第二道工序中拉深底部为平底，而第三道工序成形凹坑直径为 $\phi5.8$，拉深系数（$m=5.8/16.5=0.35$）过小，周边材料不能对成形部分进行补充，导致第三道工序无法正常成形。因此，只有按面积相等的计算原则储存必需的待成形材料，把半成品工件的底部拉深成球形，才能保证第三道工序凹坑成形的顺利进行。

(3) 半成品的过渡形状，应具有较强的抗失稳能力。如图 6-2 所示第一道拉深后的半成品形状，其底部不是一般的平底形状，而做成外凸的曲面。在第二道工序反拉深时，当半成品的曲面和凸模曲面逐渐贴合时，半成品底部所形成的曲面形状具有较高的抗失稳能力，从而有利于第二道拉深工序。

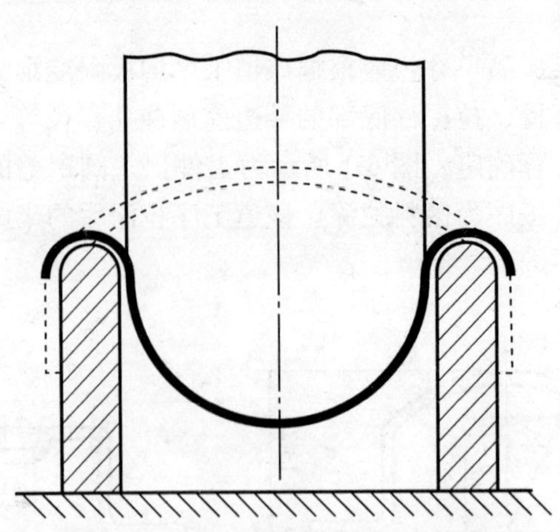

图 6-2　曲面零件拉深时的半成品形状

（4）确定半成品的过渡形状与尺寸时应考虑其对工件质量的影响，如多次拉深工序中，凸模的圆角半径或宽凸缘边。工件多次拉深时的凸模与凹模的圆角半径都不宜过小，否则会在成形后的零件表面残留下圆角部位弯曲变薄的痕迹，使表面质量下降。

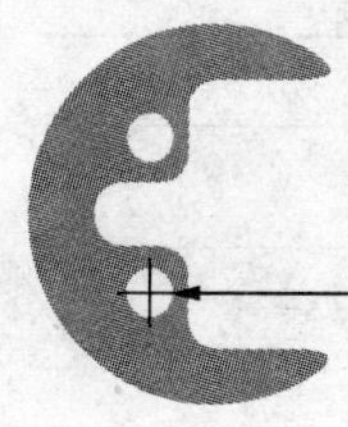

附 录

附表 1　　基准件标准公差数值　　(μm)

基本尺寸/mm	公差等级															
	IT1	IT2	IT3	IT4	IT5	IT6	IT7	IT8	IT9	IT10	IT11	IT12	IT13	IT14	IT15	IT16
≤3	0.8	1.2	2	3	4	6	10	14	25	40	60	100	140	250	400	600
>3~6	1	1.5	2.5	4	5	8	12	18	30	48	75	120	180	300	480	750
>6~10	1	1.5	5.5	4	6	9	15	22	36	58	90	150	220	360	580	900
>10~18	1.2	2	3	5	8	11	18	27	43	70	110	180	270	430	700	1 100
>18~30	1.5	2.5	4	6	9	13	21	33	52	84	130	210	330	520	840	1 300
>30~50	1.5	2.5	4	7	11	16	25	39	62	100	160	250	390	620	1 000	1 600
>50~80	2	3	5	8	13	19	30	46	74	120	190	300	460	740	1 200	1 900
>80~120	2.5	4	6	10	15	22	35	54	87	140	220	350	540	870	1 400	2 200
>120~180	3.5	5	8	12	18	25	40	63	100	160	250	400	630	1 000	1 600	2 500
>180~250	4.5	7	10	14	20	29	46	72	115	185	290	460	720	1 150	1 850	2 900
>250~315	6	8	12	16	23	32	52	81	130	210	320	520	810	1 300	2 100	3 200
>315~400	7	9	13	18	25	36	57	89	140	230	360	570	890	1 400	2 300	3 600
>400~500	8	10	15	20	27	40	63	97	155	250	400	630	970	1 550	2 500	4 000

附表 2　　冲压常用公差配合

配合性质		应用范围
间隙配合	H6/h5	Ⅰ级精度模架导柱与导套的配合
	H7/h6	Ⅱ级精度模架导柱与导套的配合，凸模与固定板、导向销与孔的配合
	H8/d9	活动挡料销、弹顶装置（弹性力作用线与活动件轴线重合时）、销与销孔的配合
	H8/f9	挡料销、弹性侧压装置与导料板（导尺）的配合
	H9/h8	卸料螺钉和螺孔的配合
	H11/d11	活动挡料销与销孔的配合（当弹性力作用线与活动件轴线不重合时）
	H9/d11	模柄与压力机的配合

续前表

配合性质		应用范围
过渡配合	H6/m5	导套或衬套与模座的配合，小凸模、小凹模与固定板的配合
	H7/m6	凸模与固定板、模柄与模座孔的配合
过渡配合	H7/n6	模柄与模座的配合，销钉与销钉孔的配合，凸凹模与固定板的配合
	R67h5	Ⅰ级精度模架导柱与模座的配合
	H7/s6	Ⅱ级精度模架导柱与模座的配合
	H6/r5	Ⅰ级精度模架导套与模座的配合
	H7/r6	Ⅱ级精度模架导套与模座的配合、凹模与固定板的配合

附表 3　　模具零件的表面粗糙度要求

使用范围	粗糙度数值（μm） GB/T 1031—2009（新标准）
抛光的转动体表面	0.1，0.2
抛光的成形面及平面	0.2，0.4
1. 压弯、拉深、成形的凸模和凹模工作表面 2. 圆柱表面和平面的刃口 3. 滑动和精确导向的表面	0.4，0.8
1. 成形的凸模和凹模刃口；凸模凹模镶块的结合面 2. 过盈配合和过渡配合的表面——用于热处理零件 3. 支承定位和紧固表面——用于热处理零件 4. 磨加工的基准面；要求准确的工艺基准表面	0.8，1.6
1. 内孔表面——在非热处理零件上配合用 2. 模座平面	1.6，3.2
1. 不磨加工的支承、定位和紧固表面——用于非热处理的零件 2. 模座平面	3.2，6.3
不与冲压制件及模具零件接触的表面	6.3，12.5
粗糙的不重要表面	12.5，25
不需机械加工的表面	$\not\bigcirc$

附表 4　　规则形状（圆形、方形）冲裁凸模、凹模的极限偏差

基本尺寸	凸模极限下偏差 δ_p	凸模极限上偏差 δ_p
≤18	−0.020	+0.020
>18～30	−0.020	+0.025
>30～80	−0.020	+0.030
>80～120	−0.025	+0.035
>120～180	−0.030	+0.040
>180～260	−0.030	+0.045
>260～360	−0.035	+0.050
>360～500	−0.040	+0.060
>500	−0.050	+0.070

附表 5　　模具精度与冲裁件精度（标准公差等级）的关系

模具精度（标准公差等级）	材料厚度 t/mm	冲裁件精度
IT6～IT7	0.5	IT8
IT6～IT7	0.8	IT8
IT6～IT7	1.0	IT9
IT6～IT7	1.5	IT10
IT6～IT7	2	IT10
IT6～IT7	3	—
IT6～IT7	4	—
IT6～IT7	5	—
IT6～IT7	6	—
IT6～IT7	8	—
IT6～IT7	10	—
IT6～IT7	12	—
IT7～IT8	0.5	—
IT7～IT8	0.8	IT9
IT7～IT8	1.0	IT10
IT7～IT8	1.5	IT10
IT7～IT8	2	IT12
IT7～IT8	3	IT12
IT7～IT8	4	IT12
IT7～IT8	5	—
IT7～IT8	6	—

续前表

模具精度（标准公差等级）	材料厚度 t/mm	冲裁件精度
IT7～IT8	8	—
T7～IT8	10	—
T7～IT8	12	—
IT9	0.5	—
IT9	0.8	—
IT9	1.0	—
IT9	1.5	IT12
IT9	2	IT12
IT9	3	IT12
IT9	4	IT12
IT9	5	IT12
IT9	6	IT14
IT9	8	IT14
IT9	10	IT14
IT9	12	IT14

附表 6　　圆形拉深模凸、凹模的制造公差

材料厚度	制件直径的基本尺寸≤10(δ_d)	制件直径的基本尺寸≤10(δ_p)	制件直径的基本尺寸＞10～50(δ_d)	制件直径的基本尺寸＞10～50(δ_p)	制件直径的基本尺寸＞50～200(δ_d)	制件直径的基本尺寸＞50～200(δ_p)	制件直径的基本尺寸＞200～500(δ_d)	制件直径的基本尺寸＞200～500(δ_p)
0.25	0.015	0.010	0.02	0.010	0.03	0.015	0.03	0.015
0.35	0.020	0.010	0.03	0.020	0.04	0.020	0.04	0.025
0.50	0.030	0.015	0.04	0.030	0.05	0.030	0.05	0.035
0.80	0.040	0.025	0.06	0.035	0.06	0.040	0.06	0.040
1.00	0.045	0.030	0.07	0.040	0.08	0.050	0.08	0.060
1.20	0.055	0.040	0.08	0.050	0.090	0.060	0.10	0.070
1.50	0.065	0.050	0.09	0.060	0.10	0.070	0.12	0.080
2.00	0.080	0.055	0.11	0.070	0.12	0.080	0.14	0.090
2.50	0.095	0.060	0.13	0.085	0.15	0.100	0.17	0.120
3.50	—	—	0.15	0.100	0.18	0.120	0.20	0.140

附表 7 冲裁模初始用间隙 Z（汽车拖拉机行业） (mm)

材料厚度	08、10、35、09Mn、Q235		16Mn		40、50		65Mn	
	Z_{min}	Z_{max}	Z_{min}	Z_{max}	Z_{min}	Z_{max}	Z_{min}	Z_{max}
小于 0.5	极小间隙							
0.5	0.040	0.060	0.040	0.060	0.040	0.060	0.040	0.060
0.6	0.048	0.072	0.048	0.072	0.048	0.072	0.048	0.072
0.7	0.064	0.092	0.064	0.092	0.064	0.092	0.064	0.092
0.8	0.072	0.104	0.072	0.104	0.072	0.104	0.064	0.092
0.9	0.090	0.126	0.090	0.126	0.090	0.126	0.090	0.126
1.0	0.100	0.140	0.100	0.140	0.100	0.140	0.090	0.126
1.2	0.126	0.180	0.132	0.180	0.132	0.180		
1.5	0.132	0.240	0.170	0.240	0.170	0.230		
1.75	0.220	0.320	0.220	0.320	0.220	0.320		
2.0	0.246	0.360	0.260	0.380	0.260	0.380		
2.1	0.260	0.380	0.280	0.400	0.280	0.400		
2.5	0.360	0.500	0.380	0.540	0.380	0.540		
2.75	0.400	0.560	0.420	0.60	0.420	0.600		
3.0	0.460	0.640	0.480	0.660	0.480	0.660		
3.5	0.540	0.740	0.580	0.780	0.580	0.780		
4.0	0.640	0.880	0.680	0.920	0.680	0.920		
4.5	0.720	1.000	0.680	0.960	0.780	1.040		
5.5	0.940	1.280	0.780	1.100	0.980	1.320		
6.0	1.080	1.440	0.840	1.200	1.140	1.500		
6.5			0.940	1.300				
8.0			1.200	1.680				

注：冲裁皮革、石棉和纸板时，间隙取 08 钢的 25%。

附表 8 开式压力机基本参数

型号	J23-3.15	J23-6.3	J23-10	J23-16	J23-16B	J23-25	JC23-35	JH23-40	JG23-40	JB23-63	J23-80	J23-100	JA23-100	J23-100A	J23-125
公称压力/kN	31.5	63	100	160	160	250	350	400	400	630	800	1 000	1 000	1 000	1 250
滑块行程/mm	25	35	45	55	70	65	80	80	100	100	130	130	150	16～140	145
滑块行程次数/（次/min）	200	170	145	120	120	55	50	55	80	40	45	38	38	45	38
最大封闭高度/mm	120	150	180	220	220	270	280	330	300	400	380	480	430	400	480

续前表

型号		J23-3.15	J23-6.3	J23-10	J23-16	J23-16B	J23-25	JC23-35	JH23-40	JG23-40	JB23-63	J23-80	J23-100	JA23-100	J23-100A	J23-125
封闭高度调节量/mm		25	35	35	45	60	55	60	65	80	80	90	100	120	100	110
滑块中心线至床身距离/mm		90	110	110	160	160	200	205	250	220	310	290	380	380	320	380
立柱距离/mm		120	150	180	220	220	270	300	340	300	420	380	530	530	420	530
工作台尺寸/mm	前后	160	200	240	300	300	370	380	460	420	570	540	710	710	600	710
	左右	250	310	370	450	450	560	610	700	630	860	800	1080	1080	900	1080
工作台孔尺寸/mm	前后	90	110	130	160	110	200	200	250	150	310	230	380	405	250	340
	左右	120	160	200	240	210	290	290	360	300	450	360	560	500	420	500
	直径	110	140	170	210	160	260	260	320	200	400	280	500	470	320	450
垫板尺寸/mm	厚度	30	30	35	40	60	50	60	65	80	80	100	100	100	110	100
	直径															250
模柄孔尺寸/mm	直径	25	30	30	40	40	40	50	50	50	50	60	60	76	60	60
	深度	40	55	55	60	60	60	70	70	70	70	80	75	76	80	80
滑块底面尺寸/mm	前后	90				180		190	260	230	360	350	360		350	
	左右	100				200		210	300	300	400	370	430		540	
床身最大可倾角		45°	45°	35°	35°	35°	30°	20°	30°	30°	25°	30°	30°	20°	30°	25°

附表 9 简单几何形状表面积的计算公式

图示	计算公式	图示	计算公式
	$A=\frac{\pi D^2}{4}=0.7854D$		$A=2\pi rh=6.28rh$

续前表

图示	计算公式	图示	计算公式
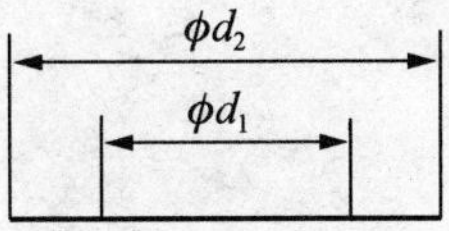	$A=\frac{\pi}{4}(d_2^2-d_1^2)$ $A=0.7854(d_2^2-d_1^2)$	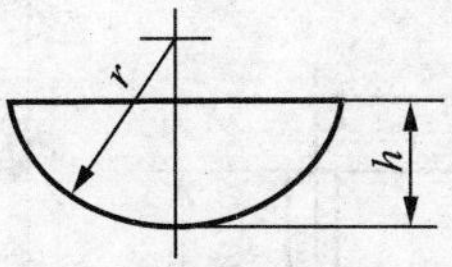	$A=2\pi rh=6.28rh$
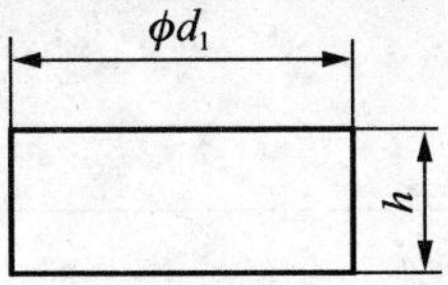	$A=\pi d_1 h$	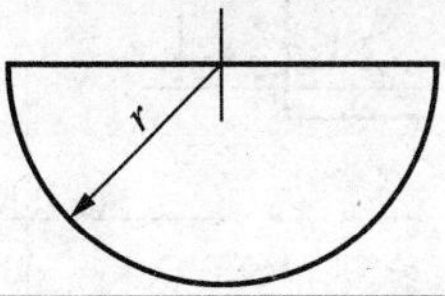	$A=2\pi r^2=6.28r^2$
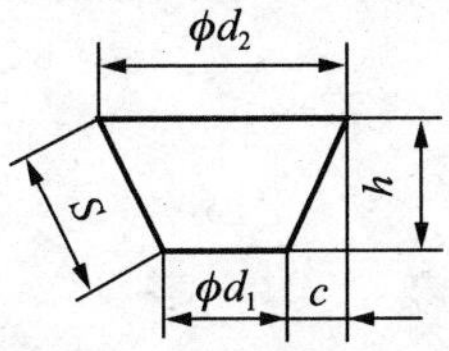	$A=2\pi s\left(\frac{d_1+d_2}{2}\right)$ $S=\sqrt{c^2+h^2}$	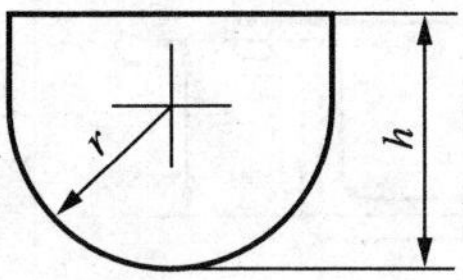	$A=2\pi rh=6.28rh$
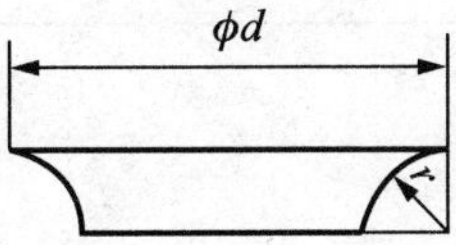	$A=\frac{\pi^2 rd}{2}-2\pi r^2$ $=4.94rd-6.28r^2$	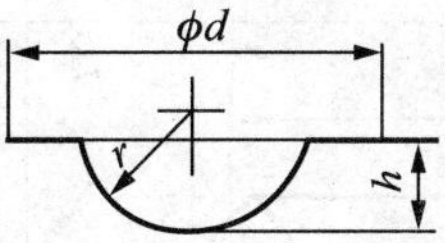	$A=\pi\left(\frac{d}{h}+h^2\right)$
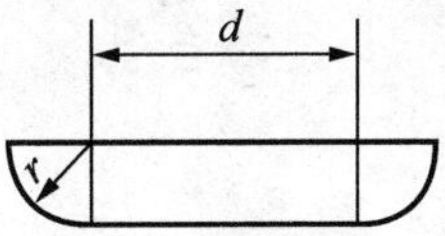	$A=\frac{\pi^2 rd}{2}+2\pi r$ $=4.94rd+6.28r^2$	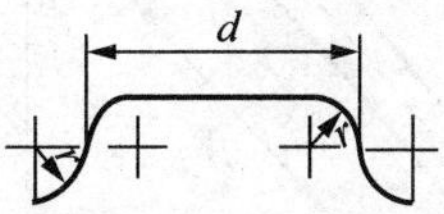	$A=\pi^2 rd=9.87rd$
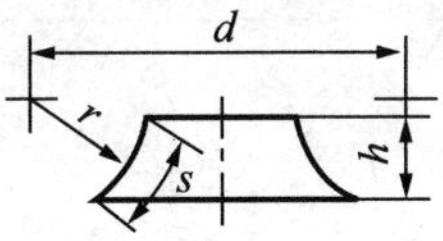	$A=\pi(ds-2hr)$	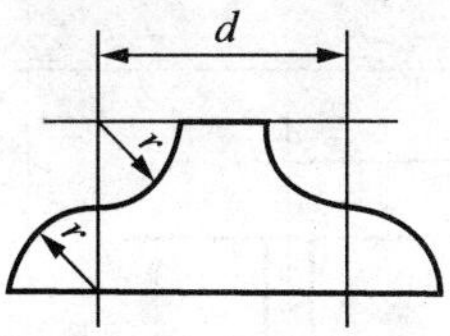	$A=\pi^2 rd=9.87rd$
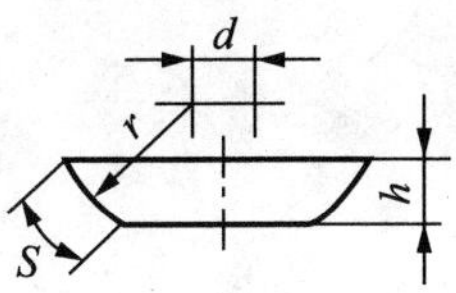	$A=\pi(ds+2hr)$	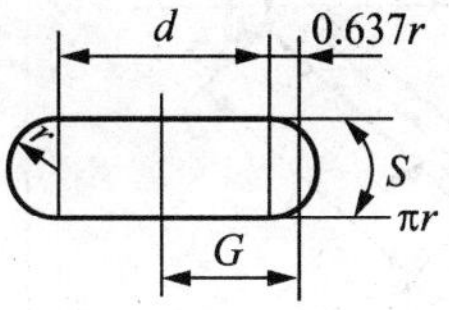	$A=2\pi GS=2\pi^2 Gr$ $=19.74Gr$
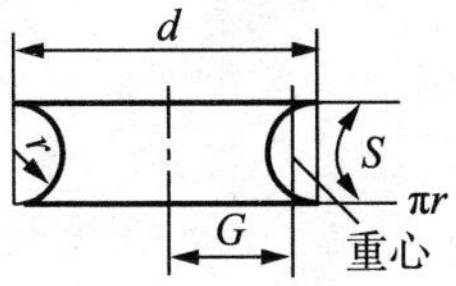	$A=2\pi GS=2\pi^2 \mathrm{Gr}$ $=19.74Gr$	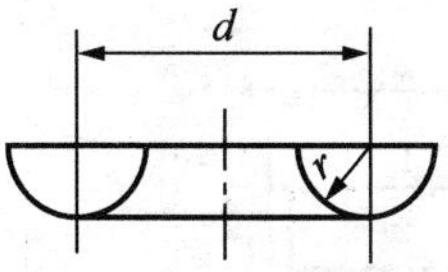	$A=\pi^2 rd=9.87rd$
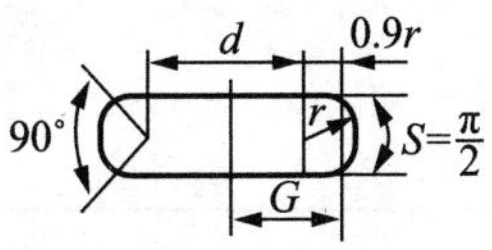	$A=2\pi GS=2\pi^2 \mathrm{Gr}$ $=9.87Gr$	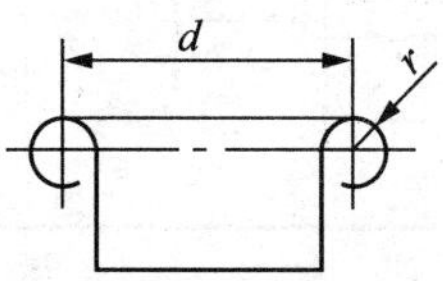	$A=17.7rd$

附表 10　　常用旋转体拉深件毛坯直径的计算公式

序号	零件形状图	毛坯直径 D
1	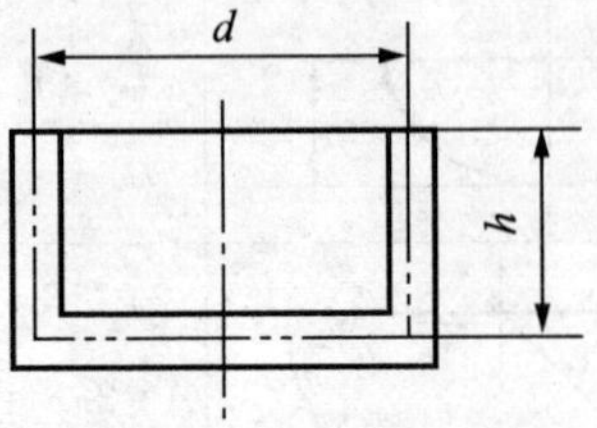 d, h	$\sqrt{4dh+d^2}$
2	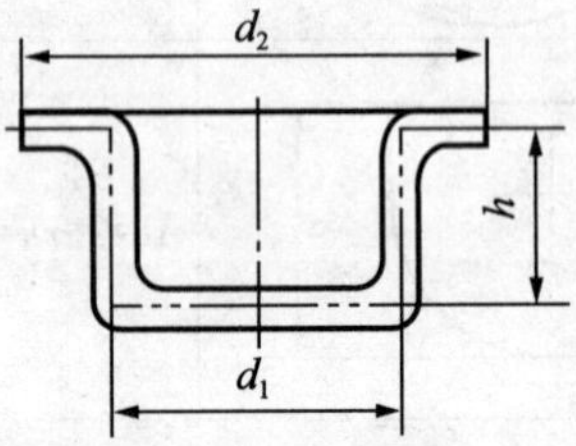 d_2, h, d_1	$\sqrt{4d_1h+d^2}$
3	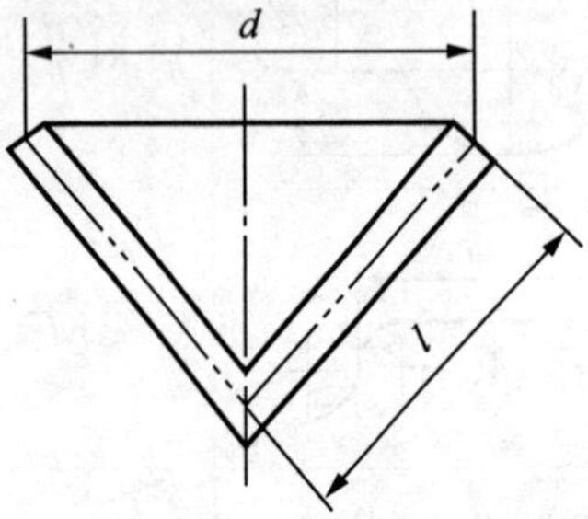 d, l	$\sqrt{2dl}$
4	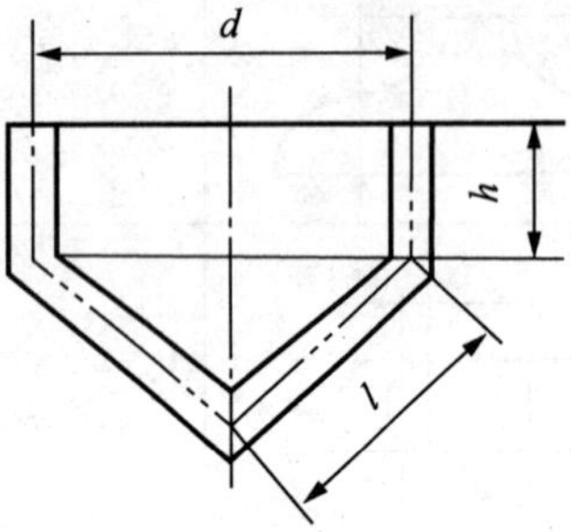 d, h, l	$\sqrt{2d（l+2h)}$
5	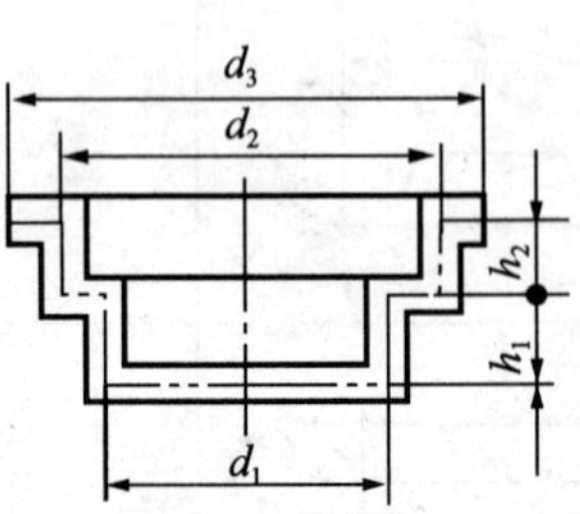 d_3, d_2, h_2, h_1, d_1	$\sqrt{d_3^2+4（d_1h_1+d_2h_2)}$

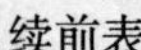
续前表

序号	零件形状图	毛坯直径 D
6	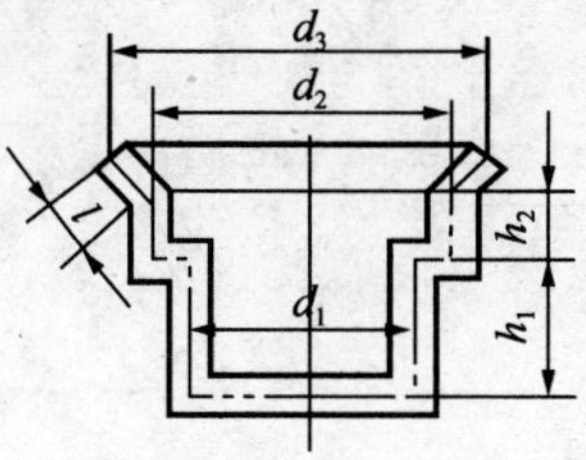	$\sqrt{d_2^2+4(d_1h+d_2h_2)+2l(d_2+d_3)}$
7	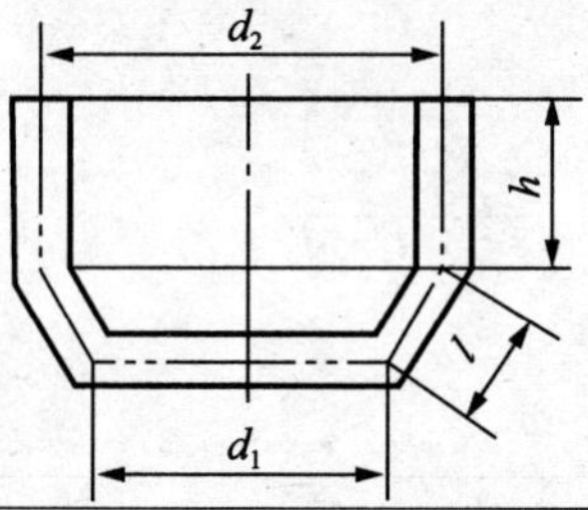	$\sqrt{d_1^2+2l(d_1+d_2)+4d_2h}$
8	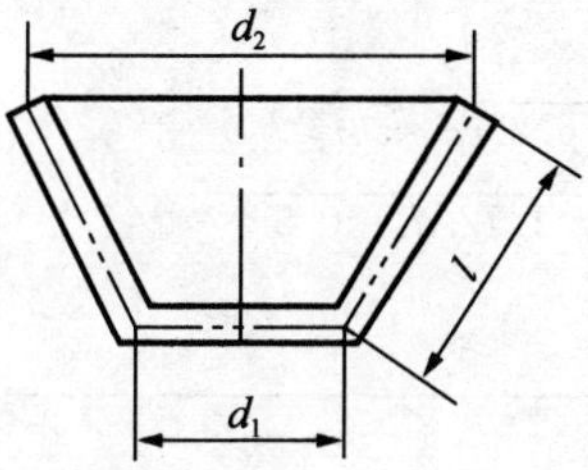	$\sqrt{d_1^2+2l(d_1+d_2)}$
9	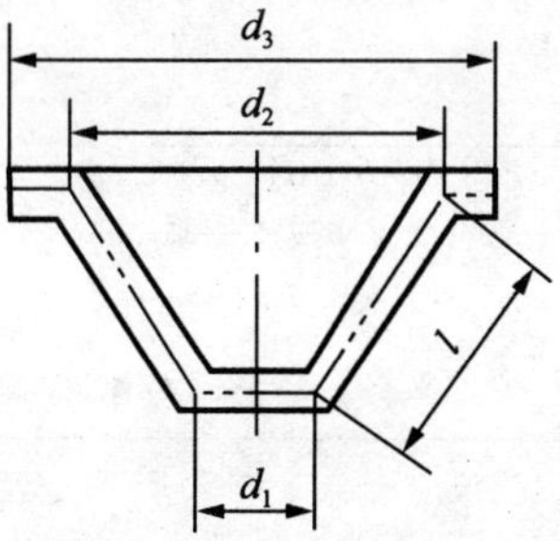	$\sqrt{d_1^2+2l(d_1+d_2)+d_3^2-d_2^2}$
10	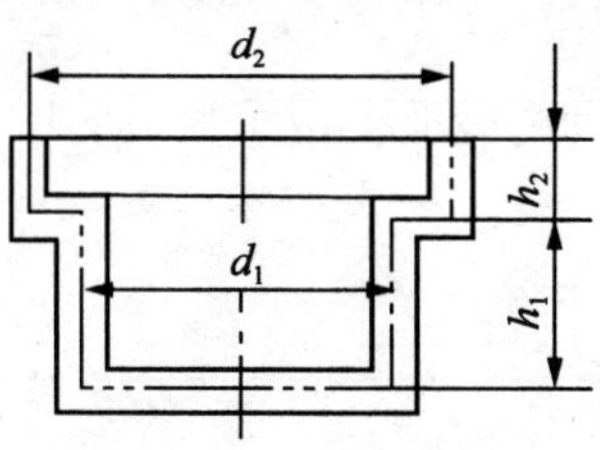	$\sqrt{d_2^2+4(d_1h+d_2h_2)}$
11	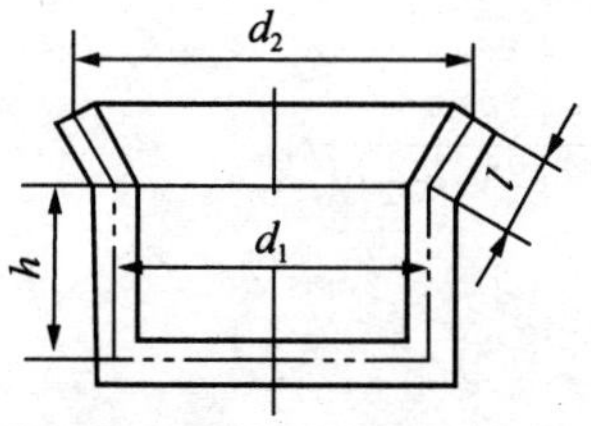	$\sqrt{d_1^2+4d_1h+2l(d_1+d_2)}$

续前表

序号	零件形状图	毛坯直径 D
12	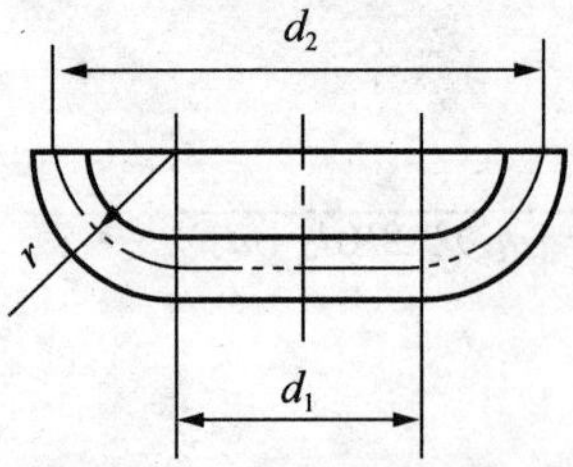	$\sqrt{d_1^2+2r(\pi d_1+4r)}$
13	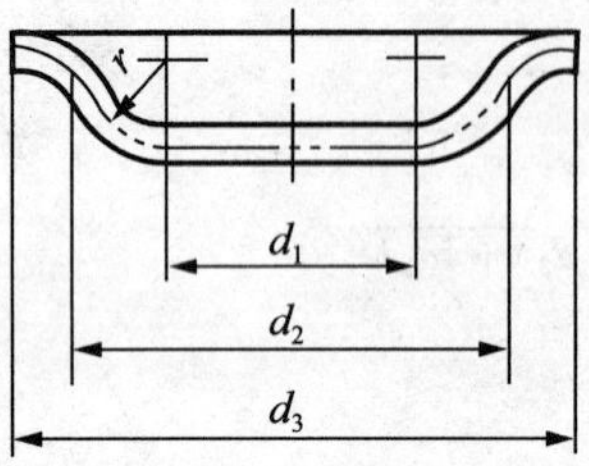	$\sqrt{d_1^2+6.28rd_1+8r^2+d_3^2-d_2^2}$
14	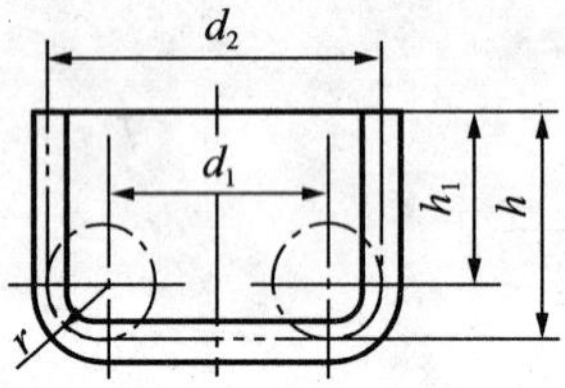	$\sqrt{d_1^2+4d_2h_1+6.28rd_1+8r^2}$ 或 $\sqrt{d_1^2+4d_2h-1.72rd_2-0.5r^2}$
15	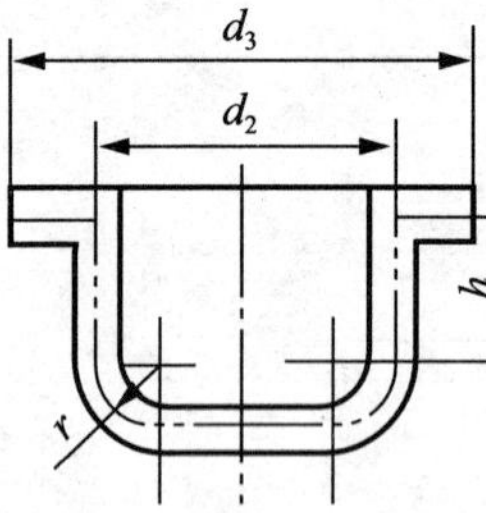	$\sqrt{d_1^2+2\pi rd_1+8r^2+4d_2h+d_3^2-d_2^2}$
16	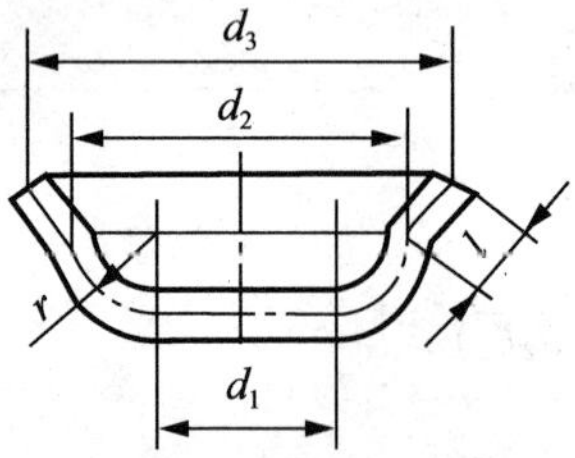	$\sqrt{d_1^1+2\pi rd_1+8r^2+2l(d_2-d_3)}$
17	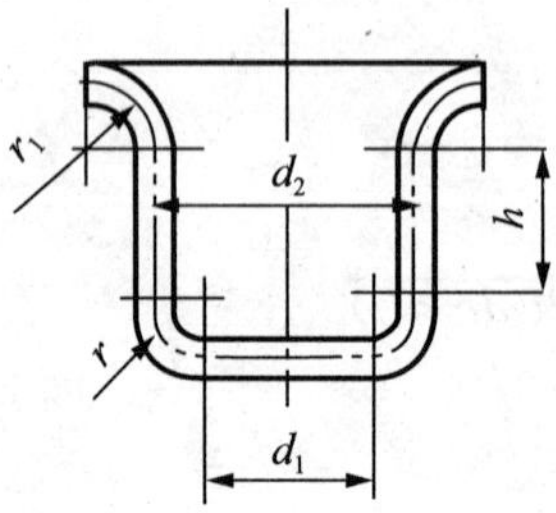	$\sqrt{d_1^2+4d_2h_1+6.28rd_1+8r^2}$

续前表

序号	零件形状图	毛坯直径 D
18	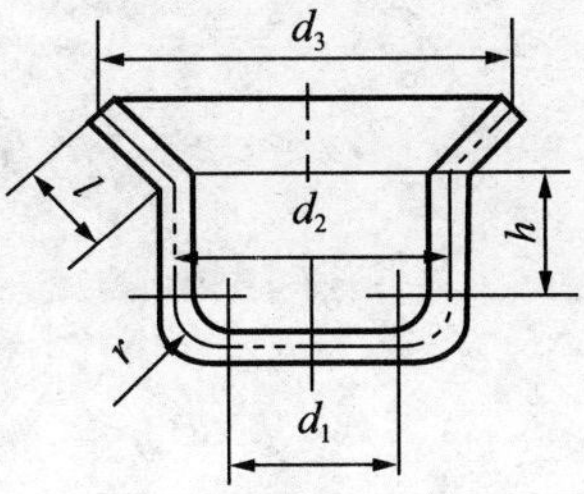	$\sqrt{d_1^2+2\pi rd_1+8r^2+4d_2h+2l(d_2-d_3)}$
19	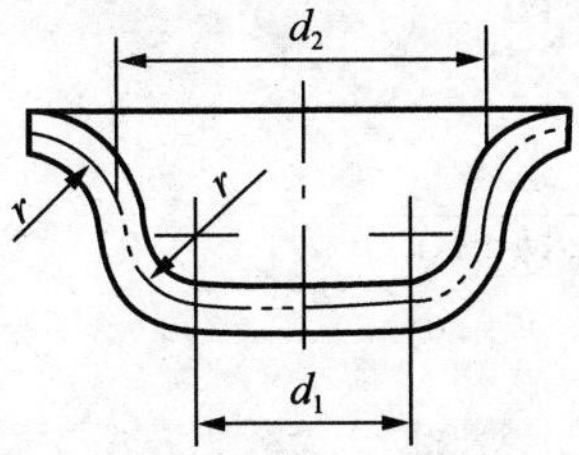	$\sqrt{d_1^2+2\pi rd_1+8r^2+4h_2h+2l(d_2-d_3)}$
20	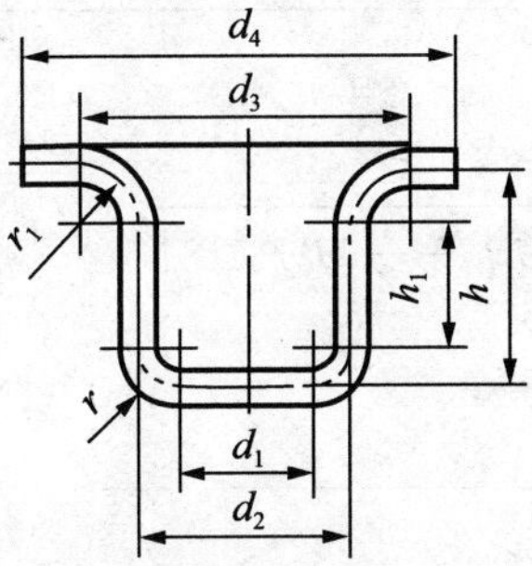	当 $r_1\neq r$ 时， $\sqrt{d_1^2+6.28rd_1+8r^2+4d_2h_1+6.28r_1d_2+4.56r_1^2+d_4^2-d_3^2}$ 当 $r_1=r$ 时， $\sqrt{d_4^2+4d_2h+3.44rd_2}$
21	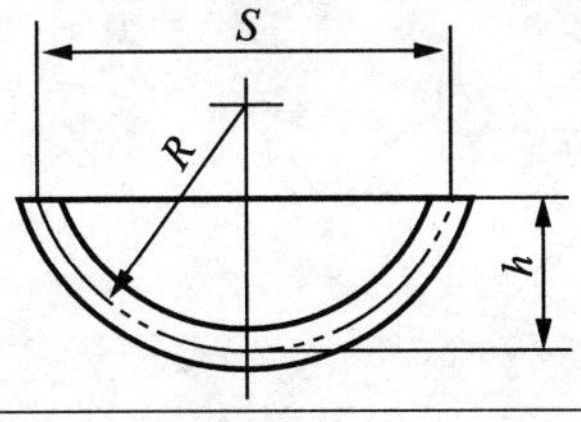	$\sqrt{8Rh}$或$\sqrt{S^2+4h^2}$
22	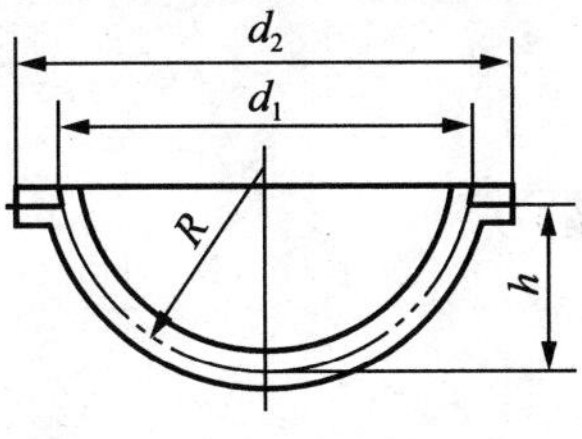	$\sqrt{d_2^2+4h^2}$
23	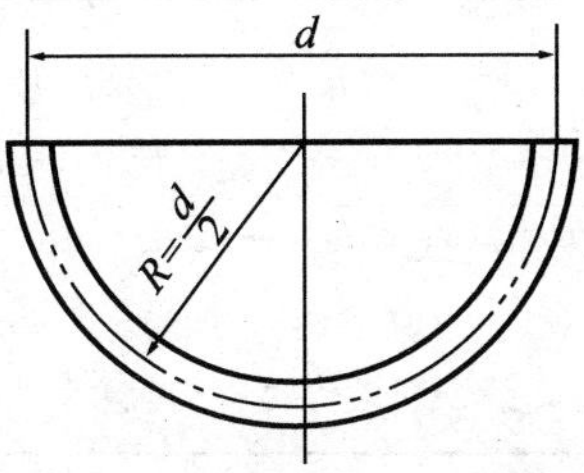	$\sqrt{2d^2}=1.414d$

续前表

序号	零件形状图	毛坯直径 D
24	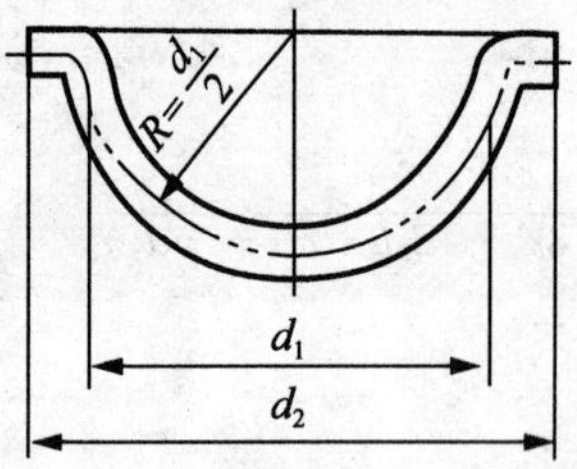	$\sqrt{d_1^2+d_2^2}$
25	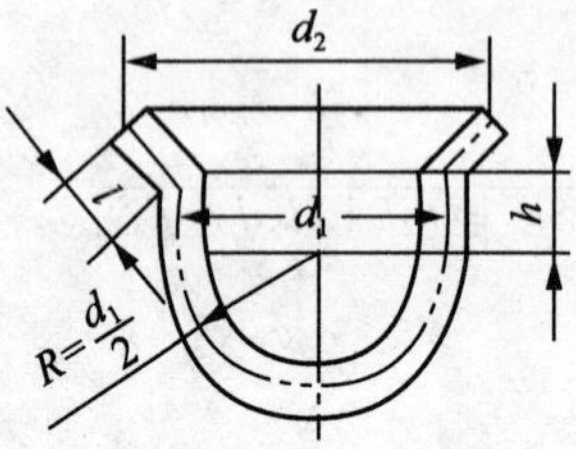	$1.414\sqrt{d_1^2+2d_1h+l(d_1+d_2)}$
26	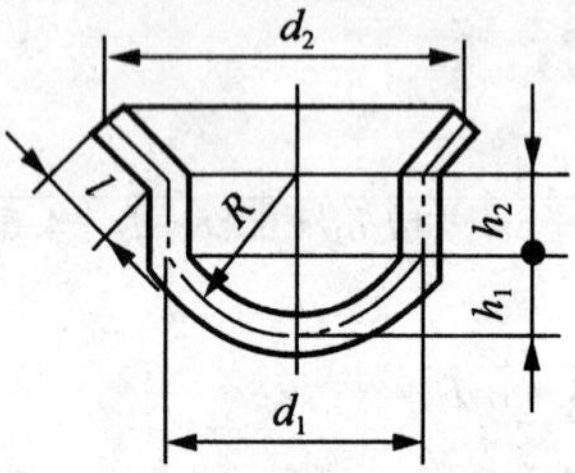	$\sqrt{d_1^2+4\left[h_1^2+d_1h_2+\frac{l}{2}(d_1+d_2)\right]}$
27	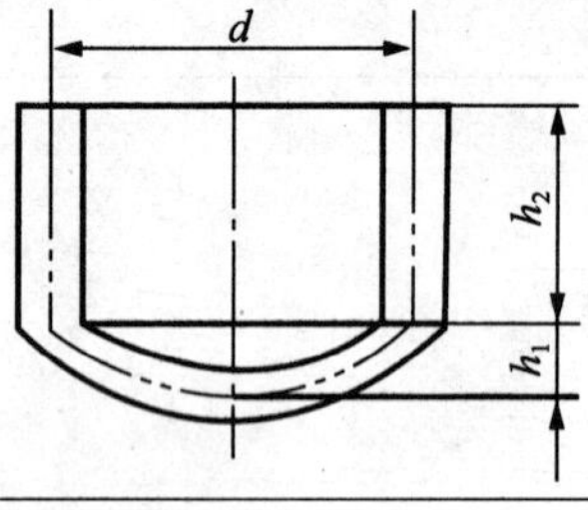	$\sqrt{d^2+4(h_1^2+dh_2)}$
28	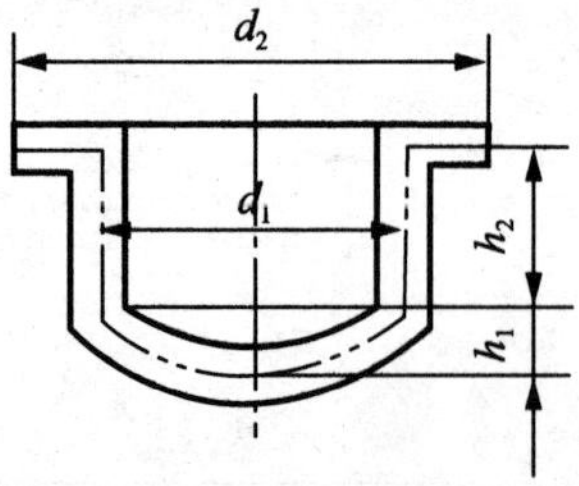	$\sqrt{d_2^2+4(h_1^2+d_1h_2)}$
29	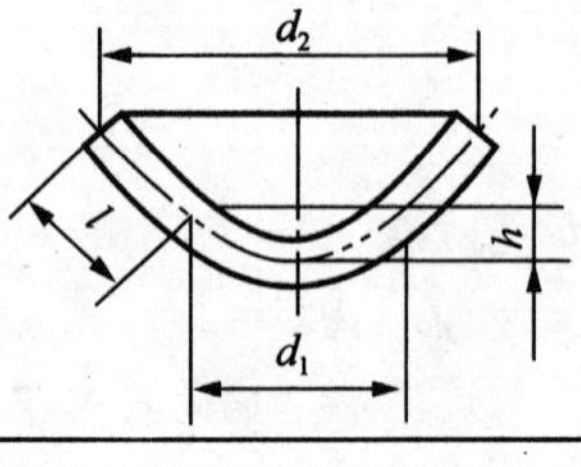	$1.414\sqrt{d_1^2+4h^2+l(d_1+d_2)}$

续前表

序号	零件形状图	毛坯直径 D
30	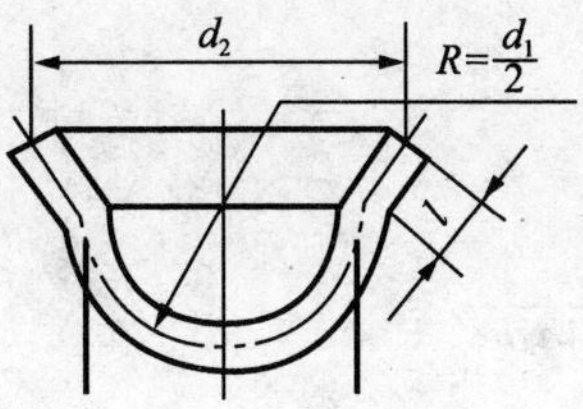	$1.414\sqrt{d_1^2+l(d_1+d_2)}$
31	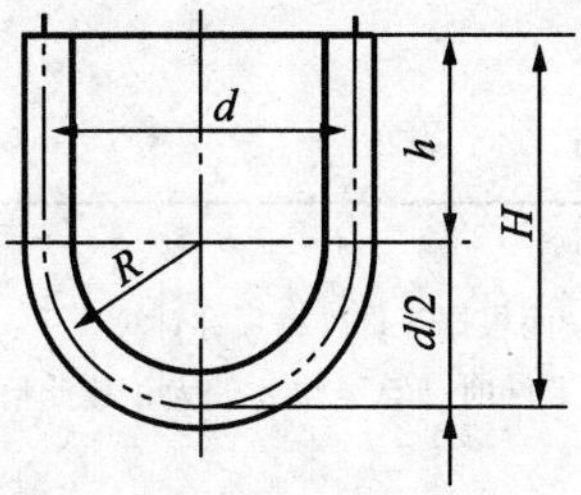	$1.414\sqrt{d^2+2dh_1}$ 或 $2\sqrt{dh}$
32	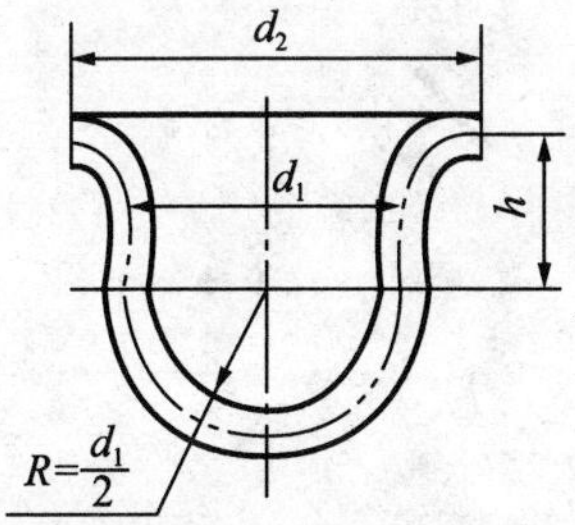	$\sqrt{d_1^2+d_2^2+4d_1h}$
33	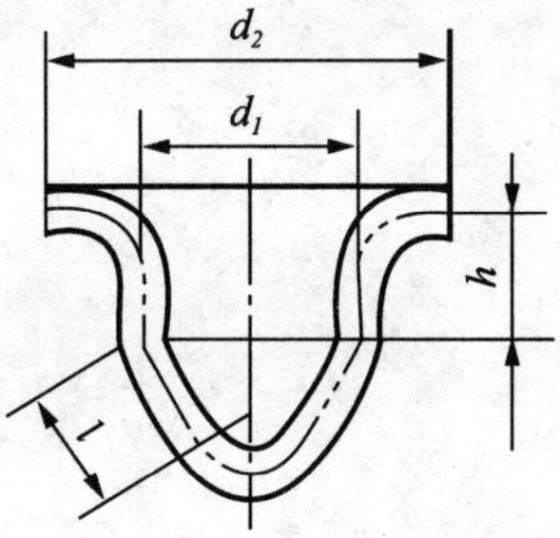	$\sqrt{d_2^2-d_1^2+4d_1\left(h+\frac{l}{2}\right)}$
34	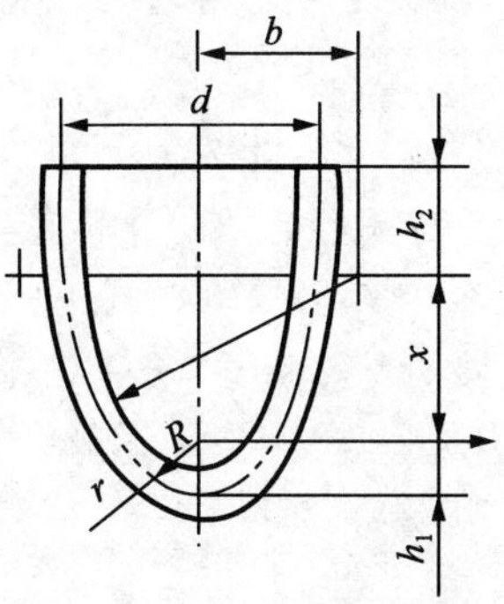	$\sqrt{8r\left[x-b\left(\arcsin\frac{x}{R}\right)\right]+4dh_2 8rh}$

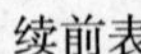

续前表

序号	零件形状图	毛坯直径 D
35		$\sqrt{d_1^2+4d_1h_1+4d_2h_2}$

注：1. 尺寸按工件材料厚度中心层尺寸计算。

2. 对于厚度小于 1mm 的拉深件，可不按材料厚度中心层尺寸计算，而根据工件外壁尺寸计算。

3. 对于部分未考虑工件圆角半径的计算公式，在计算有圆角半径的工件时计算结果要偏大，故此情形下，可不考虑或少考虑修边余量。

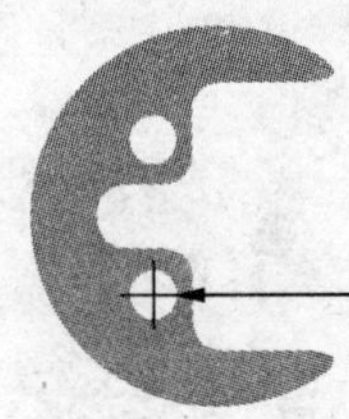

参考文献

[1] 张如华等．冲压工艺与模具设计．北京：清华大学出版社，2006.
[2] 李天佑．冲模图册．北京：机械工业出版社．1992.
[3] 冲模设计手册编写组．冲模设计手册．北京：机械工业出版社，2004.
[4] 王同海．实用冲压设计技术．北京：机械工业出版社，2000.
[5] 翁其金，徐新成．冲压工艺及冲模设计．北京：机械工业出版社，2004.
[6] 朱力光．模具设计与制造实训．北京：高等教育出版社，2004.
[7] 史铁梁．模具设计指导．北京：机械工业出版社，2005.

图书在版编目（CIP）数据

冲压工艺与模具设计/张兴友等主编.—北京：中国人民大学出版社，2011.7
21世纪高职高专机电类规划教材
ISBN 978-7-300-13899-2

Ⅰ.①冲…　Ⅱ.①张…　Ⅲ.①冲压-工艺—高等职业教育—教材②冲模—设计—高等职业教育—教材　Ⅳ.①TG38

中国版本图书馆CIP数据核字（2011）第130557号

21世纪高职高专机电类规划教材
冲压工艺与模具设计
主编　张兴友　陈善国　魏光清
参编　杨义刚　魏向京

出版发行	中国人民大学出版社		
社　　址	北京中关村大街31号	**邮政编码**	100080
电　　话	010－62511242（总编室）		010－62511398（质管部）
	010－82501766（邮购部）		010－62514148（门市部）
	010－62515195（发行公司）		010－62515275（盗版举报）
网　　址	http://www.crup.com.cn		
	http://www.ttrnet.com(人大教研网)		
经　　销	新华书店		
印　　刷	北京宏伟双华印刷有限公司		
规　　格	185 mm×260 mm　16开本	**版　　次**	2012年1月第1版
印　　张	16.25	**印　　次**	2012年1月第1次印刷
字　　数	386 000	**定　　价**	29.00元
